Johann Friedrich Brandt

Zoogeographische und palaeontologische Beiträge

Johann Friedrich Brandt

Zoogeographische und palaeontologische Beiträge

ISBN/EAN: 9783743642225

Hergestellt in Europa, USA, Kanada, Australien, Japan

Cover: Foto ©berggeist007 / pixelio.de

Weitere Bücher finden Sie auf **www.hansebooks.com**

ZOOGEOGRAPHISCHE

UND

PALÆONTOLOGISCHE BEITRÄGE

VON

Johann Friedrich Brandt,

Kaiserlich-Russischem Wirklichen Staatsrathe und Ritter, Ordentlichem Mitgliede der Kaiserlichen Akademie der Wissenschaften und Director des Zoologischen und Zootomischen Museums derselben u. s. w.

(Aus Band II der zweiten Serie der «Verhandlungen der Russisch-Kaiserlichen Mineralogischen Gesellschaft zu St. Petersburg» besonders abgedruckt.)

St. PETERSBURG.
BUCHDRUCKEREI DER KAISERLICHEN AKADEMIE DER WISSENSCHAFTEN.
(Wass. Ostr., 9. Linie, N⁰ 12.)
1867.

Die innigen Beziehungen des Menschen zur Thierwelt, insofern sie ihm nicht nur Nahrung, Kleidung und Material für die Anfertigung von Geräthen und Kunstprodukten liefert, sondern häufig ihm auch bei seinen Beschäftigungen wesentlichen Nutzen verschafft, sind eine allbekannte Thatsache. Die Naturforscher der Gegenwart wussten indessen den genannten Beziehungen noch eine besondere Seite abzugewinnen. Sie schenkten den aus den Erdschichten verschiedenen Alters zu Tage geförderten Knochenresten des Menschen und seinen Kunstprodukten nebst den in ihrer Nähe gefundenen Skeletresten der Thiere eine besondere Aufmerksamkeit. Das exacte vergleichende Studium dieser Reste wies gewisse Verhältnisse nach, worin die früheren Besitzer derselben zu einander sich befanden. So entstand eine Grundlage, woraus sich bereits mannigfache, mehr oder weniger werthvolle Folgerungen, nicht blos für die Geschichte der Thierwelt, sondern auch des Menschengeschlechts ziehen liessen. Die weiter darauf gestützten Schlüsse ergänzen, bestätigen oder berichtigen und erweitern nämlich nicht blos die geschriebenen Urkunden und die in Stein oder Erz gegrabenen Denkmäler oder Reste des Alterthums, sondern weisen häufig auf Entstehungsperioden hin, die über die gewöhnlich angenommenen Zeiten der menschlichen Existenz oft weit hinausgehen. Die Geschichte der Anfänge des Menschengeschlechts gewann dadurch, früher nicht einmal vermuthete, sichere Haltpunkte und eine ganz neue Gestalt. Die Untersuchung der in der Oberfläche der Erde enthaltenen menschlichen und thierischen Reste aus früheren Jahrtausenden wurde eine belangreiche Quelle für die Ermittelung der frühsten Zustände des Menschengeschlechts. Naturforscher leisteten was den Geschichtsforschern nicht möglich war. Anzeichen der Existenz uralter Volksstämme, worüber man früher nicht einmal Vermuthungen hegte, wurden mit Thierresten entdeckt, welche das hohe Alter derselben bestätigten. Reste von Thieren fand man mit oder ohne Nachweise der menschlichen Existenz in Gegenden, wo man die Thiere selbst jetzt vergeblich sucht. Es hat sich ferner herausgestellt, dass der Mensch in ein und denselben Ländern nicht immer mit denselben Thieren in Verbindung war. Die Verbreitung der Thiere erlitt vielmehr, ihren fossilen Resten zu Folge, im Laufe der Zeit namhafte, nicht selten bis zu ihrem Verschwinden gesteigerte Veränderungen, welche theils durch physikalische oder terrestrische Einflüsse, theils durch den Menschen selbst herbeigeführt wurden, gleichzeitig aber auch auf die Existenz desselben ihre Einwirkung äusserten. Die genauere Kenntniss der Faunen der Vorwelt und der frühern, wie der gegenwärtigen, Verbreitung ihrer noch vorhandenen Glieder, ja selbst die der bereits fehlenden, vermag daher wesentliche Anhaltungspunkte zur genaueren Ermittelung der periodischen Zustände und Veränderungen, nicht blos der Thierwelt, sondern auch des damit in Connex stehenden Menschengeschlechts auf verschiedenen Gebieten der Erdoberfläche nachzuweisen. Die Berücksichtigung der biologischen Existenzbedingungen des Menschen und der Thiere gestattet übrigens auch im Verein mit der Kenntniss der geographischen Verbreitung der Letzteren Untersuchungen über die physikalischen und terrestrischen Zustände der Erdoberfläche und ihrer Veränderungen anzustellen. Je eingehender also die Untersuchungen über die von gewissen Existenzbedingungen abhängige Vertheilung der einzelnen Thierarten geführt werden, um so sicherer darf man auf stichhaltige Ergebnisse hoffen. Soll sich indessen diese Hoffnung verwirklichen, so müssen wir zur Gewinnung allgemein gültiger Thatsachen von der allergenausten Betrachtung einzelner Arten ausgehen. Die biologischen Eigenschaften derselben, wie ihr oft periodisch verändertes Auftreten oder Verschwinden, müssen dabei gleichzeitig Berücksichtigung finden. Um aber mit Hülfe der gleichzeitigen Thiere oder ihrer Reste unter Zuziehung von Resten des Körpers des Menschen oder seiner Kunstprodukte eine Einsicht in frühere Zustände zu gewinnen, möchten spezielle, grundlegende Untersuchungen besonders über solche Thierarten erforderlich sein, die mit dem Menschen nachweislich im näheren Connex standen, oder besser noch jetzt stehen. Weit verbreitete, häufig von ihm gejagte, oder selbst von ihm theilweis gezähmte Arten werden sich daher am meisten empfehlen. Zur eben bezeichneten Kategorie gehört das Renthier und zwei Rinderarten: der Ur (*Bos primigenius*) und Bison (*Bos bison seu bonasus*, der Auerochse der Neuern). Ich habe es daher unternommen die geographische Verbreitung der drei genannten Thiere in drei besonderen Abhandlungen dermaassen zu erörtern, dass sie klarer als früher hervortretende Anhaltungspunkte für paläontologisch-geographische Studien abgeben kann. Da das Renthier, wie der Auerochs, von Lartet als Typen zweier seiner Thieralter oder Thierperioden angesehen wurden, so hielt ich es nicht für überflüssig seine Ansichten über die Aufstellung von paläontologisch-chronologischen Thierperioden näher in einem vierten Aufsatze zu besprechen und gleichzeitig Garrigou's Faunen der quaternären Alluvionen Frankreichs darin in Betracht zu ziehen, zum Schluss der Arbeit aber meine eigenen Ansichten über die Entwickelungsphasen der sogenannten quaternären asiatisch-europäischen Säugethierfauna mitzutheilen.

Erste Abhandlung.

Untersuchungen über die geographische Verbreitung des Renthiers (*Cervus tarandus* Linn.) in Bezug auf die Würdigung der fossilen Reste desselben.

Einleitung.

Die Reste des Renthiers*), welche man in neueren Zeiten in England, Belgien, Frankreich, der Schweiz und Deutschland, in Frankreich sogar häufig noch am Fusse der Pyrenäen entdeckte, haben für die fragliche, gewöhnlich als echter Bewohner des höhern europäischen, asiatischen und amerikanischen Nordens angesehene, Thierart ein besonderes Interesse erweckt. Spricht man doch sogar in den neuesten paläontologischen Schriften (wie dies namentlich Lartet, Van Beneden, Evans, Lubbock u. s. w. thun) um den Zeitraum zu bezeichnen, in welchem Renthiere in Frankreich, Belgien und England lebten, von einem Renthierzeitalter, oder einer Renthierperiode oder (wie Garrigou) einer Renthierfauna. Die genannten Funde von Renthierresten, denen sich auch einige in Russland gemachte anreihen, verdienen allerdings nicht blos in paläontologischer, son-

---

*) Irrigerweise schreibt man im Deutschen allgemein Rennthier, indem man meint das Wort stamme von rennen (stark laufen) ab, das Stammwort ist aber ein altgermanisches (reen), dass im Altnordischen hreinn, im Schwedischen ren lautet. Die letztere Form ging wohl in die hochdeutsche Sprache über, da man das Renthier erst wieder aus Schweden näher kennen lernte. Der französische, offenbar aus dem Schwedischen entlehnte, Name sollte also eigentlich rene lauten. Das Wort von der Reinlichkeit des Thieres mit Schreber *(Säugeth. V. 1 S. 1030)* ableiten zu wollen ist völlig unzulässig.

dern auch in zoologischer, namentlich zoogeographischer, Beziehung die grösste Aufmerksamkeit. Die darüber gemachten Mittheilungen mussten aber gerade mir um so beachtenswerther erscheinen, da ich die Verbreitung des Renthiers in Russland, in dem von mir verfassten, selbst in Russland bisher wenig beachteten, zoologischen Anhange zum zweiten Bande von Hofmann's *Reise nach dem nördlichen Ural* (E. Hofmann, *Der nördliche Ural und das Küstengebirge Pae-Chol. St. Petersburg 1856, 4*.) der unter dem Titel: «Bemerkungen über die Wirbelthiere des nördlichen europäischen Russland's» erschien, auf S. 45 und 46, zwar in gedrängter Kürze, aber möglichst vollständig und übersichtlich nach dem damaligen Standpunkte unserer Kenntnisse zu liefern mich bemühte.

Die Mittheilung über die in weit südlicheren Breiten als die von mir erwähnten Aequatorialgrenzen, namentlich im wärmeren, westlichen Europa, sogar im südlichsten Theile Frankreichs, aufgefundenen, zahlreichen Renthierreste, welche Gelegenheit zur Aufstellung des erwähnten Zeitalters (Renthierzeitalter oder Renthierperiode) gaben, erregten daher auch bei mir ein besonderes Interesse und veranlassten neue, ausgedehnte Studien. Ich gewann dabei die Ueberzeugung, dass um die aus den fraglichen Funden gezogenen Folgerungen nach ihrer wahren Bedeutung würdigen zu können, es keineswegs überflüssig sein würde alles über das Vorkommen des Renthieres sowohl in paläontologischer, als historischer und zoologisch-geographischer Beziehung bekannte möglichst genau zusammenzustellen und einer sorgfältigen Kritik zu unterwerfen um schliesslich allgemeine Folgerungen daraus zu ziehen und dann später um so genauer die Tragweite der Lartet'schen Renthierperiode zu besprechen.

Ich beginne meine Untersuchungen über die Verbreitung des Renthiers mit seinem Vorkommen in solchen Ländern, aus denen es meist längst verschwunden ist.

Erstes Capitel.

Verbreitung des Renthieres in Europa nach Maassgabe der fossilen Reste desselben.

Bereits vor dem Erscheinen von Cuvier's berühmten *Recherches*, waren einzelne Funde von Resten des Renthiers aus Ländern bekannt geworden, in denen dasselbe schon längst nicht mehr sich vorfand. Namentlich hatten Colinson über in Irland, Burtin über in Belgien, v. Rochow nebst Graf Mellin und Schreber aber über in Deutschland gefundene Renthierreste berichtet. Der grosse Paläontolog schenkte indessen weder den genannten, noch selbst den spätern von Guettard und Tournal im südlichen Frankreich gemachten Funden die gebürende Beachtung; ja er erklärte sich sogar mit Bestimmtheit gegen die Deutung des Fundes des letztgenannten Naturforschers. Nur ein grosses, in der schwedischen Provinz Schonen entdecktes, Geweih liess er *(Rech. s. l. oss. foss. ed. 4. T. VI. p. 194)* entschieden als ein dem Renthier angehöriges gelten. Von einer aus dem Bette des Bog (Polen) stammenden Geweihstange, deren Abbildung ihm Bojanus mittheilte*), bemerkte er, dass sie sich dem genannten Geweihe nähere.

Seit Cuvier's Tode hat man nicht nur in Frankreich, England, Belgien, Deutschland und dem südlichen Schweden sehr häufig Renthierreste entdeckt, sondern deren auch in Dänemark, in der Schweiz und im mittleren Russland gefunden. Christol, Schmerling, Marcel de Serres und Eichwald haben zwar die von ihnen gesehenen Renthierreste andern Hirscharten vindicirt, alle andere Naturforscher, wie Tournal, Puel, Owen, Lartet, Dawkins, Lubbock, Nilsson, Milne-Edwards, Alph. Milne-Edwards, Jaeger, Lyell, Gervais, van Beneden, Spring, de Vibraye, Garrigou u. s. w. nehmen dagegen das frühere Vorkommen des Renthieres in Frankreich, England, Belgien, Deutschland und dem südlichen Schweden

---

*) Es ist offenbar dieselbe, worauf Eichwald *(Leth. ross. III. p. 169)*, ohne auf Cuvier hinzuweisen, seinen *Cervus leptoceros* gründete.

als ausgemachte Thatsache an. Zur näheren Begründung dieses Vorkommens halte ich es nicht für überflüssig die mir bekannt gewordenen, in verschiedenen Ländern gemachten Funde fossiler Renthierreste zusammenzustellen. Es dürfte ein solches Verfahren um so zulässiger sein, da selbst im Anhange der französischen Uebersetzung von Lyell's Werk über das Alter des Menschengeschlechts eine grosse Menge der mir bekannt gewordenen Fundorte, namentlich die belgischen und deutschen, vermisst werden.

In Frankreich entdeckte fossile Renthierreste.

Bereits Guettard *(Mémoires s. différ. part. d. sc. I. p. 29, Cuv. rech. l. l. p. 180—190)* beschrieb Reste vom Renthier, die bei der Stadt Etampes, sowie in der Höhle von Brengues, im Departement Lot, gefunden wurden.

Tournal *(Annal. d. sc. nat. 1828 T. XV. p. 348; ib. 1829 T. XVIII, p. 242; Annal. d. chem. et phys. 1833, p. 161)* bezog zuerst die zahlreichen Reste eines hirschartigen Thieres, welche er bei Narbonne in der Höhle von Bize im Aude-Departement mit menschlichen Knochen und Zähnen, so wie mit Stücken roher Töpferarbeiten und Resten von *Bos* entdeckte, auf das Renthier, wozu ihn vielleicht theilweis Buffon's Mittheilungen über das frühere Vorkommen desselben in den Pyrenäen, veranlassten. (Vergleiche hierüber Lartet in Lyell *l'Ancienn. de l'homme, Append. p. 227.* Garrigou. *Et. comp. p. 23).* Christol's *(Notice sur l. oss. humaines des cavernes du département du Gard, Montpellier 1829)* in der Höhle Pondres bei Nimes (im Gard-Departement) mit Menschenknochen, Resten von *Hyaena, Sus, Equus, Bos, Ursus, Meles* und *Rhinoceros,* so wie mit *Scherben* roher Töpferarbeit gefundene, von ihm einer andern Art vindizirte, Hirschreste rühren gleichfalls vom *Renthier* her.

Auch der von Marcel de Serres bei Villefranche (im Departement Aveyron) entdeckte *Procervus caribaeus* soll mit dem Renthier identisch sein. Nach Gervais *(Remarques sur l'ancienneté de l'homme. L'Institut sc. math. 1864;* Lyell, *Append. p. 283),* dann nach Gervais und Brinkmann *(Memoiren der Akademie zu*

Montpellier, im Auszuge mitgetheilt in Giebel's und Siewert's Zeitschr. f. d. gesammte Naturw. Nov. 1865. S. 427), gehören die zahlreichen Reste von Hirschen, die Marcel de Serres in der Höhle von Bize, unweit Narbonne im Aude-Departement, fand (Marc. de Serres, *Notice sur les cavernes à ossemens du département de l'Aude, Montpellier 1839*) und einigen unbekannten Arten *(Cervus Destrenii, Rebulii* und *Leufroyi)* vindizirt, meist dem *Renthier* an, während auch sein *Cervus Tournalii* der Geweihrest eines Renthiers wäre (Gervais a. a. O. und Lartet Lyell, *Append. p. 227*). Gervais und Brinkmann berichten (a. a. O. *432*) in Folge der neuerdings von ihnen in der Höhle von Bize angestellten Untersuchungen, dass die von ihnen darin entdeckten, den verschiedensten Theilen des Skeletes zahlreicher Individuen angehörigen, meist zerbrochenen oder bearbeiten, zuweilen von Raubthieren benagten Renthierknochen $^5/_6$ aller dort gefundenen Knochen betrugen. Gervais und Brinkmann bemerken übrigens a. a. O. S. 429, dass auch die Höhlen von Salleles und St. Nazaire, so wie die Höhle von Argou, in den Ostpyrenäen Renthierknochen enthalten. Es wäre, fügen sie hinzu, überhaupt das Vorkommen von Renthierknochen im ganzen südlichen Frankreich constatirt. — Der erste, welcher meines Wissens nach überaus zahlreichen (360), funfzehn Individuen angehörigen, Resten die frühere Existenz der Renthiere in Frankreich, namentlich in den im Departement Lot, im Bezirk Figeac gelegenen, früher allerdings schon von Delpont untersuchten, am Flusse Celle, sehr nahe bei Lot gelegenen Höhlen von Brengue, näher nachwies, war Puel *(Bull. geol. 1837. p. 43. Compt. rend. de l'Acad. d. Paris. T. VI. 1838, p. 299). L'Institut VI. n. 225, Suppl. 1838, p. 99. Bull. d. l. Soc. géolog. d. France, T. IX. 1838, p. 271).* — Einen Bericht über die Arbeiten Puel's lieferte Blainville, *(Compt. rend. d. l'Acad. d. Paris, T. XI, 1840, p. 390. L'Institut VIII, 1840, p. 293).* — Schreiten wir in Bezug auf die Angaben der späteren, zahlreichen in Frankreich (bis jetzt ausschliesslich in Höhlen, oder dicht dabei, gemachten) Renthierfunde von Süden nach Norden fort, so finden wir deren vom äussersten Süden bis zum Norden verzeichnet.

Die im Ariège-Departement gelegenen Höhlen von Lombrive und Lherm wurden von Rames, Garrigou und Filhol untersucht und in einer eigenen, mir fehlenden, Brochüre beschrieben (Vogt, *Vorl. ü. d. Mensch. II, S. 26—30*). Die Höhle von Lombrive enthielt Knochen vom braunen Bären, vom Auerochsen, von Renthieren, Hirschen, Pferden und einem Bos indeterminatus, einem Canis, von Vulpes und Canis aureus verschieden, nebst menschlichen Schädeln. Der Höhlenbär und die Höhlenhyäne sollen als die Thierreste abgelagert wurden, bereits verschwunden gewesen, die Schädel aber nicht so alt als die der belgischen Höhlen sein. *(*Vogt *ebd. S. 29).* Im Knochenlehm der Höhle von Lherm fanden sich Fussknochen vom Menschen, Knochen des Höhlenbären, des alten braunen Bären, der Höhlenhyäne, des Höhlenlöwen, eines Hundes, eines Wolfes und einer Hirschart. Gegenstände menschlicher Industrie, darunter Bärenkiefer als Waffen, waren gleichfalls vorhanden. *(*Vogt *ebd. S. 30)**) Die älteren, tieferen, thonig-kalkigen Schichten der in demselben Departement gelegenen Grotte von Maz-D'Azil boten Reste von: *Ursus spelaeus*, *Felis spelaea*, *Hyaena spelaea*, *Elephas primigenius*, *Rhinoceros tichorhinus* etc. Ueber denselben liegen in einem Kiesel enthaltenden Sande die Knochen von Renthieren, Pferden, Schaafen, Steinböcken, Rindern etc. Auf diesen lagerten andere Knochen aus vorhistorischen Zeiten, die sich nicht mit Renthierknochen mischten. (Garrigou, *Etud. comp. d. alluvions quatern. à Paris, 1865, 8, p. 11.*)

Alphonse Milne-Edwards veröffentlichte in den *Annal. d. sc. nat. T. XVII.* Lyell *App. p. 256* die Resultate der paläontologischen Untersuchungen, welche er in der Grotte *Espélugues* (Espélungues) im Departement der Hautes-Pyrénées gewonnen hatte. Aus den von ihm gemachten Mittheilungen ergiebt sich, dass die genannte Grotte Fragmente von *Homo, Equus, Bos urus, Ibex, Rupicapra, Vulpes, Talpa, Arvicola, Sus scrofa* und *Tarandus* nebst Vögelresten und menschlichen Werkzeugen aus

---

*) Andere in demselben Departement, im Thale von Tarascon gelegene, von Garrigou und Filhol später untersuchte Höhlen lieferten keine Renthierreste (Lyell, *Append. p. 252 ff.*)

Knochen und Stein enthielt. Am häufigsten waren darunter die Reste des Renthiers und besonders des Auerochsen. Die langen Knochen waren aufgebrochen und die des Pferdes, des Auerochsen und Renthiers zeigten Spuren der Einwirkung von Instrumenten, welche man wohl zur Entfernung des Fleisches benutzt hatte. Auch fanden sich in der That gleichzeitig messerartige Werkzeuge aus Kieselstein, aber auch, sogar meist, aus Renthieroder Hirschgeweihen, seltener aus langen Knochen dieser Thiere angefertigte (namentlich Dolche, Stilets, Nadeln und polirte Platten aus Horn mit Einschnitten) in verschiedenen Zuständen der Bearbeitung. Die in der genannten Höhle gemachten Funde deuten, wie der Verfasser meint, darauf hin, dass die fraglichen Grotten, in welche die essbaren Thieren angehörigen, im hintersten Theile der Grotte vermissten, Reste nicht hineingeschwemmt worden sein konnten, von Ureinwohnern der Pyrenäen bewohnt wurden, die noch keine Hausthiere besassen. Der letztere Umstand wird auch dadurch bestätigt, dass deutliche Spuren eines Feuerheerdes sich zeigten. Uebrigens sind die Reste der fraglichen Grotte nach A. Milne-Edwards wahrscheinlich, wie die der mittleren Schicht der Grotte von *Arcy*, in die Löss-Periode zu versetzen, so dass sie aus einer jüngeren Zeit als die von *Aurignac*, jedoch aus einer ältern als die der Höhle von *Massat* und die der schweizer Pfahlbauten herrühren.

Später wurde dieselbe Grotte von den Herrn Garrigou und L. Martin besucht (*L'Institut 1864, p. 148*). Die genannten Herrn bemerken, dass man darin eine obere, bereits von Alph. Milne-Edwards untersuchte, dem sogenannten Auerochsenalter und eine untere, dem Renthieralter zu vindizirende, von ihnen erforschte, Schicht zu unterscheiden habe; mit welcher Ansicht jedoch der Umstand nicht stimmen will, dass auch A. M.-Edwards in der oberen Renthierreste entdeckte, worin man übrigens auch Spuren von Haushunden gefunden zu haben glaubt. In der untern Schicht kamen Knochenreste folgender Thiere zum Vorschein: *Equus, Cervus elaphus, Cervus tarandus, Bos urus, Bos uro minor, Ibex, Ovis spec. magna, Glires 2* nebst etlichen Vögelknochen. Pferdezähne waren häufiger als Renthier-

und Auerochsenzähne, obgleich die Renthierknochen in grösserer Zahl als die der andern Wiederkäuer zu Tage kamen. Alle langen Knochen waren gleichfalls zerbrochen. Die aus Stein oder Hirschknochen angefertigten Reste des menschlichen Kunstfleisses (Beile, Messer, Pfeile, Schabinstrumente u. s. w.) zeigten eine gröbere oder feinere Bearbeitung. Auf einem der mit Skulpturen versehenen Knochenreste bemerkte man einen Fisch.

Bereits im Jahre 1861 las Lartet in der Pariser philomatischen Gesellschaft einen Aufsatz, worin er die, in der im Departement der Haute-Garonne, im Bezirk St. Gaudens, gelegenen Höhle von Aurignac, von ihm gemachten Funde menschlicher und thierischer Reste beschreibt. (Lyell, *Append. p. 190*). Noch ausführlicher berichtete Lartet darüber in den *Annales des sciences naturelles (1861. 4. sér. zool. T. XV, p. 185*, Lyell, *Append. p. 196)*. Ehe jedoch Lartet die fragliche Höhle untersuchte, hatte der seines wissenschaftlichen Ranges unwürdige Maire des Ortes (Doctor med. Amiel) die Reste von 17 Menschenskeleten entdeckt, dieselben aber (ob aus Bigotterie?) an einem Hrn. Lartet verheimlichten Orte, wieder begraben lassen. Gleichzeitig fand man damals dort Zähne von Raubthieren, Pflanzenfressern und siebzehn Stück durchbohrte Schaalen von *Cardium*, die wohl als Schmuck gedient hatten. Lartet selbst entdeckte in der genannten Höhle ausser einem menschlichen Zahn und einigen anderen, ebenfalls menschlichen Knochen, ein Renthiergeweih, mehrere vollständige Knochen des grossen Höhlenbären, Zähne vom Pferd und Auerochsen nebst künstlich bearbeiteten Geräthen aus Kieselstein und eine Waffe aus Renthiergeweih, nebst Spuren von Kohlen und Asche. In oder bei der Grotte wurden die Knochen vom *Ursus arctos?, Ursus spelaeus*, Dachs *(Meles), Putorius vulgaris, Lupus, Vulpes, Sus scrofa, Hyaena spelaea, Felis spelaea* und *Felis catus ferus*, dann von *Elephas primigenius, Rhinoceros tichorhinus, Equus caballus, Asinus, Cervus elaphus, giganteus, tarandus, capreolus, Bos urus. Arvicola* und *Lepus*, nebst Coprolithen erbeutet. Die sehr zahlreichen Reste von Renthieren (worunter ein fast vollständiges Geweih) gehörten zehn bis zwölf Individuen verschiedenen Alters an. Die langen Knochen der Pflanzenfresser waren um das Mark herauszuholen auf eigenthümliche Weise zerbrochen. Einige Knochen trugen Spuren einer Benagung durch Raubthiere. Auch fanden sich ein Hundert messerartiger Steingeräthe, ebenso wie einfache Pfeile und Nadeln, Platten aus Renthiergeweihen nebst einem durchbohrten Bärenzahn. Lartet hält daher die Höhle für einen Begräbnissplatz aus der Lebensepoche der Hyaena spelaea, des Ursus spelaeus und der Rhinoceros tichorhinus. Man kann ihm hierin nur beistimmen, da in der genannten Höhle Reste von Thieren beobachtet wurden, die noch jetzt in Frankreich leben mit solchen, die in historischer Zeit in Europa untergingen *(Equus caballus, Cervus euryceros* und *tarandus)* nebst noch Andern (*Elephas primigenius* und *Rhinoceros tichorhinus*), deren Gegenwart in Europa sich durch geschichtliche Quellen nicht nachweisen lässt. Die Knochen der beiden letztgenannten Thierformen weisen übrigens durch ihr Vorkommen mit Resten menschlichen Kunstfleisses darauf hin, dass sie an ihrem Fundorte mit dem Menschen zusammen lebten.

Im Jahre 1862 theilte E. Trutat der Akademie von Toulouse einen Aufsatz mit, worin er das Vorkommen menschlicher und thierischer Reste in den in der Umgegend von Bruniquel, im Departement Tarn-et-Garonne liegenden Grotten, nachweist (Lyell, *L'Ancienneté de l'homme, Append. p. 180*) von denen die von Forges als die interessanteste geschildert wird. Es fanden sich darin steinerne Instrumente, so Messer nebst Pfeilen mit Widerhaken, Asche, Kohlen und Knochen, wovon die langen sämmtlich aufgebrochen sind. Reste von *Renthieren* und *Hirschen* erwiesen sich als gemein. Ausserdem sah aber Trutat auch Knochen von *Pferden*, kleinen *Widerkäuern* und einen durchbohrten Hundezahn nebst Resten von *Vögeln* und *Fischen;* jedoch noch keine menschliche Knochen.

Im folgenden Jahre veröffentlichten die Herrn F. Garrigou, L. Martin und E. Trutat (siehe Lyell *a. a. O. p. 182*) eine Note über zwei in der Höhle von Bruniquel (wohl von Forges?) gefundene Fragmente menschlicher Unterkiefer, die sie denen von Lombrive ähnlich fanden und einer kurzköpfigen mit

Renthierfragmenten gefundenen Menschenrace vindiziren und zwar derselben, deren Reste man zu Aurignac mit Resten von *Ursus spelaeus*, zu Moulin-Quignon aber mit denen von *Bos primigenius* gefunden habe. Uebrigens acquirirten sie an thierischen Resten die, wie sie sagen nach Lartet für die Höhle charakterischen, vom *Renthier*, ferner von *Antilope*, *Cervus elaphus*, *Rupicapra*, *Sciurus*, *Capra*, *Bos primigenius*, *Rhinoceros tichorhinus* (von einem Individuum) *Equus*, *Lupus*, *Canis?*, *Vulpes*, *Carnivorum animal spec.*, *Perdix*, *Gallinacearum spec. magna*, *Avis maxima*, *Piscium spec. duas*. Das Vorkommen von *Rhinoceros tichorhinus* macht es zweifelhaft, dass der Inhalt der Höhle in Lartet's sogenanntes Renthieralter zu verweisen sei.

Die im Jahre 1864 in den *Annales des sciences naturelles (Zool. I. p. 229)* von Milne-Edwards und Lartet mitgetheilten Bemerkungen über Hr. v. Lastic's Ausgrabungen in einer am Ufer des Aveyron gelegenen Höhle von Bruniquel (siehe auch Lyell *l'Ancienneté App. p. 187*) setzen uns davon in Kenntniss, dass dort eine Menge von Knochenresten von *Renthieren*, *Ochsen* und *Pferden* nebst den Trümmern mehrerer menschlicher Skelete, ebenso wie eine Menge menschlicher Kunstprodukte wahrgenommen wurden, wovon sich die genannten berühmten Naturforscher durch den Augenschein bei ihrem Besuche der Höhle überzeugten. Unter den gefundenen Kunstprodukten bemerkt man ein Knochenstück, worauf ein kenntlicher Pferdekopf nebst einem Renthierkopfe dargestellt ist. Der Letztere weist offenbar, nebst den oben erwähnten, demselben Thier vindizirten, Knochen darauf hin, dass das wilde Volk der Ufer des Aveyron, zu jener Zeit, aus der die Reste der Höhle stammen, mit dem *Renthier* zusammenlebte; die allerdings, wie M. Edwards und Lartet meinen, eine vorhistorische, jedoch wie ich hinzusetzen möchte, vielleicht nur für jene Völker eine solche war.

Garrigou und Duport untersuchten im Departement Lot-et-Garonne die Knochenbreccie von Monsempron (am Ufer des Lot), worin sie zerbrochene Knochen von grossen *Bären* und *Katzen*, von der *Höhlenhyäne*, eines *Nashorns*, *zweier Pferde*, *Urus*, *Bos*, *Megaceros hibernicus*, *Castor*, *Lepus*, zwei kleine *Nager*, *Lupus*,

Vulpes u. s. w. mit sehr wenigen *Renthierresten* und bearbeiteten Kieselgeräthen entdeckten (Garrigou, *Etud. comp. p. 24*).
J. L. Combes, *Etud. géolog. s. l'Ancienneté de l'homme dans les vallées du Lot et d. s. affluents (Lot-et-Garonne) Agens. 1865. 8.* fand in der Knochenbreccie von La Pelénos Knochen von *Rindern*, *Auerochsen*, *Pferden*, *Hirschen*, *Riesenhirschen*, *Renthieren*, ferner des *Steinbocks*, *Wildschweins*, *Bären*, der *Hyäne*, des *Fuchses*, des *Wolfes*, einer grossen *Katze*, des *Hasen*, *Kaninchens*, *Bibers*, so wie von *Mäusen* und *Fledermäusen* nebst grob bearbeiteten Steingeräthen. — Die Grotte von Pronquière (Grotte de la Pronquière) in der Commune Saint-Vite lieferte Bruchstücke von *Elephas primigenius*, *Rhinoceros tichorhinus*, *Equus*, *Cervus euryceros*, *C. elaphus*, *Tarandus*, *Ibex*, *Hyaena* (nebst Coprolithen derselben) *Bos primigenius*, *Felis*, *Vulpes*, *Meles*, *Cuniculus*, *Lepus*, *Mustela* und *Glires*, so wie Vögel- und Fischknochen.

Im Thale *De la Lémance* (dem Canton Fumel, der Gemeinde Sauveterre) entdeckte Combes zerbrochene oder der Länge nach gespaltene Knochen, die hauptsächlich den Gattungen *Bos*, *Equus*, *Cervus*, *Tarandus* und *Meles* angehörten, nebst Bruchstücken von roher Töpferarbeit, so wie mehrere zerschnittene Hirsch- und Renthiergeweihe.

Während der letzten fünf Monate des Jahres 1863 wurden (laut Bericht vom 29. Februar 1864, abgedruckt in Lyell's *l'Ancienneté de l'homme, Appendice, p. 126*) von den Herrn Lartet und Christy in den Höhlen des oft genannten Bezirkes *Sarlat (Dordogne)* neue Beobachtungen angestellt, welche nachstehende, für unsere Aufgabe beachtenswerthe, Resultate lieferten.

In der, in der Gemeinde Tayak gelegenen, Grotte von Eyzies fand sich eine Knochenbreccie, nebst Resten von Asche und Kohlen, so wie ein menschlicher Zahn und Unterkiefer, ferner in verschiedenen Richtungen planmässig getheilte Steinplatten nebst Geräthen und Waffen, die aus Knochen oder Renthiergeweihen angefertigt waren. Gleichzeitig wurden Reihen mehrerer Renthierwirbel und einige Knochen des *carpus* und *tarsus* dieses Thieres in ihrer natürlichen Lage bemerkt, während die langen Knochen desselben nach einem gleichförmigen Plane, offenbar um das Mark heraus zu nehmen, gespalten waren. Ebenso fanden sich grosse, besonders granitische, im Umfange gerundete, auf der obern Seite, welche die Spuren von wiederholten Reibungen trägt, ausgehöhlte Steine. Auch wurden Fragmente eines ziemlich harten, schieferartigen Gesteines entdeckt, wovon zwei plattenartig waren, und im Profil dargestellte eingravirte Thierfiguren zeigten *). Die eine davon bietet namentlich den Vordertheil eines gehörnten Wiederkäuers (Lyell, *Append. p. 156* abgebildet), die Andere vielleicht einen Elenkopf nebst einem Theile seines Geweihes. Auch Bergkrystalle wurden wahrgenommen, deren Spitzen vielleicht zum Graviren dienten. Ausser den in den Höhlen bemerkten Knochenablagerungen, finden sich auch über den Abdachungen der dortigen Kreidefelsen Niederschläge, welche behauene Kieselsteine und zerbrochene Knochen von Thieren, namentlich von *Pferden, Ochsen, Steinböcken, Gemsen, Edelhirschen, Riesenhirschen, Renthieren, Mamonten, Schweinen, Hasen, Eichhörnchen*, dem *Luchse* (ein durchbohrter Zahn), von *Vögeln* und *Fischen* enthalten, die offenbar von den Bewohnern der Steinzeit verspeist wurden. Eine von einem *Mamontzahn* herstammende Platte zeigte Spuren von menschlicher Arbeit und der Metacarpus einer jüngern Katze *(F. spelaea?)* Einschnitte von einem schneidenden Instrument. — Zu *Laugerie-Basse* scheint man, wie zu *Laugerie-Haute* Waffen angefertigt zu haben. Die Fauna des letzteren Ortes ähnelte der von Eyzies und Madelaine. Nur fanden sich dort Zähne des *Cervus megaceros* nebst Resten vom *Mamont*. Die Kieselgeräthe waren häufig. Der erstgenannte Ort, wo man das Fragment eines Elephantenbeckens erbeutete, lieferte Massen von Geweihresten des *Renthieres*, die Spuren einer Bearbeitung an sich trugen, nebst zahlreichen Utensilien, zum Theil mit einer ein wahres Erstaunen erregenden Gravirung, ferner fein zugespitzte und am andern Ende zur Aufnahme eines Fadens durchbohrte Nadeln aus Renthiergeweihen,

---

*) Thierfiguren aus derselben Epoche wurden in den *Annales des sc. nat. IV sér. zool. T. XV, 1861 pl. XIII* mitgetheilt. Die eine davon, einen *Bärenkopf* darstellende, war auf Hirschhorn, die andere ein hirschartiges Thier (*Renthier?*) repräsentirende, ebenfalls auf dem Horn eines Wiederkäuers eingravirt.

ebenso wie es scheint Werkzeuge zur Anfertigung von Fäden und ein löffelartiges Instrument. Ausserdem wurden verschiedene, au der Wurzel durchbohrte Zähne (so vom *Wolf* und *Ochsen*) nebst anderen als Ohrgehänge gestalteten Gegenständen und Ohrknochen von *Pferden* und *Ochsen* wahrgenommen. Ein an einem Ende durchbohrtes Zehenglied vom *Renthier* oder der *Gemse*, welches eine Pfeife sein soll, fand man in vier Exemplaren. Besondere Beachtung verdienen die dort ebenfalls entdeckten, auf Stücken von Renthiergeweihen dargestellten Thierfiguren, wovon die einen eingravirt, die andern geschnitzt sind. Das eine dieser Stücke zeigt den Hinterkörper eines grossen Pflanzenfressers *(Ochsen?)* (Lyell, *App. 166, fig. 7*). Ein zweites bietet eine am meisten an *Bos primigenius* erinnernde Figur. Auf einem dritten ist ein gehörnter Wiederkäuer von einer nicht deutlich auf einen Bekannten zurückführbaren Form (Lyell, *Append. p. 167, fig. 8*), kaum ein Steinbock, dargestellt. Aus der Zahl der geschnitzten Arbeiten, die man gleichfalls in *Laugerie-Basse* fand, werden erwähnt ein stielartiges, aus einen Renthiergeweih angefertigtes Instrument, *ebend. p. 168, fig. 9*, (ob Waffe oder Zeichen der Macht?) worauf ein *Pferdekopf*, ein *Hirschkopf* (*Renthierkopf?*) sich findet und wie es scheint eine Art *Fisch* angebracht ist, dann ein aus einem Renthiergeweih angefertigter Dolch, auf dessen Handgriffe ein hirschartiges Thier (Renthier?) dargestellt ist. (*Append. p. 169, fig. 10*). Schliesslich bemerken Lartet und Christy, dass für das gleichzeitige Vorkommen des Menschen und *Renthiers* im mittlern und südlichen Frankreich, wofür sie allein an 17 Orten Nachweise gefunden hätten, noch besonders auch Geweihstücke sprächen, die am Grunde eingeschnitten seien um die Haut zu entfernen; dass sie ferner häufig Röhrenknochen des *Renthiers* bemerkt hätten, die am Grunde Einschnitte, vermuthlich in Folge der Abtrennung der zur Bereitung von Fäden, zum Nähen der Kleider, benutzten Sehnen, zeigten, dass sie endlich den Lendenwirbel eines Renthiers aufweisen könnten, der theilweis von einer im Knochen, in Folge einer kalkigen Incrustation, sitzen gebliebenen Steinwaffe durchbohrt sei.

In der *Revue archéologique* (*Avril 1864, T. IX, p. 232,*

Quart. journ. geol. soc. London 1864. Vol. XX. p. 19, so wie im *Appendice* zu *Lyell p. 135)* machen Lartet und Christy folgende für unsern Gegenstand beachtenswerthe Bemerkungen über die Grotten des Dep. Dordogne.

Zu den untersuchten Grotten gehören nachstehende: 1) Die *Grotte de la Combe-Granal*. Sie lieferte Reste von *Hyaena spelaea, Cervus elaphus, Canis lupus, Canis vulpes, Lepus, Equus, Ursus, Capra, Rupicapra* nebst bearbeiteten Feuersteinen, aber keine Renthierreste. 2) Die *Grotte du Pey de l'Aze*, welche sich ziemlich reich an Säugethierresten erwies, enthielt bearbeitete Steine, so wie Reste von *Renthieren, Bos, Ibex, Cervus elaphus, Equus, Lepus, Sus* und *Ursus spelaeus*. 3) Die im Kreise *Sarlat* gelegene Grotte von *Liveyre* bot Reste von *Renthieren, Ochsen* und *Pferden* nebst behauenen Kieselsteinen. 4) Die in demselben Kreise, aber in der Gemeinde *Pezac* liegende Grotte von *Moustier* lieferte weniger vorwaltend *Renthierreste*, Zahnplatten von *Elephas primigenius* nebst Bruchstücken von *Hyaena spelaea* und rohen Produkten aus Feuerstein, jedoch keine aus Hörnern angefertigten Utensilien. 5) Die *Grottes de la George d'Enfer*, welche Reste von *Cervus tarandus, Bos, Equus*, nebst Produkten aus Feuerstein boten. 6) Die Grotte von *Eyzies*. Sie enthielt eine Knochenbreccie nebst Kohlenresten. In ersterer fanden sich zwei vordere, untere Backenzähne nebst einem Wirbel vom *Renthier*, welcher letztere sich in Verbindung mit einem Kieselstück (dem Theil eines Geschosses) befand. Ausserdem wurden darin Reste von *Bos, Equus, Ibex, Rupicapra, Lepus, Sciurus, Felis spelaea juv.* und ein mit Spuren von Skulpturen versehenes Fragment eines *Elephantenhauers* wahrgenommen. Aus Feuerstein verfertigte Instrumente waren in verschiedener Form vorhanden; ausserdem aber auch Pfeile mit Widerhaken aus Renthier- oder Pferdeknochen. Als die merkwürdigsten Stücke sind indessen zwei Steinplatten zu betrachten, da auf einer derselben ein gehörnter Wiederkäuer, auf der andern aber ein Thierkopf mit geöffnetem Maule gravirt ist. Im Knochenlager der Station *Madeleine* (in der zum Bezirk *Sarlat* gelegenen Gemeinde *Turzac*) fanden sich ähnliche Reste, wie in der Höhle von *Eyzies*, nur hat man dort noch ein menschliches Schädelfragment, so wie eine Unterkieferhälfte und mehrere lange Knochen angetroffen, die ebenfalls dem Menschen angehören. Als beachtenswerthe Gegenstände menschlicher Kunst entdeckte man dort Steingeräthe, gefiederte Pfeile und Nadeln aus Renthiergeweihen angefertigt, nebst andern unbekannten Werkzeugen und einigen Bruchstücken mit undeutlichen Darstellungen von Thieren. 8) Die Reste der Fauna des ebendort gelegenen Lagers der *Station de Laugerie-Haute* unterschieden sich von den beiden vorigen nur durch das Vorkommen von Zähnen des *Cervus euryceros* und Theilen von Backenzähnen und Hauern des *Mamont*, so wie von zahlreichen Lanzenspitzen und Schabinstrumenten. 9) Die in der Nähe der vorigen liegende *Station de Laugerie-Basse* zeigte hinsichtlich der Thierreste keinen Unterschied von den drei letztgenannten Fundorten. Man entdeckte aber dort einen Theil des Beckens eines Elephanten. Gut gearbeitete Kunstsachen aus Stein wurden gleichfalls dort ausgegraben. Ganz besonders häufig waren aber die aus dort zahlreich angetroffenen Stücken von *Renthiergeweihen* angefertigten, bereits oben erwähnten Utensilien, namentlich Dolche, Pfeile und Nadeln. Uebrigens wurden an keinem der genannten Fundorte Reste von Hausthieren angetroffen. Am Schlusse des citirten Artikels steht die von Lartet und Christy gemachte Bemerkung (siehe Lyell, *l'Ancienneté*. Append. *p. 176*), dass sie ausser den erwähnten Darstellungen von Thieren auch die eines *Pferdes*, eines gut charakterisirten *Renthiers*, eines *Hirsches* und einiger andern weniger deutlich erkennbaren Thiere beobachtet hätten.

Während des Jahres 1863 besuchte auch Hr. v. Vibraye das Departement *Dordogne*, ebenso wie das von *la Charente;* im erstern Departement namentlich die Orte *Bourdeilles*, *Tayac* und *Tursac;* im zweiten die Orte *la Combe de Rolland, la Roche-Andry, Montgaudier* und *la Chaise.* An den meisten dieser Orte fanden sich Heerde mit Asche und Kohlentrümmern, Tausende von Werkzeugen aus Stein und Knochen, feine durchbohrte Nadeln, Pfriemen, Angelhaken, gefiederte Pfeile, löffelartige Instrumente, Dolche aus *Renthierhörnern*, Zierrathe aus Knochen, die eingravirt oder erhaben waren, so namentlich auf Geweihen oder Kiefern von *Renthieren* dargestellte Thiere (*Hirsche, Hirschkühe, Pferde, Rinder*, eine *Otter* oder ein *Biber*, ein *gemähntes Thier ohne Kopf*, mehrere *Vögel* und *Fische*), ein Dolch, an dessen Griffe ein *Renthierkopf* vorspringt, endlich eine zu Tayac gefundene weibliche Statuette aus Elfenbein (Lyell, *Append. p. 118*). Manche der Grotten boten Reste ausgestorbener Thiere, so die von *Montgaudier*, Reste der *Hyaena spelaea*, die von *la Chaise*, Reste von *Rhinoceros tichorhinus*, die von *Laugerie*, wie die Grotte von *Fées (Arcy-sur-Eure)*, Reste vom *Mamont*, ib. p. 120.

Im Departement der *Charente* fanden sich, wie nicht blos Hr. v. Vibraye, sondern auch die Herren Rochebrune nachgewiesen, *Renthierreste* in Menge. Auch wurden dort Zähne des *Mammuth*, von Menschen eingeschnittene Knochen desselben und eine Werkstatt entdeckt, die zur Anfertigung von Kieselgeräthen diente (Garrigou, *Étud. comp. p. 25*). — Ganz neuerdings (*Compte rendu de l'Acad. de Paris, 1865, 21 août, p. 30*) entdeckte Lartet im Knochenlager von Périgord Knochen vom Renthier mit denen von *Ovibos, Bos urus, Equus, Ursus* und *Felis spelaea* nebst Resten menschlichen Kunstfleisses *).

Die Grotten der Dordogne wurden aber auch von zwei englischen Naturforschern, Lubbock und Evans, besucht.

Der erstgenannte Naturforscher hat indessen weder in der *Natural hist. Review 1864 p. 413*, noch in seinen *Prehistoric Times, London 1865 p. 245*. Angaben über die von ihm gefundenen Reste mitgetheilt.

J. Evans dagegen stattete der Londoner Geologischen Gesellschaft (*Quart. Journ. Geol. soc. 1864 p. 444* und *Nat. hist. Review 1864, p. 632*) am 22. Juni einen Bericht über Höhlenablagerungen des südlichen Frankreichs ab, worin er auch die darin gefundenen Reste erwähnt, welche er der *Renthierperiode* vindizirt, indem er bemerkt, dass die in den Höhlen entdeckten Produkte erst nach dem Untergange der *Mamonte* und *büschelhaarigen Nashörner* abgelagert worden seien.

---

*) Die Grotte *La Combe-Granal* im Bezirk *Sarlat (Dordogne)* soll nach Lartet (*App. p. 139*) die einzige der Dordogner Grotten sein, die keine Renthierreste enthält.

Die beim Dorfe *Soute* im Departement der untern *Charente* gelegenen Steinbrüche lieferten Knochen vom *Tiger, Elephanten, Nashorn, Nilpferd, Auerochsen, Damhirsch, Elenthier, Renthier, Pferde, Hunde* u. s. w. (Garrigou, *Étud. compar. p. 25.*)

Dass Renthiere in der Auvergne lebten, geht aus den Untersuchungen Pomel's und Bravard's hervor.

Eine der Commune bei *Savigné* in der Nähe von *Civray*, zwischen diesem Orte und *Charroux*, im Departement *Vienne* befindliche Höhle bot Lartet nur eine grosse Menge von *Renthierknochen* nebst in der Ausführung weiter vorgeschrittenen menschlichen Kunstprodukten (Lyell, *Alter des Menschengeschl. S. 138.*).

Derselbe (Lyell, *Append. p. 228*) hatte indessen Gelegenheit, im Museum zu *Cluny* die Ausbeute aus derselben Höhle zu untersuchen. Dieselbe enthielt *Renthierfragmente* (wovon einige Spuren der Einwirkung von Instrumenten zeigten, die wohl zum Zerbrechen der Knochen oder Abschaben des Fleisches dienten), ferner einen Pfeil und den Metatarsalknochen eines *Hirsches* mit zwei Thierfiguren. (Darunter, wie es scheint, die eines Hirsches (*Renthiers?*) Die Reste der Höhle sollen mit denen der Höhle von *Bise* (im Departement der *Aude*) gleichzeitig abgelagert sein, worin die des *Renthiers* nach Lartet nur noch mit denen des *Auerochsen* vorkamen.

Milne-Edwards berichtete in der Sitzung der Pariser Akademie vom 4. Februar 1864 (siehe *Compte rendu* und *L'Institut*) über einen von Lartet und Christy in demselben Departement, namentlich in den Knochenhöhlen von *Limoge* gefundenen, verwundeten Renthierwirbel, worin noch ein bearbeiteter Feuerstein sass.

In den vom Hrn. v. Vibraye in der Gegend von *Fontainebleau* bei *Arcy-sur-Yonne* untersuchten Grotten lieferte die unterste, auf dem Jurakalk liegende, Schicht Knochen von *Höhlenbären*, der *Höhlenhyäne*, *Rhinoceros tichorhinus*, *Elephas mamonteus*, *Hippopotamus*, *Bos urus* und *Equus*, nebst einer menschlichen Unterkinnlade und einem Zahn. Die mittlere, aus Kalkstücken bestehende, Schicht enthielt keine Knochen von *Bären* und

Hyänen, sondern zahlreiche Knochen von *Wiederkäuern*, worunter auch die des *Renthiers* sich fanden (Vogt, *Vorles. II. S. 32, Bullet. de la Soc. géol. de France 1860.*). (Garrigou, *Étud. p. 24.*)

In den Bourgogner Grotten, welche schon Buffon, Perrault, Desmarest, Daubenton, Robineau-Desvoidy und neuerdings zwei Ingenieur-Offiziere (Bonard und Belgrand) erforschten, zeigten sich Knochen von *Ursus spelaeus, Hyaena spelaea, Elephas primigenius, Rhinoceros tichorhinus, Cervus dama, elaphus, tarandus, Bos* und *Equus*. (Garrigou, a. a. O. p. 24.)

J. Desnoyer und Constant-Prevot, welche das zur Zeit der Lös-Ablagerung gebildete Seine-Terrain, namentlich die Grotten von *Montmorency* untersuchten, fanden darin Reste von *Meles, Mustela, Putorius, Talpa, Erinaceus, Sorex, Arvicola, Cricetus, Spermophilus, Lagomys, Sus, Equus, Tarandus, Cervus*. (Garrigou, *Étud. comp. p. 29.*)

Der Abt Ed. Lambert hat zu *Virey-Noureil* (im *Oisethal*) ausser den Resten von *Elephas antiquus, primigenius, Rhinoceros tichorhinus, Hippopotamus, Cervus euryceros* und *Bos moschatus*, auch die von *Cervus tarandus* entdeckt (Lartet, *ib. p. 238*).

Nach D'Archiac, Butteux und Boucher de Perthes enthalten die alten quaternären Alluvionen Ueberbleibsel der alten quaternären Fauna, namentlich von *Bos primigenius, Cervus tarandus, somonensis, Elephas primigenius, Equus fossilis, Felis spelaea, Hyaena spelaea, Rhinocerus tichorhinus* und *Ursus spelaeus* nebst Schichten mit zahlreichen Produkten der ältesten menschlichen Industrie (Garrigou, *Étud. comp. p. 30.*)

Im Jahre 1859 untersuchte Lyell (*Alter d. Menschengeschl. Uebers. S. 107*) im Oisethal einige Eisenbahndurchschnitte, woraus Reste von *Elephas primigenius* und *antiquus, Hippopotamus, Cervus tarandus, Equus* und *Ovibos moschatus* gesammelt wurden.

In den alten quaternären Schichten der Thäler der Mosel, Maas, Meurthe, Seille und Sarre, besonders in den beiden letztern, finden sich mit einer grossen Menge von Fluss- oder Landmuscheln Reste von *Elephas primigenius, Cervus tarandus*,

Rhinoceros tichorhinus, *Bos primigenius* und *Equus*. An den Ufern der Mosel liegen namentlich die von Husson untersuchten Höhlen von Toul, welche Knochen von *Ursus spelaeus*, *Elephas primigenius*, *Rhinoceros*, *Cervus*, *Tarandus*, *Hyaena*, *Bos* und *Equus* darboten*). In den *Trous de St.-Reine* und *Portique* fanden sich Reste der genannten Thiere mit der Länge nach gespaltenen Knochen, zugespitzten Werkzeugen, Asche und Kohlen.

Im *Trou de la Fontaine* entdeckten Gaiffe und Bénoît Reste menschlichen Kunstfleisses mit denen von *Bären*, *Nashörnern*, *Hyänen* u. s. w. (Garrigou, *Étude compar. d. Alluv. quätern. p. 17 et 18*.)

Die dem Alpendiluvium und den untern Schichten der nordfranzösischen und belgischen Thäler nach D'Archiac analogen Kieslager des Rheinthales bieten Ueberbleibsel von *Elephas primigenius*, *Rhinoceros tichorhinus*, *Ursus spelaeus*, *Hyaena spelaea*, *Cervus euryceros*, *Equus adamiticus*, *Bos priscus* und *Cervus priscus*. (Garrigou, *Étud. compar. p. 19*.)

Die auf der französischen Seite des Jura und in den Vogesen befindlichen Grotten (so die von *Echenoz* südlich von *Vesoul*, von *Fouvent-les-Bas* bei *Champlitte*, *Oselles* südlich von *Besançon* und *Sentenheim*), welche Buckland, Cuvier, Delbos u. A. besuchten, enthielten, (wie die des *Rheinthales* und der *Saône*), *Ursus spelaeus*, *Hyaena spelaea*, *Felis spelaea*, *Lynx*, *Cervus*, *Sus scrofa fer.*, *Elephas*, *Rhinoceros*, *Equus*, *Bos*, *Capra*, *Canis* u. s. w. (Garrigou, *Étud. comp. p. 19*.)

Schliesslich muss noch erwähnt werden, dass nach Gervais (*Zool. et paléont. franç. sec. ed. p. 145*) Reste des Renthiers auch in der Breccie von Montmorency bei Paris, in der Höhle von Balot bei Châtillon-sur-Seine (Côte d'Or) und in der Gegend von Issoire (Puy-de-Dôme) mit menschlichen Kunstproducten gefunden wurden.

---

*) Aus der Zahl der Moselhöhlen enthalten übrigens nicht alle Reste jener ausgestorbenen Thiere, so dass man ihre Ablagerungen nicht immer einer sehr alten Zeit zu vindiziren hätte. Husson bemerkte nämlich in drei anderen Grotten (*Géant*, *la Grosse-Roche* und *des Fées*) ausschliesslich nur alte celtische Alterthümer, Kiesel in Form von Thierköpfen, zersägte Knochen, celtische Töpfergeschirre u. s. w., welche Gegenstände offenbar auf eine jüngere Zeit hinweisen.

Die fossilen Reste des *Renthiers* lassen sich daher in Frankreich von den südlichsten, von den Pyrenäen begrenzten, Departements bis zu den nördlichsten nachweisen. Die in den nördlichen Departements heimischen Renthiere schlossen sich jedenfalls den Belgischen, möglicherweise sogar in früheren Zeiten den Britannischen an. Die der östlichen Departements hingen mit den Germanischen, vielleicht noch lange zusammen. Die *Renthiere* kamen zwar in Frankreich nach Maassgabe der Reste bereits mit *Elephanten* und *Nashörnern* vor, scheinen jedoch, vielleicht freilich nur an manchen Orten, häufiger aufgetreten zu sein, bis auch sie nach und nach verschwanden *).

Verbreitung der fossilen Renthierreste in Grossbritannien.

Ueber grosse in Irland gefundene *Renthiergeweihe* berichtete bereits im Jahre 1765 Colinson an Buffon (*Hist. nat. Supplém. III. p. 131.*).

Leigh erwähnt in seiner *Naturgeschichte von Lancashire (Buch III. S. 84)*, man habe zu Chester (England) unter einem römischen Altar ein *Renthiergeweih* entdeckt.

Im Jahre 1840 theilte Godw. Austen der Londoner geologischen Gesellschaft eine Abhandlung (siehe *Trans. of the geol. soc. ser. 2. Vol. VI. p. 433*) über das südöstliche *Devonshire* und die *Kent's-Höhle* bei *Torquay* mit, die seiner sorgfältigen Untersuchung zu Folge *menschliche Reste* und Kunstprodukte unter gleichen Verhältnissen mit Knochen von *Mamonten, Nashörnern, Ochsen, Hirschen, Pferden, Bären, Hyänen* und grossen *Katzen* enthielt. Ob unter den *Hirschresten* manche dem *Renthier* angehörten, ist nicht bekannt, wegen des Vorkommens von *Renthierknochen* in der benachbarten, unten zu erwähnenden, Höhle, jedoch wenigstens nicht unwahrscheinlich.

Owen (*Brit. foss. mamm. Lond. 1846. p. 479*) bemerkt, dass man *Renthierreste* bei *Plymouth*, in einer Höhle von *Berry-*

---

*) Bemerkenswerth erscheinen die Mittheilungen Trutat's in Mortillet's *Matériaux pour l'hist. de l'Homme, 1865 p. 117* über die in Toulouse befindlichen paläontologischen Sammlungen aus den Höhlen des südlichen Frankreichs.

Head (Devon), namentlich ein Schädelfragment (Fig. 198), ferner in einem Moor, östlich von *Bilney*, nahe bei *East Derehãn* in der Grafschaft *Norfolk*, einen Schädel und Geweihreste (Fig. 197), in *Schottland* in Absätzen von Seen aber und bei *Cambridgeshire* je einen Metatarsalknochen (Fig. 199) gefunden habe. Nach Fleming kamen Ueberreste bei *Marlee* vor. J. Morris veröffentlichte Bemerkungen über zu *Brentford* entdeckte Reste *(Geolog. Quart. Journ. 1850. VI. p. 201).*

Im Mai 1858 lenkte Falconer die Aufmerksamkeit der geologischen Gesellschaft auf eine neuerdings zu *Brixham* nahe bei *Torquay (Devonshire)* entdeckte Höhle, die dann von mehreren Geologen untersucht wurde und zu Folge des im September abgestatteten Berichtes Reste des Schädels nebst Geweihen vom *Renthier* und Theile vom *Rhinoceros tichorhinus, Bos, Equus, Cervus, Ursus spelaeus* und *Hyaena spelaea*, so wie Geräthe von Feuerstein enthielt. (Vergl. hierüber Prestwich *Lond. Edinb. Dubl. Philos. Mag. 1859. XVIII. p. 236).* Was die von Falconer (*Ann. and Mag. of nat. hist. 3 ser. T. VI, 1860, p. 299* und *Quart. Journ. Lond. Geol. Soc. et T. XVI, p. 487*) auf der Halbinsel *Gower* entdeckten, an tausend betragenden, hirschartigen Thieren angehörigen Ueberreste anlangt, so schwankt er (wie mir scheint ohne hinreichenden Grund), ob sie dem *Renthier* oder zwei besondern Hirscharten (*Cervus Guettardi* und *priscus*) angehören. Gleichzeitig mit denselben wurden übrigens Knochen von *Höhlenbären, Ochsen* und *Hirschen*, so wie vom *Wolfe, Fuchse* und einer *Feldmaus* gefunden, also fast nur solche, die Thieren angehörten, welche noch jetzt mit dem *Renthier* leben, das notorisch früher auch in Grossbritannien vorkam.

Nach Dawkins fanden sich in der Hyänenhöhle zu *Wookey Hole* bei *Wells* in *Sommerset* (*Lond. Edinb. Dubl. philos. Magaz. 1862. XXIII, p. 332, Quarterl. Journ. geol. soc. 1862*) mit Ueberresten des *Renthiers*, die von *Felis spelaea, Hyaena spelaea, Canis vulpes, C. lupus, Rhinoceros tichorhinus, Ursus spelaeus, Bos primigenius, Megaceros hibernicus* und *Elephas primigenius*, so wie Pfeilspitzen aus Feuerstein.

In der am 24. Februar 1864 gehaltenen Sitzung der Londoner geologischen Gesellschaft machte J. Wyatt Mittheilungen über neuerdings im Thal der *Oude* gefundene Geräthschaften aus Feüerstein, mit denen, ausser zahlreichen Gehäusen von Mollusken, auch Reste von *Elephas antiquus*, *Hippopotamus major*, *Bos giganteus*, *Cervus elaphus*, *Cervus tarandus* und *Bos urus* ausgegraben wurden. *(Quarterl. Journ. geol. soc. Vol. XX. p. 183 sqq.)*

In derselben Sitzung berichtete J. Evans über die Entdeckung von Geräthen aus Feuerstein im Drift von *Hants* und *Wilts*, bei welcher Gelegenheit der Fund zahlreicher Reste von Säugethieren im *Avon-Thal*, in der Nähe von *Salisbury*, erwähnt wird. Die Reste gehören nach Blackmore's Bestimmung *Canis vulpes*, *Hyaena spelaea*, *Felis spelaea*, *Spermophilus*, *Lemmus*, *Lepus timidus*, *Elephas primigenius*, *Rhinoceros tichorhinus*, *Equus plicidens*, *Equus fossilis*, *Eq. caballus*, *Asinus fossilis (?)*, *Sus scrofa?*, *Cervus tarandus*, *C. Guettardi*, (*C. tarandus juv.*), *Cervus elaphus*, *Bison priscus*, *B. minor*, *Bos primigenius* und *Bos longifrons* an.

J. Scouler lieferte (*Edinb. new philosoph. Journ. Vol. 52, 1852, p. 135*) Bemerkungen über die Renthierreste in Schottland.

Lyell (*Alter des Menschengeschl. S. 191*) bespricht das gleichzeitige Vorkommen von Renthierresten mit Mamontzähnen im schottischen Blocklehm in einer Tiefe von 18 Fuss und äussert bei dieser Gelegenheit: da die genannten Thiere Zeitgenossen des Menschen waren, so möge der Schluss der schottischen Eisperiode mit einem Vorhandensein desselben in einem milderen Klima im Gebiete der Themse, Somme und Seine zusammengefallen sein.

Auch Irland hat Fundorte von Renthierresten aufzuweisen. Brenan entdeckte deren 1859 zu Shandon bei Dungarvn in einer Höhle (*Journ. of the roy. Dubl. soc. 1859 p. 352*), Moos (1847) zu Ballybetag bei Golden Ball in der Grafschaft Dublin in einem Torfmoor, und Richardson erwähnt Reste, die zu Lough Gur bei Bruff in der Grafschaft Limerick entdeckt wurden.

In England wurden die Renthierreste, wie in Frankreich,

zeither zwar meist in Höhlen, aber auch zuweilen in Mooren gefunden.

Fossile Renthierreste in Belgien.

Als ältester in Belgien gefundener Rest des Renthieres ist wohl die von Burtin (*Oryctographie de Bruxelles, p. 123, note*) erwähnte, noch am Schädel festsitzende, Geweihstange anzusehen, welche bei *Gent* aus einem Torfmoore gezogen wurde.

Schmerling (*Recherches sur les ossements fossiles découv. d. l. cavernes de la province de Liége, Liége 1833—34. II. Vol. 4 avec Atlas*) fand in den Höhlen der Umgegend von *Lüttich* ausser bedeutenden Resten vom *Menschen**), die von *Vespertiliones species 4, Erinaceus vulgaris, Sorex species 2, Talpa europaea, Ursus giganteus, arctoideus, leodiensis, priscus, Meles vulgaris, Gulo, Putorius, Mustela vulgaris, M. foina, Canis?, Lupus, Vulpes, Hyaena fossilis, Felis spelaca, Felis antiqua, Catus magna, Catus minuta, Mus rattus?, Mus musculus, Arvicola species 2, Castor fiber, Lepus, Cuniculus, Myoxus, Sciurus, Aguti* (= *Hystrix*), *Elephas primigenius, Sus scrofa, Rhinoceros, Tapirus?, Equus fossilis* und *Cervus claphus*. Ausser den Bruchstücken des letztern brachte er noch über 100 Hirschfragmente (siehe *Rech. II, p. 152—170, Pl. XXVII, fig. 9, Pl. XXIX, fig. 1, 2*) zusammen, die er p. 170 drei renthierartigen Hirschen vindizirt, welche jedoch neueren Untersuchungen zu Folge *Cervus tarandus* angehörten.

Im Jahre 1849 wurden von Victor Lyon in einer Grotte (*Monfat*) des *Dinant* beherrschenden Felsens zahlreiche Thierreste ausgegraben, die erst in neuester Zeit der treffliche Van Beneden bestimmte (*Séance de l'Acad. d. Belg. 5 mars 1864, L'Institut sc. math. 1864, p. 231*). Die Reste bestehen aus Knochen von *Cervus tarandus, Felis spelaea, Canis vulpes, Meles taxus, Ursus spelaeus, Rhinoceros tichorhinus, Bos primigenius, Capra pyrenaïca, Tetrao bonasia, Tetrao urogallus?* und *Anser segetum*.

---

*) In der Höhle von *Engis* entdeckte er namentlich (wie bekannt) die Reste dreier Individuen, worunter zwei Schädel sich fanden, umgeben von Skelettheilen, die *Elephas, Rhinoceros* und *grossen Katzen* angehörten.

Aus der bei *Furfooz* gelegenen Höhle *Trou de Noutons* erhielt *Du Pont* eine Menge interessanter Gegenstände. An Knochenresten wurden die von *Ursus* (nicht *spelaeus*) *Cervus megaceros, Equus, Bos, Antilope, Sus, Vespertilio, Arvicola amphibius, Lepus, Vulpes, Mustela foina, Felis, Castor, Gulo, Sorex, Capra domestica* (ein Schädel), *Cervus tarandus* (in Menge), so wie die Ueberbleibsel zweier menschlichen Skelete nebst Gehäusen von *Helix pomatia, arbustorum, lapicida, cellaria* und *batava* erbeutet. Ausserdem fanden sich als Nachweise menschlicher Thätigkeit Utensilien aus Feuerstein und Knochen, ferner Bruchstücke von Töpferwaren, eine bronzene Lanzenspitze, ein bronzenes Halsband, römische Münzen und Kohlen (Van Beneden, *Bullet. de l'Acad. roy. de Belg. sec. ser. 1864, T. XVIII, p. 30, 228 und 387*).

Die sieben Höhlen von Furfooz lieferten nach Van Beneden *Reste menschlicher Skelete*, so wie von *Renthieren, Vielfrässen, Elenthieren, Bären, Gemsen, Steinböcken, Bibern* u. s. w. *L'Institut 1866, p. 22.*

Im *Trou du Frontal* in der Provinz *Namur* fanden Van Beneden nnd Dupont (*Bullet. de l'Acad. roy. de Belgique T. XIX p. 28*) Reste von *Vespertilio, Erinaceus, Sorex, Cricetus, Arvicola, Talpa, Ursus, Castor, Vulpes, Mustela, Sus, Equus* und *Tarandus* mit Menschenknochen.

Van Beneden (*Sur l'existence de l'homme à l'époque où le Renne et le Castor habitaient la Belgique, Ann. d. sc. nat. 5 ser. T. III. 1865 p. 219, Compte rendu d. l'Acad. d. Par. 1865, p. 1087*) entdeckte in einer Grotte des Lesse-Thales menschliche Schädel und Skeletreste, roh behauene Kieselsteine, bearbeitete Stücke von *Renthiergeweihen*, Kohlen, verbrannte Knochen, nebst Knochen von *Ursus arctos?, Bos, Equus, Cervus tarandus, Castor, Gulo, Capra domestica?*, so wie Fragmente von mehreren Vögeln und Fischen, wie *Salmo, Esox*, nebst Gehäusen von *Helix pomatia, lapicida, arbustorum, cellaria* und Schaalen von *Unio batava*.

Van Beneden, Hauzeur und Dupont untersuchten eine Höhle, die drei Kilometer von den Höhlen von Furfooz am rechten Abhange der Lesse sich befand. Man fand darin Gegenstände der menschlichen Industrie nebst Knochen vom *Bären, Fuchs, Dachs, Iltis, Wildschwein, Hasen, Arvicola amphibius, Capra, Bos, Equus, Tarandus, Elephas*. Die nicht zahlreichen Renthiergeweihsprossen waren bearbeitet (*L'Institut sc. math. 1866, p. 21*).

Drei der mitgetheilten Funde möchten auf ein gleichzeitiges Vorkommen des *Renthiers* mit dem *Mamont* und *büschelhaarigen Nashorn* in Belgien hindeuten, also aus Resten bestehen, die einer sehr alten Zeit angehören. Die meisten (vier) der oben erwähnten Funde von Resten des *Renthieres* dagegen könnten, wie es scheint, auf eine Epoche hindeuten, wo dasselbe nicht mehr mit dem *Mamont* und *büschelhaarigen Nashorn* in Belgien zusammen lebte. Die Funde von Renthierresten mit einem Schädel von *Capra domestica*, Gegenständen aus Bronce und römischen Münzen, wenn sie wirklich in derselben Erdschicht lagen, würden endlich im Einklange mit der Stelle Cäsar's darauf hinweisen, dass es zur Römerzeit möglicherweise noch Renthiere in Belgien gab. Eine solche Ansicht würde auch durch die Angabe Burtin's gestützt werden, wenn der von ihm erwähnte Rest wirklich in einem Torfmoore lag.

Fossile Renthierreste in der Schweiz und in Oberitalien.

In der Schweiz hat man, so viel mir bisher bekannt ist, erst an drei Orten Reste des Renthieres entdeckt. Zu Folge eines Berichtes von Troyon (*Indicateur d'histoire et d'antiquités suisses 1855, p. 51*), Lartet (*Ann. d. sc. nat. 1861. p. 222*), Morlot (*Bullet. d. l. Soc. Vaudoise d. sc. nat. T. VI, p. 321*) und Lubbock (*Nat. hist. rew. 1864, p. 411*) fand nämlich Taillefer in einer bei *L'Echelle*, zwischen dem kleinen und grossen Salève, nahe bei *Genf*, gelegenen Höhle eine Art Breccie, welche Kieselgeräthe, Spuren von Kohlen und absichtlich vom Menschen zerbrochene Knochen enthielt, worunter Lartet die von *Ochsen, Pferden* und vom *Renthier* erkannte. Letztere sollen sogar häufig gewesen sein (Garrigou). — Ein grosses Renthiergeweih wurde vom Ingenieur Michel im Diluvium, das nach der Gletscherzeit abgelagert wurde, bei der Burg von Cully gefunden. (Delaharpe, *Bullet. d. l. Soc. Vaudoise d. sc. nat. T. VI. n. 47. p. 460*). Unter der enormen Ausbeute, welche die schweizer Pfahlbauten lieferten, sind, so weit wir dieselben durch Rütimeyer's gründliche Forschungen kennen, noch keine *Renthierreste* entdeckt worden.

Die von H. v. Meyer (*Leonh. u. Bronn N. Jahrb. 1869. S. 427*) erwähnten, nach ihm dem *Cervus tarandus* ähnlichen, Geweihstücke von *Benken* im Kanton *Zürch* gehörten indessen auch dem *Renthier* wirklich an, so dass die *Renthiere* in einer sehr frühen Zeit sich keineswegs auf die Westschweiz beschränkten. Es scheint mir nicht überflüssig, den eben angeführten Bemerkungen, die von Rütimeyer in Betreff des früheren Vorkommens des Renthiers in der Schweiz mitgetheilten allgemeinen Aussprüche hier anzuführen. Nach ihm sollen das *Nashorn* und der *Elephant* dem Renthier vorangegangen und dieses nebst dem Murmelthier an ihre Stelle getreten sein. Das *Renthier*, das *Reh*, der *Urochs*, das *Wildschwein*, der *Wolf*, der *Fuchs*, der *Biber* und der *Hase* waren, wie er fortfährt, nachweislich Zeitgenossen des durch die Gletscher verdrängten *Nashorns*. In die Zeit des Wiederaufbaus der Vegetation fällt der Ersatz des *Renthiers* durch das *Elenthier*, den *Wisent* und den *Ur* und der Einzug der übrigen Thierwelt, die uns in unserem Klima noch umgiebt (Rütimeyer *Pfahlb. S. 241*). O. Heer liess in seiner «Urwelt der Schweiz» auf seinem zu Seite *547* gehörigen «Zürch zur Gletscherzeit» unterzeichneten Bilde die *Renthiere* mit *Mammuthen* und *Murmelthieren* auf dem Vordergrunde eines Gletschers darstellen. Man hat nämlich die erwähnten *Renthierreste* in der aus Gletscherschutt bestehenden Geröllschicht, welche die Kohle von Dürnten deckt, mit denen des *Murmelthiers* und zwar in der oberen Lage derselben entdeckt. Das Vorkommen von Resten des Murmelthiers mit Renthierresten fällt um so weniger auf, wenn wir bedenken, dass noch jetzt in Sibirien der *Bobak* und in Kamtschatka *Arctomys camtschatica* mit Renthieren zusammen leben.

In Oberitalien will man gleichfalls, bis jetzt jedoch nur ein Mal, Renthierreste, namentlich im *Arnothal* und zwar mit *Elephantenknochen*, angetroffen haben (*Compte rendu d. l'Acad. de Paris. T. XI. p. 391*). Es ist ein solches Vorkommen, im Betracht der muthmaasslichen Ausdehnung der Eisperiode, nicht eben unwahrscheinlich, besonders wenn etwa die Renthiere des Arnothales schweizer Sommergäste gewesen wären, die an ihrem Fundorte in sehr früher Zeit erschienen. Fraglich bleibt es, ob unter den Hirschresten, welche man mit denen von *Elephas primigenius*, *Cervus megaceros*, *Urus*, *Bos*, *Equus* und *Arctomys* nach Garrigou (*Étud. comp. p. 22*) im Diluvium der Po-Ebene entdeckte auch Renthierreste waren. Eine ähnliche Frage kann man im Betreff der Hirschreste aufwerfen, die sich in der Höhle von *Cere* (im Veronesischen), in der Höhle *Casana* (im Piemont), in der Umgegend von *Antibes* und bei *Nizza* fanden (Garrigou a. a. O.). Jedenfalls möchte aber wohl das frühere Vorkommen von *Renthieren* in Italien noch nähere Beweise wünschen lassen.

Fossile Renthierreste in Deutschland.

Das so häufige Vorkommen der *Renthierreste* in Ländern, wo nicht französisch oder englisch gesprochen wird, namentlich in Deutschland und den skandinavischen Ländern, hat bisher nicht die gebührende Beachtung gefunden, obgleich doch gerade diese Länder zu denjenigen gehören, welche am frühsten fossile Renthierreste lieferten.

Schon im Jahre 1771 wurde namentlich im Rhein bei Worms nach einer Mittheilung des Hrn. F. E. v. Rochow (*Schriften der Berlin. Gesellsch. Naturf. Freunde. Bd. II, S. 388*) der untere Theil einer grossen Geweihstange gefunden, die Graf Mellin, der Verfasser einer Monographie des *Renthiers*, (ebend. Bd. IV. S. 145) dem genannten Thiere zuschrieb, während sie Cuvier (*Rech. s. l. o. foss. VI. p. 175*) einem dem *Cervus euryceros* verwandten Hirsche vindizirt.

Schreber (*Säugeth. V. l. S. 1041*) sah und besass Bruchstücke von *Renthiergeweihen*, die bei *Baruth* (im ehemaligen

Kurfürstenthum Sachsen, jetzt Preussen) in Sumpferz vorgekommen und davon durchzogen waren.

In der Höhle *Balve*, im rheinisch-westphälischen Gebirge, wurden nach Nöggerath (*Karstens und Dechens Archiv 1846. XX. S. 328, Leonh. u. Bronn, N. Jahrb. 1847. S. 113*) gleichfalls Reste vom *Renthier* entdeckt.

Das Vorkommen von *Renthierresten* im *Würtembergschen* wurde von Jaeger (*Acta Acad. Leop. 1850, T. XXII. P. 2, p. 777 und 784*, dann fossile Säugeth. des Diluviums des Donauthales, *Würtemb. Jahresh. IX, S. 14*) nachgewiesen.

Gümpel (*Leonh. u. Bronn, N. Jahrb. 1854, S. 534*) beschrieb bei *Landau* gefundene *Renthierreste*.

Die dem *Cervus Guettardi* vindizirten im Lanthale gefundenen Hirschreste (H. v. Meyer *Leonh. u. Bronn, N. Jahrb. d. Miner. 1846. S. 515*) gehören wohl dem Renthier an.

H. v. Meyer (*Leonh. u. Bronn N. Jahrb. 1859. S. 427*) berichtet ferner: er kenne Geweihe (die er freilich nur als denen des *Cervus tarandus* ähnliche bezeichnet) aus dem Diluvium des *Rheinthales* bei *Mannheim*, aus dem Löss von *Emmendingen* und noch von andern Orten. So wurden auch Renthierreste bei Frankfurt am Seehofe im Diluvium gefunden (H. v. Meyer *Leonh. u. Bronn N. Jahrb. d. Mineral. 1858 S. 61*).

Die Höhlen von Muggendorff enthielten unter anderen auch Reste des Renthiers (Andr. Wagner, *Abh. d. Münch. Akad. VI., 1. München 1851*). Die Gaylenreither Höhle lieferte dagegen bisher besonders Knochen vom Höhlenbären und Menschen.

Kein Land Deutschlands hat aber so viel fossile Renthierreste verschafft als Meklenburg.

Dem verdienten Archivar Lisch in Schwerin gebührt hauptsächlich das Verdienst in den *Jahrbüchern des Vereins für Meklenburgische Geschichte* darüber wiederholte Mittheilungen gemacht zu haben.

Der erste bis jetzt bekannte *Renthierfund* in den deutschen Ostseeländern war eine bei *Gerdshagen* unweit *Güstrow* aus einer Tiefe von 24 Fuss ausgegrabene Geweihstange (Lisch. *Jahrb. d. Ver. f. Mekl. Gesch. Jahrg. XI. S. 496*). — Ein zweiter wurde bei

Carlow im Fürstenthum *Ratzeburg* in einem Moore 8 Fuss unter der Oberfläche gemacht. Er bestand aus einer ganzen Geweihstange und dem Fragment einer zweiten. (Masch. *Jahrb. d. Ver. f. Mekl. Gesch. Jahrg.* XVI. *(1851) S. 350*). In derselben Schrift *(Jahrg.* XVII. *S. 409)* berichtet Lisch über eine auf dem Gute *Luttersdorf* bei *Wismar* zehn Fuss tief im Moor gefundene Geweihstange, dann über eine zweite, ebenfalls im Moor, bei *Hinrichshagen*, unweit *Woldegk*, ferner über ein zur *Gädelehn*, bei *Stavenhagen*, und endlich über ein auf dem Gute *Cummerow*, in Hinterpommern, tief im Moore gefundenes *Renthiergeweih*. — Friese berichtete *(Archiv d. Vereins d. Freunde d. Naturgesch. in Meklenb. H. 5. 1851. S. 113)* über die im Alluvium Meklenburgs gefundenen Renthierreste.

Im Sommer 1853 wurde beim Bau der Chaussee von *Bützow* nach *Cröpelin*, zwischen *Bützow* und *Dreibergen*, bei der sogenannten Schlenterkrugsbrücke, die, offenbar durch Steingeräthe behauene, Geweihstange eines *Renthiers* ausgegraben *(ebd. Jahrgang* XX. *1855. S. 368)*. — In dem Torfmoore auf der Sührung, im Sandfeldsbruch der Stadt *Bützow*, entdeckte man beim Torfstechen ein 10 Zoll langes Bruchstück von einem ganz dünnen Renthiergeweih nebst Feuersteinmessern *(ebend. Jahrgg.* XXVI *(1861) S. 301)*.

Im Jahre 1861 wurde auf dem Gebiete des Landarbeitshauses zu *Güstrow*, in einer Tiefe von 14—15 Fuss, unten im Kalk ein Bruchstück gefunden *(ebend. S. 300)*.

Ein zu *Mallin* bei *Penzlin* tief unter dem Moder und Wiesenkalk entdecktes, abgearbeitetes, dreizackiges Stück von einem Geweih, das zu Schwerin in der Sammlung des geschichtlichen Vereins aufbewahrt wird, vindizirte Nilsson dem *Renthier* (Lisch, *ebd. S. 300*).

Lisch (a. a. O. *S. 299 ff.*, so wie *Archiv d. Vereins für Naturgesch. in Meklenburg, Jahrg.* XVI. *S. 171)* führt im Ganzen 12 Funde von Renthierresten aus Meklenburg und den Nachbarländern auf. Er fügt übrigens hinzu, dass aus den Fundorten im Moor oder Moder, welche meist tief herabreichen, mit Sicherheit hervorgehe, dass Renthiere während der jetzigen Schöpfungsperiode in Meklenburg mit Menschen während der Steinperiode gelebt haben, aber wohl früh ausgestorben seien, da die Knochen vorherrschend ein sehr altes Ansehen und mürbes Gefüge besässen.

Im *Jahrgang XXVIII d. Jahrb. d. Ver. f. mcklenb. Gesch. S. 323* ergänzt Lisch die frühern Funde durch drei neue.

Man fand nämlich (*Archiv. d. Vereins f. d. Naturgesch. von Meklenburg. Jahrg. XVI. S. 171*) ein Geweih zu *Badresch* bei Friedland im Moder in einer Tiefe von 10 Fuss, dann (s. ebend.) ein anderes zu Lapitz bei *Penzlin* (1862) fünf Fuss tief auf dem Boden eines Torflagers.

Im December 1862 erhielt der Verein für meklenburgische Geschichte (siehe *Jahrb. d. Vereins. Jahrg. XXVIII. S. 323*) ein in einem Torfmoore bei *Bützow* zwanzig Jahre früher aufgefundenes Geweih. Demnach waren aus Meklenburg im Jahre 1863 bereits funfzehn fossile Renthiergeweihe bekannt.

Die genannten Entdeckungen von Renthierresten ergänzte Lisch in den oft genannten *Jahrbüchern, Jahrg. XXIX (1864) S. 282* durch vier andere Fälle. Eine seiner Mittheilungen weist auf ein in der Gegend von *Grabow* gefundenes Bruchstück eines *Renthierhornes* hin: eine andere bezieht sich auf ein schon um das Jahr 1836 zu *Vietschow* bei Gelegenheit der Vertiefung eines Wiesengrabens zu Tage gekommenes *Geweih*. Eine dritte erwähnt zweier Fragmente von *Geweihen*, die zu *Boddin*, ebenfalls beim Reinigen von Gräben, schon vor einigen Jahren gefunden wurden. Durch die vierte Mittheilung erfahren wir, dass in derselben Gegend in einem abgelassenen Teiche die Arbeiter aus dem sechs Fuss über dem Kalkmergel gelegenen Moder eine schöne Stange eines *Renthiergeweihes* hervorzogen.

Herr Lisch sagt schliesslich in einer Anmerkung: es seien also jetzt sicher wenigstens 20 alte *Renthiergeweihe* aus Meklenburg bekannt.

Meklenburg kann daher in Bezug auf die Zahl der Fundorte von Renthierknochen mit einzelnen Localitäten Frankreichs fast wetteifern. Wirft man nun einen Blick auf die Oertlichkeiten und die Tiefen, worin sie entdeckt wurden, so dürfte die Zeit ihrer Ablagerung als eine sehr verschiedene anzunehmen sein. Die meisten mögen allerdings einer Zeit ihren Ursprung verdanken, als Meklenburg von einem Jägervolke bewohnt wurde, welches nur Steinwerkzeuge kannte, worauf Lisch hindeutet. Die in geringen Tiefen, namentlich im Moder oder in Torfmooren lagernden, deren bis jetzt allerdings nur wenige sind, könnten aber doch eher solchen Thieren zu vindiziren sein, die einer späteren Zeit, vielleicht theilweis der Römerzeit angehörten; da kaum anzunehmen ist, dass, wenn während der Eroberungszüge Cäsar's noch Renthiere im mittlern Deutschland (dem hercynischen Walde) lebten, dieselben in dem den römischen Angriffen ferner liegenden, nördlichen, dem noch gegenwärtigen *Renthiersitze* viel näheren, Meklenburg bereits gefehlt haben sollten.

Wäre es richtig, dass Jeitteles bei *Olmütz* in einer Moorschicht, ausser riesigen Eberzähnen und zahlreichen menschlichen Kunstprodukten aus Bronze und Eisen, ferner Knochen und Zähnen von Rindern, Pferden, Hirschen und Rehen, nebst einem Schädel vom *Canis lagopus*, auch Renthierreste entdeckte (Büchner, Nachschrift zur *Uebersetzung von* Lyell's *Alter des Menschengeschlechts S. 456 u. 458*), so würde ein solcher, in einer Moorschicht, mit bronzenen und eisernen Geräthen gethaner Fund einerseits auf ein spätes Vorkommen des Renthiers im östlichen und mittleren Deutschland hinweisen, andererseits aber auch bei der Beurtheilung anderer in Deutschland, so bei *Baruth* und an manchen Orten Meklenburgs gemachter Funde die nöthige Beachtung verdienen.

Im Allgemeinen geht aus den mitgetheilten Funden schon jetzt hervor, dass das Renthier, freilich in längst vergangenen Zeiten, nicht blos im westlichen, südlichen, mittlern und nördlichen, sondern auch im östlichen Theile Deutschlands verbreitet war. Die im Süden vorgekommenen Renthiere dürften sich auch auf die Schweiz verbreitet, die im Westen heimischen den französischen, die östlichen den polnischen, die nördlichen den südskandinavischen *Renthieren* angeschlossen haben.

Fossile Renthierreste in Dänemark.

Dass auch in Dänemark früher Renthiere vorkamen, geht zwar noch nicht aus den berühmten Untersuchungen von Forchhammer, Worsaae und Steenstrup über die Kjoekkenmoedings *(Oversigt over det Kgl. danske Videnskabernes Selskabs Forhandlinger 1848 S. 7—10, 1851 S. 1—31 u. 179, 1852 S. 14, 1854 S. 191 und 1859 S. 171,* in französischer Sprache im Auszuge mitgetheilt von Morlot, *Bull. d. l. Soc. Vaudoise, T. VI, n. 46),* wohl aber aus einer von Steenstrup an Lartet dazu gemachten, nachträglichen Mittheilung *(Ann. d. sc. nat. 1861, p. 227)* hervor. Ausserdem sprechen für dieses Vorkommen nicht nur eine in der Kopenhagener Sammlung von Alterthümern (m. vergl. *Oversigt over det Kgl. danske Vidensk. Selsk. Forhandl. 1848 p. 12)* aufbewahrte, aus Renthiergeweih gearbeitete Hacke, sondern auch verschiedene andere, dem Steinalter vindizirte, aus Renthiergeweihen angefertigte Gegenstände, die man aus dänischen Torfmooren erhielt (Morlot, *Étud. géol. arch., Bullet. de la Soc. Vaudoise, T. VI, Lausanne 1860 und* Lyell, *Alter des Menschengeschl. S. 301).* Nach Nilsson *(Skandin. Faun. Däggdjuren 2. Aufl. Lund 1847, p. 504)* hat man übrigens auf der dänischen Insel Bornholm im Torfmoore Renthiergeweihe gefunden.

Fossile Renthiergeweihe in Schweden.

Wie oben bereits beiläufig erwähnt wurde, spricht schon Cuvier *(Rech. s. l. ossem. éd. 4. T. VI, p. 194)* von einem in der schwedischen Provinz Schonen gefundenen, echten Renthiergeweih.

Auf der Insel *Oeland*, ganz besonders aber in dem südlichsten Theile Schwedens, namentlich in der Provinz *Schonen*, welche beide Ländergebiete, wie Bornholm, früher einmal wohl eine Fortsetzung Deutschlands bildeten, entdeckte man übrigens häufig Renthierreste (Nilsson, *Skandinav. Fauna, Däggdjuren, Lund 1847. 8. p. 503).* Nach Nilsson sollen die Renthiere, welche *Schonen* bewohnten, da man nördlich von dieser Provinz bis Lappland keine, oder wenigstens sehr wenige Reste derselben entdeckte, aus Deutschland gekommen sein, während der Norden Skandinaviens von Asien aus (wohl dem eigentlichen Heimathlande der Renthiere) über Osteuropa, namentlich Nordfinnland, bevölkert wurde. Die an den genannten Orten gefundenen Reste weisen übrigens nach Nilsson im Allgemeinen auf grössere Individuen hin, als man sie jetzt unter den lebenden Renthieren findet, womit er offenbar die lappländischen meint. Auch die Häute von *Renthieren*, welche Herr Wosnessenski aus Kamtschatka dem Museum der hiesigen Akademie einsandte, gehörten viel grösseren Individuen an, als sie im russischen Lappland, so wie im Gouvernement Archangel und Nowgorod vorkommen, ebenso wie die sibirischen und caucasischen Edelhirsche und Rehe eine ansehnlichere Grösse als die jetzt in Europa heimischen, hinsichtlich der Grössenentwickelung etwas verkümmerten, zeigen. Auch die gehegten *Auerochsen* bieten nicht mehr alle früheren Eigenschaften.

Fossile Renthierreste in den russischen Ostseeprovinzen.

Was die russischen Ostseeprovinzen, d. h. die Gouvernements Kurland, Esthland und Livland anlangt, so hat man sonderbar genug erst ein einziges Mal Renthierreste (Geweihe), namentlich in Kurland, im Schlamm des *Widelsees*, südlich von *Domesnäs*, an der Küste des rigaer Meerbusens, nebst zwei kupfernen Kesseln und Steingeräthen entdeckt. Den Fund vindizirt Herr Prof. Grewingk in Dorpat, der in seiner jüngst erschienen verdienstvollen Schrift *(Das Steinalter der Ostseeprovinzen, Dorpat 1865, 8.,* besonders abgedruckt a. d. *Schriften der gelehrten esthländischen Gesellschaft, n. 4. S. 47 und 102)* über ihn berichtet, der jüngern Steinperiode, mit dem Bemerken, dass vor etwa 2000 Jahren dort Renthiere existirt hätten, da im esthnischen Sagenkreise (der *Kalewipoeg-Sage*) zwar der *Auerochse (Metsarg)*, nicht aber das Renthier erwähnt wäre, der fragliche Sagenkreis aber erst nach der, in der Mitte des neunten Jahrhunderts erfolgten Entdeckung Islands, das darin vorkommt, entstanden sein könne.

Ich hielt es für nöthig, über die von Grewingk hinsichtlich der aus der eben genannten Sage hergeleiteten Annahme, das Urtheil meines geehrten Freundes und Collegen Schiefner, also das eines speziellen Sachkenners einzuholen, der mir Folgendes mitzutheilen die Güte hatte:

«Zu S. 47: Nichts steht uns dafür, dass in den Kalewipoeg-Sagen, namentlich in den Liedern, nicht auch das *Renthier* vorgekommen ist. Es wächst die Sage, das Lied wie eine Pflanze, wie ein Baum, der jährlich zwar Aeste und Blätter neu bildet, aber auch Manches aus frühern Jahren einbüsst. Wären die Lieder und Sagen vor Jahrhunderten aufgezeichnet, so könnten sie Beweiskraft haben; in ihrer jetzigen Gestalt melden sie über die Vorzeit unendlich wenig.

«Zu S. 102. Es darf uns nicht wundern, dass der Kalewipoeg mit Schleudersteinen, aber auch mit einem Schwert zu thun hat; nichts stünde im Wege, ihm sogar Kanonen zuzuschreiben, wie die Osseten in ihren Riesensagen Mörser aufzuweisen haben (S. Bull. d. l'Ac. d. Pét. T. VI p. 464). Irgend ein Jahrhundert für das Alter dieses oder jenes Theils der Sage anzusetzen, ist sehr misslich; man kann höchstens sagen, dass diese oder jene Recension oder Fassung etwa nur nach der und der Zeit möglich sei. Man darf überhaupt nicht vergessen, dass die einzelnen Helden der epischen Gedichte auf mythischer Grundlage ruhen, und dass auch in den ehstnischen Liedern der gefeierte Held eine nach und nach ins Menschliche herabgezogene Göttergestalt ist.»

Dass durch die vorstehenden Mittheilungen die Ansicht unsicher wird, das Vorkommen von Renthieren in Kurland sei auf 2000 Jahre zurückzuverlegen, ist einleuchtend. Erst weitere Funde von Renthierresten werden nähere Aufklärung darüber verschaffen, wann das Renthier in den Ostseeprovinzen lebte. Die mit den Geweihen gefundenen Kessel sprechen, wie es scheint, keineswegs für ein in eine sehr frühe Zeit zu versetzendes Vorkommen. Auch dürften die über das frühere Vorhandensein der *Renthiere* in Polen (s. unten) erwähnten historischen Daten, besonders aber die noch jetzt im Nowgorodschen und Twerschen Gouvernement auftretenden *Renthiere* gegen die Annahme eines allzufrühen Verschwindens der fraglichen Thiere in den Ostseeprovinzen sich anführen lassen. In seiner *Geologie Liv- und Kurlands S. 112* giebt übrigens Grewingk zu, dass der Mensch - dort mit den Renthier gelebt haben könne.

Fossile Renthierreste im europäischen Russland.

Aus Lithauen kann ich bis jetzt nur die schon von Cuvier, nach einer ihm von Bojanus mitgetheilten Abbildung besprochene, im Grodnoschen Gouvernement bei Bjelostok im Bette des Bog gefundene Geweihstange, dieselbe welche auch Eichwald *(Nov. Act. Caesarco-Leop. Vol. XVII. P. 2, p. 292)* beschrieb und (Tab. LI. fig. 2) abbilden liess, während sie ihm später *(Lethaea ross. III. p. 369)* zur Aufstellung einer neuen Hirschart *(Cervus leptoceros)* Veranlassung gab, die ich jedoch nur als eine Spielart oder Altersverschiedenheit des Renthiers betrachten kann, obgleich Hr. v. Nordmann *(Palaeontol. Südrussl. p. 244)* dieselbe für eine selbstständige Art zu halten geneigt ist.

V. Kiprijanoff fand im Tschernigoffschen Gouvernement, nahe bei der Stadt Nowgorod Ssewerski, und im Kurski'schen, bei der Stadt Fatesch, in der Tiefe von gegen zehn Fuss, zwei Bruchstücke von Geweihen des *Cervus tarandus*. Bei dem Dorfe Studenetz im Dmitrieff'schen Kreise des Orel'schen Gouvernements traf er Bruchstücke der genannten Hirschart neben Mamoutknochen. *(Bullet. d. nat. d. Mosc. 1855, p. 194)*.

Hr. v. Nordmann entdeckte in Bessarabien (?) *(Palaeontol. Südrusslands. Helsingfors 1858. 4. p. 246. Taf. XVIII. Fig. 2, 2 a)* Zähne, zwei Humeri, ein Sprungbein, zwei Fersenbeine und zwei Epistrophei des *Renthiers*.

Im Museum der hiesigen Akademie wird eine angeblich aus Südrussland stammende fossile Geweihstange ohne spezielle Angabe ihres Fundortes aufbewahrt.

Im Museum des hiesigen Berg-Institutes findet sich eine wohl erhaltene, offenbar einer sehr jungen Zeit angehörige Geweihstange aus dem Simbirskischen Kreise. Pallas (Reise III, S. 597) berichtet, es seien oberhalb Dubrowka (an der Wolga), am Bache Olenja, Renthiergeweihe gefunden worden, also etwa in der Gegend jenseits des obern Don, wohin einige das Budinenland verlegen. Es wurden demnach in Russland bis jetzt an acht verschiedenen Orten Reste des Renthiers gefunden, wovon einige das Vorkommen desselben auf das südliche europäische Russland ausdehnen, so dass der Nordmann'sche Fundort in der Parallele des mittleren Frankreichs liegt.

Schlussfolgerungen.

Werfen wir schliesslich einen Blick auf die Resultate, welche aus den eben gelieferten Angaben über die fossilen Reste des Renthiers sich ableiten lassen, so möchten sich folgende Hauptergebnisse herausstellen.

1) Renthierreste wurden von den ältesten, sogenannten alluvialen, quaternären, ja selbst nach Owen jüngern, pliocenen Bildungen an bis in die bereits einer historischen Zeit zu vindizirenden (so in Torfmooren) gefunden. Ihre Ablagerung umfasst also nach Jahren (wenigstens für jetzt) nicht bestimmbare, grosse geologische Zeiträume.

2) Die genannten Ablagerungen von Renthierresten weisen darauf hin, dass es eine (vermuthlich mit verschiedenen Perioden der Eiszeit und der grössern Erkältung Nordasiens zusammenfallende) lange Periode gab, während welcher die wahrscheinlich aus der Nordhälfte Asiens (ihrer Urheimath) nach Westen gewanderten Renthiere über Britannien, ganz Frankreich, der Schweiz, Deutschland, Dänemark, dem südlichen Schweden, Polen und das europäische Russland verbreitet und nicht, wie jetzt, in der sogenannten alten Welt, auf den höchsten Norden Europas und den höchsten und höhern Norden Asiens beschränkt waren. Es fällt diese so ausgedehnte Verbreitung mit der höchsten Blüthezeit, dem höchsten Reichthum, der ge-

genwärtigen (theilweis schon an Arten verkümmerten) nordasiatisch-europäischen Säugthierfauna zusammen, die damals noch so manche, ihr jetzt fehlende Formen, wie das Mamuth, das büschelhaarige Nashorn, den Moschusochsen, *Bos primigenius* und *Cervus euryceros*, nebst mehreren dem Untergange entgegen eilenden andern, damals, wie das Renthier, weit nach Westeuropa verbreiteten Arten, wie den Auerochsen, das Elen, den Biber u. s. w. besass.

3) Die meisten fossilen Renthierreste lieferten bisher die überaus zahlreichen, von einer Menge ausgezeichneter französischer Naturforscher, besonders in der jüngsten Zeit, sorgfältig untersuchten Höhlen Frankreich's und zuweilen auch ihre allernächsten Umgebungen. Auch die Höhlen Grossbritanniens und Belgiens verschafften ein nicht zu verachtendes Contingent. In freien, geschichteten Terrains Deutschlands und des südlichen Schwedens (nicht in Höhlen) wurden übrigens zahlreiche, in Dänemark und Russland aber bis jetzt nur wenige Funde gemacht.

4) Für den Nachweis, mit welchen andern Thierarten die Renthiere, nach Maasgabe ihrer in Erdschichten verschiedenen Alters abgelagerten Reste, vorkamen, lieferten ebenfalls bis jetzt die Höhlenfunde verschiedenen Alters das Hauptcontingent.

5) Die genauere Beachtung des Vorkommens von Renthierresten mit Resten menschlicher Skelettheile, oder menschlicher Industrie in den geologischen Ablagerungen weist darauf hin, dass Menschen mit dem Renthier, wenigstens in Europa (vermuthlich, aber vielleicht noch früher, in Asien) seit den ältesten nachweislichen, langen Perioden ihrer Existenz bereits zusammenlebten und mit demselben bis zu seinem, in den allermeisten Ländern Europas erfolgten, allmähligen Verschwinden zusammen waren, ja, wenn auch nicht immer dasselbe herbeiführten, es wenigstens theilweis verursachten, da das Renthier einen wichtigen Gegenstand ihrer Existenz bildete und ihnen nicht blos eine angenehme, reichliche Nahrung, sondern auch Material für allerlei mehr oder weniger künstlich gearbeiteten, nicht selten mit Figuren von Gegenständen gezierten Hausrath und Waffen, nach Maas-

gabe der gefundenen Ueberreste, lieferte. Die Völker des höhern europäischen, wie asiatischen, Nordens traten übrigens, wie bekannt, mit dem Renthier durch die Zähmung desselben in eine dauernde Beziehung und sicherten sich dadurch ihre Existenz.

6) Die Verfolgung des Vorkommens der Reste des Renthiers in den Schichten verschiedenen Alters liefert aber gleichzeitig einen nicht uninteressanten Nachweis vom Auftreten bis zum Verschwinden einer Thierart in verschiedenen Ländern während grosser Perioden. Sie vermehrt also die Anhaltungspunkte für die Vorstellung, die man sich von der Art des Verschwindens anderer, bereits gänzlich untergegangener, Thierarten machen könne. Der fragliche Anhaltungspunkt fällt um so mehr ins Gewicht, da er sich auf eine noch lebende, von den ältesten Perioden ihrer Existenz bis zur Gegenwart zu verfolgende Thierform bezieht.

Zweites Capitel.

Erörterung der Mittheilungen, welche bei den alten Griechen und Römern über das Renthier vorkommen.

Es kann auf den ersten Blick überflüssig erscheinen, die bei den alten griechischen und römischen Classikern über das Renthier vorkommenden Mittheilungen oder Andeutungen ebenfalls in den Kreis der Untersuchungen zu ziehen. Man könnte der Ansicht sein, die fraglichen Angaben seien in neueren Zeiten durch Cuvier, Andr. Wagner, Sundevall und Lenz bereits so festgestellt, dass es ganz unnöthig wäre, darauf zurückzukommen und sie namentlich einer neuen umfassenden kritischen Revision zu unterwerfen. Wer indessen den nachstehenden Mittheilungen eine eindringende Aufmerksamkeit schenkt, wird im Gegentheil die Ueberzeugung gewinnen, der Sachverhalt sei ein anderer. Er wird namentlich zugeben müssen, dass die neueren, namentlich paläontologischen Entdeckungen in West- und Mittel-Europa, nebst den genaueren Angaben über die südliche Grenze der Renthierverbreitung in Europa und dem Norden Asiens für die exactere Beurtheilung der Angaben der alten Griechen und Römer nicht ohne Einfluss sein können und umgekehrt. Eine genaue Erörterung derselben erscheint aber auch aus einem anderen Grunde geboten. Es haben nämlich zwei treffliche französische Naturforscher (Lartet und Garrigou) der Ansicht Cuvier's folgend, welcher, aus Mangel genügender Materalien, das Vorkommen des Renthiers in Mittel- und Westeuropa nicht ohne Grund zu läugnen suchte, sogar den deutlich ausgesprochenen Angaben Caesar's eine Deutung untergeschoben, die einer unbefangenen, mit den Entdeckungen der Neuzeit harmonirenden Auffassung widerstrebt. Der Mittheilung der nachstehenden Untersuchungen dürfte demnach eine wohl begründete Berechtigung nicht abzusprechen sein.

A. Angaben, welche sich bei den alten Griechen über das Renthier finden.

Ein Bruchstück der Thiergeschichte Theophrast's, welches uns die Excerpte des Photius *(ed. Heins. p. 470)* erhalten haben, *(Theophr. opp. ed. Wimmer, T. III. Fragm. CLXXII)* erwähnt als τάρανδος eines bei den Skythen oder Sarmaten[*] heimischen, seine Farbe (angeblich) je nach den in seiner Nähe befindlichen Gegenständen, wie das Chamäleon und die Dintenfische, verändernden Thieres, das ungefähr die Grösse eines Ochsen, einen hirschähnlichen, aber breitern Kopf, hirschähnliche, ästige Hörner, ein sehr zottiges Haar und eine sehr starke fingersdicke Haut besitze. Aus der Zahl der dem τάρανδος vindizirten Kennzeichen passt die fingersdicke Haut, ebenso wie auch die Grösse am besten zum Elen. Der breitere Hirschkopf, die hirschähnlichen Hörner und das zottige Haar aber auf das Elen und Renthier, die beide im Lande der Budinen und der Herodotischen Skythen vorkamen. Was von der Farbenveränderung gesagt wird, kann dagegen (wenn man bedenkt, dass sie nur irri-

---

[*] Die Worte *Skythen oder Sarmaten* sind aus dem Umstande zu erklären, dass nach Herodot's Zeiten Skythen und Sarmaten oft als ein und dasselbe Volk betrachtet wurden. (Siehe unten).

gerweise als eine chamäleonische, sogar nach den wahrgenommenen Gegenständen wechselnde, bezeichnet wurde) ganz passend nur auf das wilde Renthier bezogen werden. Dieses erscheint nämlich im Herbst und Winter weissgrau, im Sommer dunkelgraubraun, während der Mauser aber gefleckt. Das Elenthier bietet dagegen stets eine constantere Färbung. Theophrast scheint demnach offenbar als τάρανδος beide der genannten Hirscharten zusammen zu werfen*), was ohne Frage in der ungenauen, seinem Lehrer Aristoteles, oder ihm zugekommenen Kunde seinen Grund hat; denn wäre ihnen der τάρανδος aus eigener Anschauung bekannt gewesen, so würden sie ihm sicher wenigstens keinen dem des Chamäleon vergleichbaren Farbenwechsel zugeschrieben haben. In der dem Aristoteles abgesprochenen Schrift über Wunder (Περι Θαυμασιων (*De mirabilibus*) ed. Joh. Beckmann, *Gottingae MDCCLXXXVI. 4. cap. XXIX. p. 63*) wird Aehnliches vom τάρανδος berichtet; jedoch mit der Bemerkung, dass er sich bei den Skythen, welche man Geloner nenne ('Εν δὲ Σκύθαις τοῖς καλουμενοῖς Γελωνοῖς) fände.

Antigonus Carystius, *cap. 31*, schildert, indem er sich auf Aristoteles beruft, den τάρανδος als ein dem Esel ähnliches, die Farbe schnell änderndes Thier. Zweifelhaft bleibt es indessen ob er, seine Angaben aus der dem *Stagyriten* abge-

---

*) Die Ansicht, dass Theophrast und die alten Griechen überhaupt, ebenso wie die beider später zu erwähnenden Römer (Plinius und Solinus), welche aus jenen ihre Mittheilungen schöpften, unter dem Collectivbegriff τάρανδος zwei Thiere zusammenwarfen, das Elen und Renthier, wurde noch nicht aufgestellt, wiewohl sie die Angaben der Alten am besten erklärt. Bisher hielt man, namentlich nach dem Vorgange von Elicta Anglus und Georgius Agricola (*Gesner, de quadrup. Lib. I. ed. Francfurt, p. 141*), dann von Buffon (*Hist. nat. XII, p. 84*), Linné (*Syst. nat.*) und Cuvier (in einer Note zu Plinius *VIII, 34, 52*) den Tarandus geradezu für das Renthier. Andere fühlten indessen, dass manche dem Tarandus beigelegten Merkmale (siehe oben) besser auf das Elenthier passen und bezogen ihn daher wirklich auf dasselbe. Es geschah dies namentlich von Agricola Ammonius (*Aldrovand. bisulc. I. p. 860*), Klein (*Quadruped. p. 156*), Beckmann (*Büsching's gelehrte Nachrichten von und aus Russland 1765; Anm. zu Cap 29* seiner Ausgabe der dem Aristoteles, früher mit Unrecht vindizirten Schrift *De mirabilibus* (siehe oben) und Bl. Merrem (*De animalibus Scythicis apud Plinium. Goettingae 1780. 4. p. 14 et 15*). Eine dritte ganz unhaltbare Meinung wurde von Gesner aufgestellt, indem er den *Tarandus* mit dem *Tur* oder *Thuro* der Polen (*Bos primigenius*) identifiziren wollte.

sprochenen, eben erwähnten, Schrift *De mirabilibus*, oder einer andern, jedoch verlornen, desselben entlehnte.

Aelian in seiner Thiergeschichte (*Hist. Anim. II. c. 16*) wiederholt im Wesentlichen die Angaben seiner Vorgänger über den τάρανδος, fügt jedoch hinzu, die Skythen hätten mit der für Pfeile undurchdringlichen Haut desselben ihre Schilder bezogen. In keiner der auf uns gekommenen Schriften des Aelian konnte übrigens weder von mir, noch selbst von meinem hochgeehrten Collegen Nauck, die Stelle aufgefunden werden, worin er nach Gesner (*De quadrup. ed. Francof. p. 840*) erzählen soll: «in Skythien lebe ein wildes Volk, welches Hirsche gezähmt habe». Allerdings konnten im Norden Skythiens im weitesten Sinne, so namentlich in den Uralgegenden, möglicherweise schon zu Aelian's Zeiten, ja noch früher, Renthiernomaden existiren. Auf dieses Volk kann indessen kaum eine flache 5″ breite, $\frac{1}{4}$″ hohe Schaale von ganz unbekanntem Fundort bezogen werden, welche in der hiesigen Kaiserlichen Eremitage sich befindet, auf deren Boden sechs hirschähnliche Thiere (Renthiere) dargestellt sein sollen, worüber Eichwald (*Bull. d. nat. d. Mosc. 1860. p 428*) ohne alle Beweise bemerkt, dass sie darauf hindeute, die altaischen Tchuden hätten schon in der ältesten Zeit Renthiere gezogen. Noch weniger wie die genannte Schaale lässt sich ein von Eichwald a. a. O. S. 431 erwähntes, aus Sibirien stammendes, in Holz geschnitztes Renthier, welches gleichfalls in der Kaiserlichen Eremitage aufbewahrt wird, mit den alten Tchuden in Verbindung bringen. Es scheint sogar einer ziemlich neuen Zeit anzugehören. Die von ihm als Schmuck der Kleider der Skythen angesehenen, aus Gold gegossenen Figuren möchten eher Elenthiere als Renthiere darstellen. Wie endlich Hr. v. Eichwald (a. a. O.) dazu gekommen ist, auf einer in einem Grabe bei Kertsch gefundenen Goldplatte, welche auf einer zwar einigermassen hirschähnlichen, aber phantastischen Unterlage einen Löwen, Hund und Hasen zeigt, auch ein Renthier zu finden, lässt sich schwer begreifen. Die fragliche Platte ist übrigens in den *Antiquités du Bosphore Kimmérien* von Stephani beschrieben und abgebildet, so dass jeder im Stande ist, Hrn. Eichwald's Ansicht zu prüfen.

Philo Judaeus, *De ebrietate* ed. Thom. Mangey, London *1742. II. vol. fol. p. 383*, Hesychius, Phile, *De animal. proprietate;* Stephanus, *De Urbibus; Eustathius in Commentario in Dionysii poematium de situ orbis* edid. Stephani *1577. 4. p. 44* und Joh. Damasceni *Sacra parallela* Περὶ ζώων ἀλόγων ed. Mich. Lequien, *Parisiis 1712, 2 vol. fol. II, p. 531*, die Beckmann anführt, entlehnten ihre Angaben dem einem oder andern der oben genannten Griechen und lieferten keinen Beitrag zur Aufhellung des τάρανδος. Einer Erwähnung bedarf jedoch Stephanus Byzantinus, da er unter Γελωνός sagt, dass der die Farben wechselnde τάρανδος bei den Budinen lebe. Bemerkenswerth erscheint endlich auch noch eine Stelle des Eustathius, Erzbischofs von Antiochien, in seinem: *In Hexahemeron Commentarius* ed. L. Allatius, *Lugduni 1629. 4. p. 36*, weil es dort heisst Ἔστι δὲ ἐν τοῖς Σκύθαις τοῖς καλημένοις Λώοις ζῶον καλέμενον τάρανδος, worüber übrigens dasselbe hinsichtlich des Farbenwechsels und der Körpergestalt wie von andern früher angeführten Griechen mitgetheilt wird. Was die *Scythae quos Loos vocant* für ein Volk waren, wird nirgends gesagt, auch nicht in den Noten von Allatius. *Skythen*, welche *Looi* genannt wurden, habe ich nicht auffinden können, auch kennen meine geehrten Collegen Kunik und Stephani, die der Geschichte der Skythen, im Betracht der merkwürdigen Reste, die man von diesem Volke neuerdings im südlichen europäischen Russland gefunden hat, eine nähere Aufmerksamkeit schenkten, keine Skythen, welche man Λώοι nannte. Ich glaube daher, dass das Wort Λώοις von einem Abschreiber herrührt, der Γελωνοῖς hätte schreiben sollen, in Uebereinstimmung mit der oben citirten Stelle der Schrift *De mirabilibus*. Mein geehrter College Stephani, dem ich meine Vermuthung mittheilte, schreibt mir: «Ich glaube, dass Sie das Richtige gefunden haben, wenigstens weiss ich nichts Besseres.»

Im Allgemeinen dürfte aus den wenigen Mittheilungen, welche die alte griechische Literatur bietet, zur Genüge hervorgehen, dass darin das *Elen* und *Renthier* als τάρανδος zusammengeworfen wurden; was um so leichter geschehen konnte, da nach Kessler (Естеств. Истор. Кіевск. Учебн. Округа, стр. 84) Elenthiere noch jetzt in Wolhynien und im Tschernigow'schen Gouvernement, also im frühern Lande der Skythen und Budinen vorkommen, wo viel früher auch gleichzeitig *Renthiere* sich fanden, wie aus den oben bereits erwähnten paläontologischen Funden hervorgeht. Die dem τάρανδος vindizirte Farbenvariation, ebenso wie der Vergleich desselben mit dem Esel, wohl der Farbe wegen (worauf die Worte des Plinius: sed cum libuit sui coloris esse, asini similis est, hindeuten), lässt sich übrigens nur auf das *Renthier* beziehen. Was die Angaben über Hörnerbildung betrifft, so sind sie so kurz und allgemein gehalten, dass sie auf beide der genannten Hirscharten passen. Namentlich möchte die angeführte Stelle aus Theophrast, so wie die damit im Wesentlichen übereinstimmende der Schrift: *De mirabilibus*, darauf hindeuten, dass die alten Griechen eine, wenn auch in fabelhaften, und wegen der Identifizirung des *Renthiers* mit dem *Elen*, entstellten Mittheilungen gehüllte Kunde vom Vorkommen des Renthiers in dem von ihnen verschieden begrenzten Lande der Skythen, oder wie Einige, so Theophrast, hinzufügen, oder Sarmaten, richtiger dem der *Budinen* und der *Skythen* im Sinne Herodot's besassen. Die fragliche Kunde konnten sie am leichtesten durch die Bewohner der im Lande der *Budinen*, einem Nachbarlande Skythiens, gelegenen Stadt Gelonos erhalten haben, welche aus dort angesiedelten Griechen bestanden und von Vielen, wie aus den Worten Ἐν δὲ Σκύθαις τοῖς καλϑμένοις Γελωνοῖς der bereits oben angeführten Stelle der Schrift *De mirabilibus* hervorgeht, als gelonische Skythen bezeichnet wurden.

Von einem Vorkommen des *Renthiers* (ebenso wie des Elenthiers) im Lande der *Sarmaten*, wie das Letztere von Herodot (*Buch IV*, *c. 21*) beschrieben wird, kann nicht wohl die Rede sein, da er uns dasselbe als Steppenland schildert. Anders gestaltet sich natürlich die Sache, wenn man mit spätern Schriftstellern Skythen und Sarmaten nicht unterscheidet. Um eine klarere Ansicht über das frühere, mehr als wahrscheinliche Vorkommen des *Renthieres* im Lande der Budinen und Skythen (im heutigen südwestlichen, nach Anderen südöstlichen europäischen Russland) zu erhalten, scheint es nicht überflüssig, nachstehende Bemerkungen hier einzuschalten, die ich theilsweis einem speciellen Kenner der skythischen Verhältnisse verdanke.

Der Umfang des Gebietes, welches zu Herodot's Zeiten Skythien genannt wurde, hat neuerdings der scharfsinnige Historiker Fr. v. Smitt in seinem Feldzuge des Darius gegen die Skythen *(Bullet. de l'Acad. de St. Pétersb. T. VIII, (Nov. 1864.) pag. 316*, sowie *Mélang. Russ. T. IV, p. 474)* mit Hülfe der Angaben Herodot's *(IV. c. 99—101)* näher zu bestimmen gesucht. Ihm zufolge bildete das Herodoteische Skythenland ein Viereck, das südlich von den Donaumündungen bis Nogaisk oder Berdiansk, von hier nördlich etwa bis zum Flusse *Sem (Kursk)* von dort westlich bis zum *Horyn (Ostrog)* von da aber südlich bis zu den Donaumündungen sich ausdehnte. Die nördliche Grenze würde also ungefähr der *Sem* und *Pripet* bilden.

Was die Lage des Landes der *Budinen* betrifft, so sagt Herodot *(IV. c. 21)* darüber Folgendes: Geht man über den *Tanais*, so ist kein skythisches Land mehr, sondern man gelangt zuerst in das Land der *Sauromaten*, die vom innersten Winkel des mäotischen Sees an fünfzehn Tagereisen nach Norden ein Land bewohnen, welches ganz baumlos ist. Dasselbe wird von ihm (Cap. 116) als drei Tagereisen von *Tanais* und drei Tagereisen vom See *Mäotis* entfernt geschildert. — Ueber den *Sauromaten* nordwärts wohnen die *Budinen* (Herod. ebd. c. 21). — Diesen Mittheilungen zu Folge wäre anzunehmen, das oben genannte Volk, welches von Herodot *(c. 108)* als gross, zahlreich, blauäugig und blondhaarig geschildert wird, hätte etwa im heutigen Gouvernement *Saratow* oder im Norden des Landes der donischen Kosaken gewohnt.

Das Land der *Budinen* wird aber von Herodot *(IV c. 109 und 110)* als ein mit Bäumen aller Art besetztes Land geschildert, das in seinem dichtesten Walde einen grossen, weiten, von Rohrgebüsch umgebenen See enthielt, worin Biber, Fischottern, und andere Thiere mit viereckigen Gesichtern gefangen wurden, mit deren Fellen sie ihre Kleider verbrämten, während sie die Biberhoden (die Castorsäcke) gegen Gebärmutterleiden brauchten*). Die *Budinen* waren übrigens Nomaden, welche Läuse, nach Andern Cedernüsse genossen. — Im Lande der *Budinen* lag eine von griechischen Acker- und Gartenbau treibenden Colonisten bewohnte Stadt, Namens *Gelonos*, die, ebenso wie ihre 30 Stadien langen und ebenso breiten Mauern, ganz aus Holz erbaut war (Herodot *c. 108*). In der genannten Stadt befanden sich Tempel griechischer Gottheiten nebst anderen Heiligthümern. Die Einwohner redeten Skytisch und Griechisch und feierten alle drei Jahre mit grosser Ausgelassenheit ein Bachusfest.

Die Lage des Landes der *Sauromaten* und *Budinen*, wie sie soeben nach Herodot *(c. 21)* geschildert wurde, war aber, wenn er unter *Tanais* wirklich den Don und unter Mäotis das Asowsche Meer verstanden wissen will, eine solche, dass Darius auf seinem Feldzuge gegen die Skythen, wie das nach Herodot *(c. 122)* geschehen sein soll, weder das Land der *Sauromaten* und *Budinen* durchzogen, noch die im letzteren Lande gelegene Feste Gelonos verbrannt haben könnte. Unmöglich nämlich war er im Stande, vom Ister (der Donau) an binnen etwa 60 Tagen die öden, keinen Proviant und kein Wasser bietenden, so ausgedehnten Steppen Südrusslands mit seinem grossen Heere bis zu den *Budinen* zu durchziehen und zum Ister zurückzukehren, besonders, wenn er, wie Ctesias berichtet, nur 15 Tagereisen vom Ister nach Norden vorgedrungen wäre. Es ist übrigens sogar bei Herodot gesagt, dass Darius in die über dem Budinenlande gelegene, sieben Tagereisen lange, Steppe keineswegs eindrang, sondern als er sie erreichte, den Rückzug antrat. Im Einverständniss mit meinem Collegen Kunik**) glaube ich deshalb der

---

*) Man vergleiche hierüber meine Abhandlung: *Ueber die Kenntnisse, welche die alten Perser, Griechen u. s. w. vom Biber besassen*. (*Mém. d. l'Acad. Imp. d. sc. d. St. Pétersb. T. VII, p. 82.*)

**) Mein College Kunik theilt mir nämlich mit, dass seit der Zeit, wo Eichwald die ihm mündlich von Smitt vorgetragene Ansicht in den *Dorpater Jahrbüchern* 1884 und der *Alten Geogr. Russl.* näher zu begründen gesucht hatte, fast alle Bearbeiter der alten *Geographic Russlands* die *Budinen* in jenen Strichen des westlichen Russlands hausen lassen. Ferner stimmt mein College mit Smitt auch darin überein, dass Herodot den *Dnestr (Tyras Danastris)* mit dem *Don (Tanais)* an mehreren Stellen verwechselte und sich dadurch bei der Schilderung des Zuges des Darius und der Angabe der Wohnsitze der *Budinen* in Widersprüche verwickelt habe.

Meinung beitreten zu können, dass der Feldzug des Darius mit den sonstigen Angaben Herodot's über die Lage des Landes der *Budinen* noch am besten in Einklang gebracht werde, wenn man den von Smitt a. a. O. darüber veröffentlichten Ansichten beistimmt. Im Allgemeinen laufen dieselben darauf hinaus, dass das waldige Gebiet der *Budinen* mit seinem grossen See (dem ehemaligen Pinskischen, der seinen Abfluss in den Pripet fand, und noch jetzt vorhandene Sümpfe nachliess, Smitt), worin vier Flüsse: der *Lykos* (nach Smitt der *Styr*), der *Oaros* (nach Smitt der *Horyn*), der *Tanais* (nach Smitt der *Teterew* oder *Bug*) und der *Syrgis* (nach Smitt der *Sligis* oder *Slutsch*), mündeten nebst der Stadt *Gelonos*, wohl im heutigen *Volhynien* und der Gegend nach dem *Pripet* zu suchen sei. Das Land der *Sauromaten*, das ebenfalls Darius durchzog, würde dann mehr nach Süden gelegen haben. Stellt man sich in der angegebenen Weise den Feldzug des Darius vor, so lassen sich die bei Herodot durch die von ihm gleich anfänglich (siehe oben) gemachte Verwechselung des *Tyras* oder *Danastris*, den *Dnestr*, mit dem *Tanais* (*Don*) herbeigeführten Verwirrungen und Widersprüche, wie es scheint, am besten heben. Genau betrachtet möchte aber dessenungeachtet in den Darstellungen Herodot's manches Unklare bleiben, woran wohl falsche oder missverstandene ihm mitgetheilte Berichte über nicht aus eigener Anschauung gekannte, ferne Länder die Schuld tragen.

· Das Vorstehende war schon niedergeschrieben, als ich erfuhr, dass Herr Professor Bruun in Odessa, der in den Jahren 1864 und 1865 im Auftrage der unter der Leitung des Hrn. Grafen Sergius Stroganow stehenden archäologischen Commission das alte Skythien bereist, neuerdings einen Bericht über die Resultate seiner Reise einreichte. Sicherem Vernehmen nach verwirft Hr. Bruun darin die von Smitt aufgestellte Vermuthung einer Verwechselung des *Tanais* mit dem *Dnestr* durch Herodot und versetzt die *Budinen* (mit den *Gelonen*), so wie den in ihrem Lande befindlichen grossen See wieder in die Nähe des Don. Da der Aufsatz des Hrn. Bruun sowohl Russisch als Französisch erscheinen soll, so werden die Interpreten Herodot's sich veranlasst sehen, zu entscheiden, ob das geographische System Herodot's, welches Hr. Bruun aufstellt, in völligem Einklange zu dem steht, was über den Feldzug des Darius gegen die Skythen berichtet wird.

Was den Nachweis des Vorkommens des *Renthiers* im Skythen- und Budinenlande anlangt, so wäre es von keinem wesentlichen Belange, ob das letztere mehr nach Westen, nach *Volhynien* und *Tschernigow* oder im Gegentheil nach Osten, jenseits des Don's versetzt wird. Versetzte man dasselbe nach *Volhynien*, so würden die von Herrn Kiprianoff in den Gouvernements *Tschernigow* und *Kursk* gemachten Renthierfunde (Sieh. ob. S. 70) als Anhaltungspunkte für das Vorkommen im Lande der *Budinen* gelten können. Hätte man aber, wie dies mir nach Maassgabe der obigen Mittheilungen weniger wahrscheinlich dünkt, des Budinen- und Skythenland östlich vom Don zu versetzen, so würde der nach Pallas oberhalb *Dubrowka* gemachte Fund von Renthiergeweihen für das Vorkommen im Lande der *Skythen* und *Budinen* sprechen.

B. Angaben der römischen Schriftsteller über das Renthier.

Aus der Zahl der römischen Schriftsteller besitzen wir nur zwei, welche über das *Renthier* als *Tarandus*, und zwar nach griechischen Quellen, Mittheilungen machten, Plinius und Solinus.

Die Stelle bei Plinius (Hist. nat. VIII 34, 52), wo der Tarandus, oder, wie Sillig ohne Grund lesen will, Tarandrus*) er-

---

*) Mir scheint die Lesart *Tarandrus*, welche Sillig, auf gewisse Codices gestützt, statt Tarandus einführen will, keineswegs die richtige. Plinius entlehnte offenbar seine Angaben über das fragliche Thier aus den oben genannten Griechen, die alle dasselbe τάρανδος nennen. — Beachtenswerth sind einige Bemerkungen des gelehrten Conr. Gesner (*Hist. anim. quadr. Lib. 1. ed. Francof. p. 141*). Es heisst dort: «barbari quidam auctores pro tarando corrupte parandrum et pyradum scribunt, nec non tarandulus» und schliesst dann sein Capitel über den *Tarandus* mit den Worten: Τάρανδρος regio Phrygiae. Hinc forte nomen ferae. An die Zulässigkeit dieser Ansicht kann indessen nicht gedacht werden, weil in Phrygien weder *Elen-* noch *Renthiere* vorkamen, die übrigens ja die Griechen τάρανδος nicht τάρανδρος nannten.

wähnt wird, enthält nur was bereits die Griechen anführen, aus denen Plinius offenbar compilirte. Auch er spricht von Farbenwechsel des *Tarandus* der Skythen, dem er eine Mähne, die Grösse eines Ochsen, einen hirschähnlichen Kopf, ästige Hörner, gespaltene Klauen und eine Eselsfarbe zuschreibt. Er wirft also, wie die oben genannten Griechen, das *Elenthier* (obgleich er dasselbe an einem andern Orte *(Libr. VIII. cap. 15, 16)* als *Alces* besonders bespricht) mit dem *Renthier* zusammen. Dessenungeachtet aber wurde Plinius, ebenso wie Hesychius, (siehe oben) selbst von Lenz (*Zoologie d. alten Griechen u. Römer*, Gotha 1856. 8. *p. 217*) als reiner Gewährsmann für das Renthier citirt.

Cuvier bemerkt nach dem Vorgange von Eliota Anglus, Georgius Agricola (Gesner, *Quadr. Lib. I. ed. Francof. p. 141*) und Buffon (*Hist. nat. XII. p. 84*) in einer Anmerkung zum citirten Capitel des Plinius (*ed. Grandsagne*), ebenso wie in seinen *Recherch. s. l. oss. foss.* (*ed. 8. T. VI, p. 117*), der *Tarandus* der Skythen sei, wegen der ihm zugeschriebenen Farbenveränderung, und weil der Name *Tarandus* wohl als eine Corruption aus den germanischen Sprachen, namentlich der Worte *das-ren-thier* oder *the-roen-dier* zu betrachten wäre, lediglich nur auf das *Renthier* (*Cervus tarandus*) zu beziehen. Hinsichtlich des Farbenwechsels muss man ihm allerdings beistimmen, jedoch an die oben mitgetheilte Bemerkung erinnern, dass der *Tarandus* kein reines *Renthier* sei. Was die Ableitung des Wortes τάρανδος aus einer der germanischen Sprachen anlangt, so ist sie ebenso gezwungen als verfehlt. Das wohl gräcisirte Wort τάρανδος gelangte wahrscheinlich von den im Lande der Budinen wohnenden Griechen (den *Gelonen*) nach Griechenland und hatte vermuthlich sein Stammwort in der uns gänzlich unbekannten Sprache der *Budinen*. Zu welchem Sprachstamme die *Budinen* zu zählen seien, ist meines Wissens unbekannt. Gehörten sie zum *Finnischen*, wofür ihre von Herodot angegebenen blauen Augen und blonden Haare sprechen könnten, oder erhielten sie zur Bezeichnung der geweihtragenden Thiere (*Ren-* und *Elenthiere*) einen in τάρανδος umgewandelten Namen aus dem Norden, so wäre es nicht ganz unmöglich, dass das esthnische *tarw* (Horn) mit dem davon hergeleiteten *sarwik* (ein gehörntes Thier) in Betracht kommen könnte. *Sarwik* konnte nämlich auch *tarwik* lauten, da in den finnischen Sprachen, ja selbst Dialecten *s* und *t* im Anlaut wechseln. Die Ableitung des Wortes τάρανδος aus dem *Finnischen* bleibt indessen ebenso hypothetisch als die Annahme, dass die *Budinen Finnen* gewesen sein könnten. Im Sanskrit und den ihm verwandten Sprachen konnte mein Freund Böhtlingk für jetzt in Betreff des Ursprunges des Wortes τάρανδος nichts auffinden. Wollte man noch eine kühne Hypothese machen, so liesse sich das Wort τάρανδος mit dem kornisch- und kymrisch-celtischen *taran* (Donner, donnerartiges Getöse) in Verbindung bringen, wovon im Kymrischen eine Ableitung *taranon* (der Donnerer) existirt (Diefenbach, *Orig. p. 423*). Man könnte zur Erklärung daran denken, dass das *Renthier* beim Laufen mittelst seiner Klauen ein eigenes Geräusch macht. Wie kamen aber die Budinen zu einem celtischen Namen? Celten sollen freilich in Macedonien, Thrakien, sogar am Pontus unter den Skythen sich angesiedelt, oder herumgeschwärmt haben (Diefenbach, *Origin. p. 142*). Solinus (*Collectan. rer. memorab. cap. 30*), der den *Tarandus* (andere, wie Mommsen in seiner Ausgabe des *Solinus* wollen *parandrus* lesen) nach Afrika versetzt, wiederholt nur, wie Plinius, die Mittheilungen Theophrast's und der genannten Griechen über τάρανδος. Man muss also bei Solinus *tarandus* nicht *parandrus* lesen.

Genau genommen dürften überhaupt alle von mir oben mitgetheilten Stellen der alten Griechen, ebenso wie die der beiden bisher genannten Römer, die sich auf den τάρανδος beziehen, aus einer einzigen Quelle geflossen sein, die entweder in der mitgetheilten Stelle des Theophrast. oder (worauf der zur Zeit der ersten Ptolemäer lebende Antigonus Carystius hindeuten könnte) in einem verlorenen Werke des Aristoteles enthalten war. Der erwähnte Alexandriner könnte freilich auch die dem Aristoteles abgesprochene Schrift *De mirabilibus* gemeint haben, wodurch dann Aristoteles als Quelle unsicher würde.

Dass die alten Griechen und Römer, da ihre Kunde nur auf Hörensagen beruhte, unter *Tarandus* das *Elen-* und *Renthier* zusammenwarfen, so dass *Tarandus* ein hirschartiges Thier, vorzugsweis aber das *Renthier* bedeutet, kann um so weniger auffallen, da selbst die neueren Naturforscher und Philologen bisher noch darüber im Unklaren waren.

Die Römer erhielten indessen auch eine selbstständige Mittheilung über das *Renthier*, worin jedoch der Name *Tarandus* nicht vorkommt. Eine Stelle des Jul. Caesar (*Comment. de bello gallic. Lib. VI, cap. 26*), die zwar Lenz (*Zool. d. alten Griechen u. Römer, S. 215*) auf das Elen, Eichwald aber (*Leth. ross. III. p. 367*) auf *Cervus euryceros* bezieht, passt nämlich, wie die meisten Naturforscher meinen, ganz entschieden mehr auf das *Renthier* als auf eine andere Hirschart. Man muss freilich den Herren Lartet (*Ann. d. sc. nat. 1861, p. 228*) und Lubbock (*Nat. hist. Rew. 1864, p. 411*) darin beistimmen, dass sie die besten Thierbeschreibungen der Neuzeit an Genauigkeit nicht erreicht, nach Maassgabe der Zeit, zu welcher sie von einem Nicht-Naturforscher verfasst wurde, auch nicht erreichen konnte. Die fragliche Stelle lautet: «Est bos (scilicet in Hercyniae sylvis) cervi figura, cujus a media fronte inter aures unum cornu existit, excelsius magisque directum his, quae nobis nota sunt, cornibus: ab ejus summo sicuti palmae ramique late diffunduntur. Eadem est feminae marisque natura, eadem forma magnitudoque cornuum.»

Betrachten wir nun die eben aus Caesar angeführte Stelle, die schon Gesner (*De quadrup. Lib. I. ed. Francof. p. 840*) und nach ihm Aldrovand (*De quadruped. bisulc. Lib. I. p. 864*) auf das *Renthier* deuten, obgleich der letztere den *Tarandus* davon unterscheiden möchte, etwas genauer, so könnten wir das Wort *unum* entweder für eine Textverfälschung zu erklären und mit Merrem (*De animal. Scythicis p. 16*) *utrum* oder *utrumque* statt *unum*, oder aber mit Schreber (*Säugeth. V. 1041*) statt *unum geminum* zu lesen haben, oder die Ansicht aufstellen müssen: Caesar sei hinsichtlich der Einhörnigkeit schlecht berichtet gewesen, oder habe ein Individuum vor sich gehabt, welches das andere Horn durch Zufall verloren, oder abgeworfen hatte. Meinestheils möchte ich die Annahme der Textverfälschung durch einen unwissenden Abschreiber für die wahrscheinlichere halten, worauf namentlich die Worte *magnitudoque cornuum* hindeuten könnten. Uebrigens hat auch Beckmann (*De animalibus Germaniae antiquae* (Büschings Gelehrt. Abh. u. Nachricht. aus Russland. Bd. I. St. 2 p. 59.* § VIII* den *Bos cervi figura* für das Renthier erklärt, wiewohl er mit Unrecht, p. 62, auch das Wort *rheno* für eine Benennung des Renthiers nimmt (s. unten).

Die Worte: cornu existit excelsius magisque directum his, quae nobis nota sunt, cornibus: ab ejus summo sicuti palmae ramique late diffunduntur und eadem est feminae marisque forma magnitudoque cornuum lassen sich am besten auf das *Renthier* anwenden. Auf *Cervus euryceros* können sie wegen der Worte *summo* und *ramique*, besonders aber weil bei dieser Art, wie namentlich Owen (*Brit. foss. mamm. p. 454 fig. 187*) zeigte, die Weibchen hornlos waren, durchaus nicht bezogen werden, ebenso wenig aus demselben Grunde auf das Elen (*Cervus alces*). Das Wort *bos* wurde wohl von Caesar gebraucht, weil der Kopf, der Hals und selbst die Füsse des *Renthiers* hinsichtlich ihrer Gestalt etwas mehr als die genannten Theile der echten Hirsche zu denen der Ochsen hinneigen. Eine andere Stelle Caesar's (*De bello gall. VI. cap. 21*), worin es von den *Germani* heisst: *et pellibus aut parvis rhenonum* (Andere lesen *renonum*, oder *renorum*) *tegumentis utuntur* hat man wohl so deuten wollen, dass *rhenonum* (ein, ausser je einmal bei Caesar und Sallustius (*Hist. Fragm. Lib. III, n. 57*), wo es heisst: «Germani intectum renonibus corpus tegunt» nur noch einmal bei *Varro* vorkommendes Wort) sich auf das altdeutsche *reen*, das schwedische *ren* (*Renthier*) bezöge. Man meinte daher, Caesar habe sagen wollen, die alten Deutschen hätten sich in Renthierfelle gekleidet. Mit einer solchen Deutung stimmt aber weder der grammatische Bau der Stelle, noch auch der Umstand, dass *Varro* das Wort *reno* (*D. ling. lat. § 168*) für ein gallisches erklärt und dasselbe auf ein Kleidungsstück, nicht auf ein hirschartiges Thier bezieht. Berücksichtigt man indessen, dass nach Suidas die Skythen die Felle des τάρανδος (des *Ren-* und *Elenthiers*) zu Kleidungsstücken benutzten (τὰς δορὰς εἰς χιτῶνας χρῶνται), so lassen sich auch die *pelles des* Cäsar, worin die Germanen sich kleideten, theilweis als Felle des in Deutschland damals einheimischen *Renthiers* ansehen.

Bemerkenswerth ist, dass nach Nilsson (*Skandin. Faun. 1847. I. p. 504*), im Louvre zu Paris, ein antiker auf die Römerzeit verweisender Mosaik-Fussboden sich findet, wo ein an einem Flusse, woran Tannen wachsen, weidendes Renthier, vielleicht als Andenken an einen in Deutschland errungenen Sieg, dargestellt ist. Der Fussboden könnte allerdings zu einer Zeit verfertigt sein, als römische Legionen in Gallien und Germanien standen und zu welcher es dort noch *Renthiere* gab.

Bei Plinius (*Histor. nat. Lib. VIII. cap. XVI*) kommt ein Thier vor, das nach einigen Lesarten als *machlis*, nach andern aber als *achlis* bezeichnet und von Manchen, wie Agricola und Elliot (*Gesn. d. quadrup.*), so wie später von Ray (*Syn. quadr. p. 88*) auf das Renthier bezogen wurde, während Andere, wie Buffon (*XII, p. 86, 87*) und Lenz (*Zool. der Gr. und Römer, S. 216*) es mit mehr Recht auf das Elen deuten. Es könnte vielleicht indessen auch darunter der *Cervus euryceros* gemeint sein, da der *achlis* oder *machlis* bei Plinius als ein dem *Elen* ähnliches, aber davon verschiedenes, freilich nicht kenntlich bezeichnetes und daher dunkles Thier erscheint. Dass *Cervus euryceros* zu Cäsar's Zeit noch in Deutschland lebte, wird dadurch wahrscheinlich, dass er im Nibelungenliede als *Schelch* neben dem *Elch* (dem Elen) genannt wird und mindestens im zehnten Jahrhundert noch in Deutschland existirte (Pfeiffer, *German. V. 225*).

Das Vorkommen von Renthieren im hercynischen Walde, zu den Zeiten Cäsar's, worauf schon Androvand (*De quadr. bis. p. 864*) hinweist, und welches auch die meisten nachfolgenden Naturforscher, wie Cuvier, darunter auch Lartet (*Ann. d. sc. nat. Zool. IV sér. T. XV, p. 228*) annehmen, ja selbst noch ein auf eine spätere Zeit auszudehnendes, kann um so weniger auffallen, da man in Deutschland an Orten, die auf dem frühern Gebiet des hercynischen Waldes lagen, so namentlich am Rhein und in Würtemberg'schen (siehe oben über die Verbreitung fossiler

Renthierreste in Deutschland) Reste von Renthieren häufig entdeckte. Selbst wenn man den hercynischen Wald nicht blos über das südliche und mittlere Deutschland sich ausdehnen lässt, so werden die häufigen, in Meklenburg gemachten Funde (S. oben), dann der gleichfalls erwähnte bei Baruth im frühern Kurfürstenthum Sachsen (S. oben), so wie vielleicht auch der von Jeitteles angedeutete Olmützer (S. oben), das aus Cäsar zu folgernde Vorkommen der Renthiere im genannten Walde auf deutschem Gebiete rechtfertigen können.

Die genannten so häufigen Renthierfunde waren natürlich A. Wagner noch nicht bekannt, als er (*Abh. d. Königl. bair. Akad. d. Wissenschaften. Bd. IV, Abth. I. 1844, p. 50*, Schreb. *Säugeth. Suppl. IV, 2. S. 347*) die bereits schon von Cuvier (*Rech. s. l. oss. foss. éd. 4. T. VI. p. 126*) geäusserte Meinung noch nachdrücklicher aussprach: «dass das Renthier ehemals in Deutschland heimisch gewesen wäre, sei eine Behauptung, die jedes sichern Haltpunktes ermangele. Man berufe sich zwar auf Cäsar, der aber das Renthier des hercynischen Waldes nicht aus eigener Anschauung gekannt habe; da der hercynische Wald, so meinte man, im Unbekannten sich ausdehnte, so würde man dadurch auf das nordöstliche Russland hingewiesen.» Hätten Cuvier und A. Wagner von den angeführten, in Deutschland gemachten Funden, denen sich zahlreiche oben erwähnte Meklenburger und Südschwedische, dann die Englischen, Belgischen und Französischen anreihen, Kenntniss gehabt, so würden sie ohne Frage die Stelle Cäsar's ganz anders aufgefasst und dabei auch in Erwägung gezogen haben, dass Cäsar ausdrücklich das *Renthier* Germanien vindizirt, und dass ihm aus so weiter Ferne, wie die Russland benachbarten Länder, schwerlich eine so genaue Kunde hätte zukommen können, wie wir sie von ihm gerade über das von ihm so gut charakterisirte Renthier besitzen, wogegen seine Mittheilungen über das *Elen* weit mangelhafter erscheinen. Wundern muss man sich, dass neuerdings nicht nur Lartet und Christy (*Ann. d. sc. nat. Zool. 1864. T. I. p. 239* und *Revue archéol. 1864. T. IX. p. 263*), sondern auch Garrigou (*Étud. comp. d. alluv. quat. anc. p. 39*) noch Cuvier's An-

sicht folgen und mit ihm der Stelle Cäsar's einen fremdartigen
Sinn unterschieben, der allerdings für die Deutung der in Frankreich in Höhlen gemachten Funde von Renthierresten zu passen
scheint. Anders gestaltet sich aber die Sache, wenn man in genaueren Betracht zieht, dass in Deutschland vielmals, an verschiedenen Orten (siehe oben) in Mooren Renthiergeweihe gefunden wurden, dass man ferner in *Schottland* unter einem römischen Altar ein Renthiergeweih entdeckte und dass über tausend
Jahre nach Cäsar noch Renthiere in Schottland gejagt wurden.
Lartet führt allerdings zur Vertheidigung der von ihm adoptirten Ansicht Cuvier's an, er habe das *Renthier* nicht unter
den 20 oder 25 Thierarten bemerkt, welche auf alten gallischen,
in der reichen Sammlung des Herrn v. Saulcy befindlichen
Münzen dargestellt sind, was indessen nur ein negativer Beweis
ist, dem man die Fragen entgegen halten kann: Waren auf den
gesehenen Münzen alle Thiere dargestellt, die auf gallischen
Münzen vorkamen, und war es durchaus nöthig, dass gerade
auch das *Renthier* dargestellt sein musste? Als zweiten Grund
führt er an, dass, wenn das *Renthier* zur Römerzeit in Germanien
gelebt hätte, dasselbe im römischen Circus zur Schau gestellt
worden wäre. Auch diesen Grund kann ich indessen für keinen
entscheidenden erklären, weil auch manche andere Thiere, wie
Cervus euryceros nicht unter den Thieren genannt werden, die
zu Rom paradirten. Uebrigens kann ja das so hirschähnliche
Renthier als *Hirsch (Cervus)* gezeigt worden sein. Wären übrigens, wie Olaus Magnus (*De gent. sept. var. condit. Basil. 1567
fol. d. anim. domest. Lib. XVIII, p. 673*) meinte (was ich jedoch
nicht für sicher halte), die vier Hirsche, welche vor dem Wagen
des besiegten Gothenkönigs (Cannaba) gespannt waren, worauf
nach Flavius Vopiscus *c. 23*, der Kaiser Aurelian nach dem
Capitol fuhr, wirklich Renthiere gewesen, so hätte man in Rom
zur Zeit des genannten Kaisers auch die fragliche Thierart gesehen.

Wenn wir bedenken, was selbst noch Tacitus (*German.
cap. 2*) über das rauhe Klima Deutschlands berichtet, und ausserdem in Betracht ziehen, dass die zur Römerzeit, so nach

Tacitus*), sehr ausgedehnten, feuchten Wälder, die sich wohl von dem Hercynischen aus längs der Vogesen, des Jura und der Sevennen bis zum äussersten Süden Frankreichs auf die nördliche und westliche Schweiz hinüber zogen, den Thieren nicht allein reichliche Nahrung, sondern auch Schutz gegen die zu grosse Sommerwärme boten, so konnten die *Renthiere* sehr wohl darin fortkommen, und wenn auch vielleicht nur als Wanderer, zur Winterzeit, heerdenweis selbst bis zu den Pyrenäen verbreitet sein, wo damals wohl, wegen der ausgedehnten dichten Waldungen, das Klima weniger heiss war als jetzt, obgleich in den höhern Gegenden der Pyrenäen selbst noch in der Gegenwart der Schnee oft lange im Winter liegen bleibt, was früher als sie viel stärker bewaldet waren, offenbar noch mehr der Fall war.

Werfen wir schliesslich einen kritischen Blick auf den Werth der Mittheilungen der alten griechischen und römischen Classiker, so gewinnen wir folgende allgemeine Resultate:

Die alten *Griechen* und meisten *Römer* hatten nur eine dunkle, sagenhafte Kunde von dem mit dem *Elen* als τάρανδος zusammengeworfenen *Renthier* als Bewohner des Landes der *Budinen* und *Skythen* und interessirten sich nur in Betreff des ihm angedichteten Farbenwechsels für dasselbe. Die *Römer* besassen jedoch ausser jener sagenhaften Kunde eine andere, viel genauere, Mittheilung darüber durch Cäsar, der daselbe als Bewohner der hercynischen Wälder Germaniens aufführt und kenntlich charakterisirt, jedoch als *bos cervi figura* bezeichnet, so dass den Römern (selbst Plinius) unbekannt blieb: der genannte *bos* sei der Hauptbestandtheil des τάρανδος der Griechen. Die Thatsache, dass das *Renthier* zur Zeit Cäsar's im eigentlichen Germanien lebte, ist zwar seit Cuvier von mehreren Naturforschern mit Unrecht bezweifelt worden, in den vorstehenden Erörterungen wurde jedoch ihre Richtigkeit näher nachgewiesen.

---

*) Tacitus nennt Deutschland *(German. cap. 2)* informem terris, asperam coelo, tristem cultu atque adspectu und cap. 5 sylvis horridam, paludibus foedam.

Drittes Capitel.

Ueber das Vorkommen des Renthiers in Frankreich, Schottland und Polen während der historischen Zeit.

Was das frühere Vorkommen der Renthiere in Frankreich in historischer Zeit anlangt, so lesen wir bei Buffon (*Hist. nat.* *XII. p. 83*), dass Gaston Phoebus, der 1500 Jahre nach Cäsar lebte, die Renthiere als solche Thiere zu betrachten schiene, die sogar noch zu seiner Zeit in den Wäldern Frankreichs lebten, weshalb auch Buffon, der die Renthier-Beschreibung Gaston's *p. 85* mittheilte, der Meinung war, dass das Renthier in Betracht der Angaben von Gaston Phoebus, namentlich der von demselben gelieferten Beschreibung, zu den Lebzeiten desselben in den Pyrenäen, in deren Nachbarschaft Gaston als Besitzer der Grafschaft Foix wohnte, vorgekommen zu sein schiene. Buffon's Ansicht, die sich auf *La Venerie de Jacques Du Fovilloux, Paris 1614, feuillet 97*, nicht auf das Originalwerk des Grafen Gaston, *le Miroir*, stützt, stimmten Graf Mellin (*Schrift. d. Berliner Gesellschaft naturf. Freunde, B. I. p. 6 und 8*), eben so wie Schreber (*Säugeth. V. p. 1042*) und zwar gegen die Meinung Peter Camper's (*Oeuvr. éd. franç. I. p. 309*) bei. Cuvier (*Rech. s. l. ossem. foss. éd. 4. T. VI. p. 119—126*) verbreitete sich deshalb ausführlich über das nach ihm angebliche Vorkommen des *Renthiers* in Frankreich während des Mittelalters. Er macht zu diesem Zwecke Mittheilungen über die Lebensgeschichte des Gaston Phoebus (d. h. Gaston III, *comte de Foix et seigneur de Béarn*, mit dem Beinamen Phoebus, geb. 1331, gest. 1390), so wie über die Ausgaben des Jagdwerkes desselben (*Le Miroir de* Phoebus *des déduits de la chasse*) und verglich sogar die in der grossen öffentlichen Pariser Bibliothek befindliche, aus dem vierzehnten Jahrhundert stammende, von Gaston selbst Philippe de France, Duc de Bourgogne, (Philippe le Hardi) geschenkte Handschrift des genannten Werkes. Die auf *feuillet VIII* stehenden, auf das kenntlich charakterisirte, ja sogar abgebildete, *Renthier* bezüglichen Worte: «J'en ay veu en Norvegue et Xuedene et en ha oultre mer, mes en Romain pays en ai je pou veu*), so wie die Angabe von Nicod (*Thrésor de la langue p. 537 art. rangier*), worin es heisst: «Phoebus dit que de rangies il n'en a point vu en Romain pays» veranlassten Cuvier, die citirte, in ihrem Nachsatze dunkle, Stelle bei Gaston Phoebus so zu deuten: Gaston Phoebus habe Renthiere auf seiner von Preussen aus nach Skandinavien unternommenen Reise in Norwegen und Schweden (Xuedene) gesehen, nicht in Frankreich (Romain pays). — Ich selbst habe nicht Gelegenheit gehabt, eine der von Cuvier p. 121 und 125 citirten, überaus seltenen Ausgaben des *Miroir* von Gaston zu sehen, sondern konnte nur die als: *La chasse de Gaston Phoebus, comte de Foix par* J. Lavallée *à Paris 1854. 8* mit Anmerkungen herausgegebene benutzen, worin man die fragliche Stelle gleichlautend mit der von Cuvier p. 125, aus dem an Philipp von Burgund geschickten Exemplare entlehnten findet, nur das dem Worte *veu* noch ein *z* hinzugefügt ist. Dem Herausgeber ist der Sinn des Schlusses der Stelle, namentlich die Worte: «mes en romain pays, en ai je pou veuz» ebenso wie mir, keineswegs klar, so dass er sich (p. 25) veranlasst fühlte, eine Note dazu zu machen. Dieselbe enthält indessen keinen positiven Nachweis des Sinnes und befriedigt keineswegs vollständig. Er sagt nämlich: Il (d. h. Phoebus) ne dit pas, non plus, qu'il en a vu *plus en romain pays*, c'est-à-dire en pays de la langue romane; il dit au contraire qu'il en a *pou veuz*, ce qui est tout l'opposé. Peut-être même le véritable sens de ce passage est-il qu'il n'en a pas vu du tout dans le pays romain. Le mot *peu* ne doit-il pas être pris pour une négation absolue? N'est-ce pas ainsi qu'on dit souvent: «Cet individu est peu aimable» pour exprimer qu'il ne l'est pas du tout? Stellt man nun die Frage, ob sich der wahre Sinn der Stelle mit Hülfe der Paläontologie ermitteln lasse, so ergiebt sich gleichfalls zur Zeit noch kein positives Resultat. Da in früheren Zeiten nachweislich

---

*) Eine andere Ausgabe (die von Philippe-le-Noir) hat statt en ai je pou veu die Worte: *en ay plus veu*. In der Ausgabe des *Miroir* von Ant. Vérard liest man: *en ay je plus veu*. (Cuv. l. l. p. 121).

Renthiere in Menge in den Pyrenäen sich aufhielten, ja deren mindestens noch zur Zeit Cäsar's in Germanien lebten, ja möglicherweise von dort aus auch in Gallien noch einwandern konnten, so erscheint es wenigstens nicht *ganz* unmöglich, dass sie in den rauhen, dicht bewaldeten Gegenden der Pyrenäen vor 500 Jahren, zur Zeit Gaston's, noch in sehr geringer Zahl vorgekommen sein könnten. Gegen eine solche Annahme sprechen aber allerdings andere, nicht zu unterschätzende Gründe. Man hat in den Pyrenäen noch keine Renthierreste in so jungen Schichten gefunden, dass man auf ihnen selbst nur das Vorkommen zur Zeit Cäsar's stützen kann. Ausser Gaston Phoebus bringt kein anderer weder älterer, noch jüngerer Schriftsteller die Renthiere mit Frankreich in Verbindung; er selbst thut es übrigens mit Worten (*en Roman pays en ai je pou*, oder *plus veu*), die in den verschiedenen Ausgaben seines *Miroir* verschieden lauten. Wären Renthiere zur Zeit des Grafen Gaston in den Pyrenäen noch vorhanden gewesen, so hätte er, wie man vermuthen könnte, über ihre dortige Jagd als eine Seltenheit sich umständlicher in seinem Werke geäussert, um so mehr, da in dem genannten Werke nicht blos die Jagd des Hochwildes (worunter jedoch keine Elene, wilde Ochsen und Riesenhirsche sich mehr finden), sondern auch die der kleineren Thiere, wie der Hasen, Kaninchen u. s. w. besprochen wird. Wiewohl man indessen, wenigstens für jetzt, sich weit mehr der Ansicht zuneigen muss, dass Gaston Phoebus keine wilden *Renthiere* in Frankreich mehr sah, so werden doch erst noch weitere, namentlich in den Pyrenäen angestellte, zahlreiche, paläontologische Forschungen alle Zweifel völlig verscheuchen. Garrigou's positiven Ausspruch (*Étud. p. 39*) «On sait aujourd'hui, d'après les minutieuses recherches de Cuvier, que Gaston Phoebus, *comte de Foix* et *seigneur de Béarn*, avait fait, en 1357, un voyage en Prusse et de là en Scandinavie pour chasser les *Rennes* ou *Rangiers* qui n'existaient pas dans le sud de l'Europe», möchte ich daher auch noch nicht für völlig sicher, wenn auch für mehr als wahrscheinlich halten.

Dass Renthiere in England während der historischen Zeit lebten, ist bis jetzt nicht bekannt, dagegen berichtet uns die

Orkneyinga Saga (herausgegeben von Jonaeus, *Havniae 1780. 4. p. 384*), ebenso wie Torfaeus (*Rerum Orcadensium hist. Lib. I. c. 36*) für das Jahr 1159, dass die *Jarls* von *Orkney* über den Pentland Firth nach Nordschottland übersetzten, um in Caitness Renthiere (hreina) nebst Rothwild (rauddyri) zu jagen.

Zwei Stellen bei Gesner (*De quadrup. ed. Francof. p. 841 und 842*) weisen darauf hin, dass es noch zur historischen Zeit *Renthiere* in Polen gegeben haben soll. In der einen Stelle heisst es nämlich in Bezug auf den *Tarandus* «*Sigismundus Liber:* in Polonia interdum» Agricola Ammonius. In der andern Stelle werden die *Commentarien* des bekannten Gesandten Herberstain, dann die Aussage eines Geistlichen citirt, welcher letztere erzählte: es seien in Masovien nur noch 40 Stück übrig, und diese seien so zahm, dass sie unter den andern Viehheerden weideten. Die erstgenannte Stelle könnte möglicherweise auf Wahrheit beruhen, wenn man auf eine sehr frühe Zeit zurückgeht und Agricola Ammonius das echte Renthier, nicht aber den von Gesner damit zusammengeworfenen *Tur* meint. Die zweite, auf Herberstain und die Aussage eines Geistlichen gestützte, Stelle lässt sich dagegen durchaus nicht auf das *Renthier* beziehen, sondern dient vielmehr zur Bestätigung des Vorkommens der letzten Reste des *Bos primigenius* (des *Tur* der Polen) in der historischen Zeit (siehe Hr. v. Baer *Bullet. sc. d. l'Acad. Imp. d. Pétersb. T. IV. p. 121*), während nach Pusch (*Wiegm. Arch. 1840*) unter dem fraglichen Tur der lithauische Auerochse (*Bos Bison*) zu verstehen wäre. Gesner glaubte nämlich irrigerweise, wie aus seinem Kapitel *de Tarando* p. 141 deutlich hervorgeht, der *Tarandus*, den er später auch (p. 840) mit dem von ihm abgebildeten echten Renthier (*rangifer*) verbindet, sei identisch mit dem *Thurus* seu *Thuro* masoviticus (d. h. dem *Bos primigenius*). Er sagt namentlich p. 141: «Tarandum igitur esse existimo feram illam, quam Poloni *tur* vel *thuronem* appellant.

Nach Brincken (*Mém. descr. s. l. forêt d. Bialowieza p. 50* und Pusch, *Wiegm. Arch. 1840, I. S. 115*) berichtet Czaki, unter dem Könige Alexander von Polen (1501—1506), habe man in den Wäldern von Semgallen (Samogetien), im nördlichsten

Theile Lithauens, ein Thier unter dem Namen Betsy getödtet. Betsoi soll aber in einigen Gegenden Lapplands das Renthier heissen, wie bei Buffon steht. Im ersten lithauischen Jagdstatut von 1529 erscheint indessen das Renthier nicht mehr unter den Gegenständen der Jagd. Ob das von den Einwohnern Renschieren *) genannte Thier, welches zu Folge einer Mittheilung des Ioannes Agricola Ammonius (s. Aldrov. *d. Quadr. bisulc. p. 864*) im Jahre 1661 der Fürst Georg von Thüringen und Meissen aus Polen erhielt, ein echtes Renthier war, lässt sich ebenfalls nicht mit Sicherheit behaupten, so dass also auch der fragliche *Renschieren* keinen unumstösslichen Beweis dafür liefert, dass in Polen noch im Mittelalter, oder kurz nach demselben wilde Renthiere lebten. Es wird dies um so zweifelhafter, da Raczinski in seiner 1761, also neunzig Jahre später, erschienenen *Histor. naturalis* das *Renthier* nicht erwähnt. Aus dem Umstande, dass noch jetzt bei Twer *Renthiere* sich aufhalten, ebenso wie aus den oben erwähnten Funden von Renthierresten, die Kiprianoff im Gouvernement Orel und Tschernigow und v. Nordmann in Bessarabien machten, dürfte man indessen doch die Möglichkeit eines solchen Vorkommens zulassen können. Dass es indessen in Preussen im Jahre 1533 keine Renthiere gab, geht daraus hervor, dass der damals regierende König Gustav Wasa von Schweden zehn Stück dahin schickte, die dort ausgesetzt wurden, wie Olaus Magnus (*De gent. septentr. conditionib. Lib. XVII c. XXVI*) berichtet. Waren, wie derselbe vermuthet, die bereits erwähnten vor dem vom Kaiser Aurelianus erbeuteten und bei seinem Triumphzuge benutzten Wagen des Gothenkönigs gespannten Hirsche (*Flav. Vopiscus, Aurelianus cap. 33*) wirklich *Renthiere*, so konnten letztere möglicherweise, zur Zeit des genannten Kaisers noch bis zur Moldau und Wallachei, dem damaligen Sitze der Gothen, also bis zur Parallele Frankreichs. mit *Bos urus* und Bison möglicherweise vorkommen, was indessen allerdings mittelst fossiler Reste noch näher zu beweisen

---

*) Der Name *Renschieren*, den ich in keinem der mir zu Gebote stehenden Wörterbücher finden konnte, ist wohl dem französischen *ranchier* und *rangier* verwandt, oder vielleicht davon entlehnt, oder umgekehrt.

wäre. Mit Ausnahme Schottlands lässt sich also in keinem der erwähnten Länder (Frankreich, Polen und Preussen) das Vorkommen des Renthiers in der nachrömischen, historischen Zeit durch schriftliche Aufzeichnungen mit einiger Sicherheit nachweisen.

Viertes Capitel.

Verbreitung des Renthiers in der Gegenwart und der ihr sehr nahe liegenden Zeit.

Die an ihren skandinavischen Aufenthaltsorten jetzt durch strenge Jagdgesetze geschützten wilden *Renthiere* kommen gegenwärtig in Europa von *Lappland* (Hogström, *Beschr. v. Lappl. S. 87, Oeuvr. de* Regnard, *T. I. p. 105*) bis Schweden und Norwegen, meist in höhern Gebirgen und ihren Ausläufern, im Ganzen nicht mehr sehr zahlreich vor. Als solche Theile Lapplands, wo wilde Renthiere, wenigstens früher, sich fanden, werden *Jämtland, Medelpad, Helsingland, Härjedalen* und die *Dalländi'schen* Alpen bezeichnet. Auch *Finnland* wird zu ihren Aufenthaltsorten gerechnet (Schreb. *Säugeth. V. 1039*). Zwischen Bergen und Christiania sind sie jetzt noch häufiger als irgendwo in Europa. Sie ernähren sich dort im Sommer von Kräutern, besonders Ranunculus glacialis, Cerastium, Rumex digynus, Menyanthes und zarten Weidenblättern, und nur im Winter von Moosen und Flechten. Im Jahre 1847 gingen die Renthiere nach Nilsson (*Skandin Fauna a. a. O. p. 505*) in Schweden bis zum 62° n. Br., in Norwegen aber bis zum 60° n. Br., im letztern, obgleich etwas wärmeren Lande also um 2° mehr nach Süden. Mit gezähmten Renthieren mögen allerdings einige wenige Lappenfamilien sich in früheren Jahren selbst noch zu Nystuen, Fillefjeld und an andern Orten Norwegens aufgehalten haben. In der Gegenwart sollen aber diesseits des Namsen-Flusses keine mehr angetroffen werden. C. Vogt (*Nordfahrt, S. 159*) sah auf seiner Reise die ersten gezähmten Renthierheerden Tromsö gegenüber. Verwilderte fanden sich nach ihm (S. 185) am Pippertind. — Dass die Renthiere Skandinaviens im Sommer bis zur Küste des Eismeers wandern, bemerkte schon Linné. — Hr. v. Nordmann (*Paläont. Südrussl. S. 243*) berichtet, dass verwilderte Renthiere bis in das eigentliche Finnland, Karelen, hineinstreifen und namentlich im Winter rudelweis bis zum Ladogasee und dessen Inselgruppen kommen. Einzeln hat man sie auch im mittlern Theile Finnlands, in Savolax, unweit Kuopio, erlegt. Auf der Insel *Walamo* unter $61\frac{1}{2}$ n. Br., lebte 1856 eine Anzahl dorthin nicht verpflanzter Renthiere. In Nordosteuropa ziehen die Renthiere nach Blasius (*Reise I. S. 262*) zur Winterzeit heerdenweis bis zum 61 oder 60° n. Br. südwärts, was übrigens mit einer älteren Angabe bei Zimmermann (*Geogr. Gesch. S. 270*) stimmt. Das Museum der Kaiserlichen Akademie der Wissenschaften zu St. Petersburg erhielt indessen ein Exemplar aus dem Nowgorodschen Gouvernement, aus der Gegend von Tichwin, die unter dem 59° 39' n. Br. liegt, und wo die Renthiere (wenigstens vor etwa 12 Jahren) noch in Rudeln von 20—30 Stück vorgekommen sein sollen. — Herr Prof. Voskressenski theilte mir die Bemerkung mit, dass Renthiere bei Twer, also noch viel südlicher, unter 56' 52° sich noch gegenwärtig finden, — so dass also Twer als der südlichste Ort gelten muss, wo man noch jetzt lebende Renthiere in Europa beobachtete.

Zu Pallas's Zeiten (*Voy. T. V. p. 231*) gab es in den Wäldern zwischen der Kama und Ufa (ebenfalls unter dem 56° n. Br.), also in einer viel östlicheren, kälteren Gegend, noch Heerden von Renthieren.

Eversmann (Естеств. Истор. Оренбургск. Края. Казань 1850. 8. II. стр. 250) sagt, wilde, durch ansehnliche Grösse ausgezeichnete, *Renthiere* fänden sich nicht selten in den dichten Fichten- und Tannenwäldern des Zarewkokschaiskischen Kreises, noch öfter aber in den ausgedehnten Permschen und Wätkischen, so wie in den an letztern im Norden stossenden Kasanschen. Aus den undurchdringlichen Wäldern des Uralgebirges wandern oft ganze Rudel bis zur südlichen Waldgrenze, fast bis zum 52° n. Br. Im Winter sind sie selbst noch in den zwischen der Sakmara und dem Ik befindlichen Bergen nicht selten; jedoch sollen sie nach ihm in den, südlich von Ufa und Sterlitamak liegenden Wäldern des Orenburger Gouvernements nirgends vorkommen. — Meine verehrten Freunde v. Helmersen und v. Hofmann erhielten indessen ein 120 Werst nordöstlich von Orenburg, unter $51^3/_4°$ n. Br., erlegtes *Renthier*. — A. Wagner (*Abh. d. Kön. Bair. Akad. d. Wissensch. IV. S. 50*, Schreb. *Säugeth. IV, 2. p. 346*) lässt die Renthiere, wie Eversmann, vom Ural bis zum 52° n. Br. gehen.

Durch die bereits mehrfach erwähnten, von Kiprijanoff im Gouvernement Orel gleichzeitig mit Mammuthknochen, ebenso wie im Gouvernement Tschernigoff bei Nowgorod-Ssewerski, und im Kurskischen (bei der Stadt Fatesch) in einer Tiefe von 10 Fuss entdeckten Geweihreste, wird das frühere Vorkommen des Renthieres im europäischen Russland noch unter dem 53 und 52° nördlicher Breite, durch die von Nordmann in Bessarabien gethanen Funde aber sogar unter 44° n. Br. nachgewiesen, und, wie ich schon oben andeutete, durch die beiden erstgenannten Fundorte in das herodotische Skythien, also etwa in die geographische Breite des jetzigen Königreichs Polen (s. oben) versetzt. Erwägt man, dass Nordmann in Bessarabien unter 44° n. Br. Reste von Renthieren fand, so kann es nicht auffallen, wenn, wie Pallas (*Reise III, S. 597, Voy. T. V, p. 231*) angiebt, deren oberhalb der an der Wolga gelegenen Stadt Dubrowka am Bache Olenja, unter dem 48° n. Br., gefunden wurden. Es kann uns selbst nicht Wunder nehmen, wenn dort der letztgenannte grosse Naturforscher (worauf Lartet, *Annal. d. sc. nat. 1861, T. XV, p. 222* hinweist) sogar berichtet, es gäbe am kaukasischen Gebirge bis um den Kuma-Fluss Renthiere, die zur Winterzeit von den Kalmücken, selbst zum Theil am Rande der Steppe, gejagt würden. In der *Zoographie* ist von einer solchen, bis zum Fusse des Kaukasus fortgesetzten, Verbreitung indessen nicht die Rede. Man darf aber wohl nicht die Möglichkeit bezweifeln, dass man künftig, die noch etwas unsichere Mittheilung von Pallas bestätigende Renthierreste bis zum Nordabhange des Kaukasus finden werde, also fast unter gleicher Breite mit den am Fusse der Pyrenäen gelegenen Landstriche, wo man deren in Frankreich entdeckte. Gegen das von Lubbock (*Natur. hist. Rew. 1864 p. 410* und *Pre-historic times, London 1865, p. 240*) mit Bestimmtheit behauptete, noch gegenwärtige, Vorkommen von *Renthieren* in den kaukasischen Gebirgen spricht aber, dass in keinem der fünf bisher veröffentlichten Verzeichnisse der kaukasischen Säugethiere das *Renthier* aufgeführt wird. Bei Ménétriès (*Catalogue raisonnée*), Eichwald (*Fauna Casp.*), v. Nordmann (*Voy. de Démidoff, Zoologie*), Moritz Wagner (*Reise n. Kolchis*) und Hohenacker (*Énumérat.* im *Bull. d. nat. d. Moscou X, p. 136*) sucht man namentlich dasselbe vergebens. Auch hat das Museum der Akademie während meiner fünf und dreissigjährigen Direction weder einen einzigen Theil vom *Renthier* aus dem Kaukasus erhalten, noch habe ich überhaupt etwas von seinem dortigen Vorkommen in Erfahrung bringen können, obgleich ich der geographischen Verbreitung der Thiere Russlands von jeher ein besonderes Intresse schenkte.

In Sibirien sollen nach Pallas (*Zoogr. I. p. 107*) das Sajanische Gebirge, die Baikal- und Angaragegenden, so wie die mongolischen unter 49—50° n. B. gelegenen Grenzgebirge die südlichsten Aufenthaltsorte des Renthiers sein. Uebereinstimmend mit diesen Angaben finden sie sich nach Georgi (*Reise Th. I. S. 164*) am nördlichen Theile des Baikal und nach Sokolof (*Pall. Reise Th. III. S. 449*) am Fusse des Kumir'schen Gebirges an der mongolischen Grenze. Namentlich sah Sokolof an den Flüssen Baldsja und Onon zahlreiche Renthiere. Im Stanowoi-Gebirge ist das Renthier sehr häufig. Auf dem Südabhange des Grenzgebirges wird es indessen in südlicher Richtung in der Mandshurei immer seltener (Middendorff's *Reise Zool. II. 2. p. 120*). Das Renthier kommt indessen nicht nur im östlichen Sibirien, sondern auch auf dem Altai, namentlich jenseits des Tschulüschman (Gebler, *Mém. d. l'Ac. de Pétersb. prés. par div. savants. T. III, p. 531*) und im Kusnezki'schen Gebirge (Falck, *Beitr. z. Topogr. d. Russ. Reiches, III, 297*) vor. Mündlichen Mittheilungen Wosnessenski's[*]

---

[*] Hr. I. G. Wosnessenski, jetzt beim zoologischen Museum der Akademie als Conservator angestellt, hielt sich mehr als acht Jahre als naturwissenschaft-

zu Folge dehnte ich die Renthierverbreitung in Ostsibirien (siehe Hofmann, *Reise Zool. Anhg. S. 46*) bis zum 50° n. Br. aus. Mein geehrter College Leop. v. Schrenk (*Reise Zool. Bd. II, S. 167*), der so wie Radde (*Reise Zool. Bd. I. 286*) der Renthierverbreitung in Ostasien eine speziellere Aufmerksamkeit schenkte, rückte sie jedoch um einen Grad weiter nach Süden und berichtete überdies (a. a. O.), dass die Renthiere auf der Insel Sachalin an der Südspitze bis zum 46° n. Br. gehen.

Da noch in keinem grösseren Ländergebiete die speziellere geographische Vertheilung des Renthiers so genau verfolgt wurde, als dies durch die eben genannten verdienstvollen Reisenden theils in Bezug auf das untere Amurland, theils hinsichtlich des oberen und der Baikalgegenden geschah, so möge es vergönnt sein, die Hauptergebnisse der Forschungen derselben hier aufzunehmen.

Das wilde Renthier ist nach Schrenck eine Charakterform des nördlichsten Theiles des Küstengebietes des Amurlandes und der Amurmündung, wovon die übrigen Hirscharten mehr südlich zurückbleiben. Am häufigsten ist es im nördlichen Theile der Insel *Sachalin*, an der Südküste des ochotskischen Meeres und am Amur-Liman, wo die nordische Nadelholzwaldung reichlich Flechten und Moose bietet, und theilweis moorige, nackte oder von krüpplichen Lärchen bewachsene Niederungen, namentlich längs der Küste sich ausbreiten. Den andern Hirscharten (namentlich dem *Reh*, *Elen* und *Edelhirsch*) entgegengesetzt dringt das *Renthier* im Küstengebiet des Amurlandes in Folge des nordisch-maritimen Klimas noch weiter nach Süden als im Innern Ostasiens, am meisten aber auf Sachalin. An der Küste soll es südwärts noch etwas über 49° hinausgehen. Am Mündungslaufe des Amur kommt es bis an den Strom. Im Gebiete der Mangunen zieht es sich nordwärts in's Gebirge zurück, breitet sich aber längs der Gebirge südlich aus bis zum Geong-Gebirge, un-

---

licher Reisender und Sammler im Auftrage der Akademie, theils am ochotskischen Meere, theils in Kamtschatka, so wie auf der Beringsinsel, den Kurilen und in den Russisch-Amerikanischen Colonien auf, von wo er seine Reisen noch über den Kotzebue-Sund hinaus ausdehnte.

ter 49°, während es gleichzeitig sowohl am Jai Tumdshi und Chongar östlich, als auch am Gorin westlich vom Amur vorkommt. Nach Westen von dort, am linken Amurufer, bildet das in gleicher Breite gelegene Wanda-Gebirge seine Südgrenze. Erst am obern Amurlaufe kommt das Renthier mit dem Gebirge wieder an den Amurstrom und wird von den Monjagern und Orotschonen, jedoch seltener als die andern Hirsche, erlegt.

Den Mittheilungen Radde's zu Folge ist das Renthier im Osten des Sájanischen Gebirges, wo es früher (vor 1858) in Truppen von 20—30 vorkam, jetzt seltener. Oestlicher bei den Quellen des Irkut, Kitoi und der Bjellaja (bei den Sojoten) fand es sich gleichfalls früher häufig, während es dort gegenwärtig fehlt, indem es nach der Mongolei zu den Urjänchen und Darchaten ausgewandert ist. Die wilden Renthiere verbreiten sich von dort überdies weiter nach Süden und sollen namentlich im Khangai-Gebirge sich aufhalten. In den Baikalgegenden ist es überall, jedoch im südwestlichen Theile derselben schon recht selten. Vom Thale der Selenga bleibt es ausgeschlossen. Im Ostwinkel des Baikal nimmt es zwar an Häufigkeit zu, vermindert sich aber ebenfalls. Im nordöstlichen Theile des Apfelgebirges ist es überall, im südlichen aber seltener. Zwischen Schilka und Argun fehlt es. Am obern Amur findet es sich im Gebirge auf beiden Seiten des Stromes. Im Bureja-Gebirge kommt es bis zu den Quellen der Bureja vor. Dass es, wie schon Pallas (*Zoogr. I. p. 208*) anführt, südlich vom Amur, zwischen ihm und dem Naun, sich aufhalte, konnte Radde bestätigen; es wird jedoch nach ihm dort erst an den Quellen des Flüsschens Eksema wild gefunden. In Bezug auf Radde's eben in gedrängter Kürze mitgetheilte Bemerkungen dürfte beachtenswerth erscheinen, dass die *Renthiere* bereits an manchen Stellen sich verminderten, während sie an andern ganz verschwanden, so dass also selbst in Ostasien die Renthiere früher häufiger und vermuthlich weiter verbreitet waren. Es fragt sich daher, ob selbst in Nordasien mit Hülfe der jetzt dort noch lebenden Renthiere ein ganz vollständiger Nachweis ihrer Verbreitung hergestellt werden könne?

Hoffentlich werden indessen künftig dort zu machende paläontologische Funde das Fehlende im Wesentlichen ergänzen.

Hinsichtlich der Aequatorialgrenze der Verbreitung des Renthiers in Amerika lässt sich deshalb nichts ganz Sicheres mittheilen, da die Einen wie schon Cuvier (*Rech. s. l. oss. foss. éd. 4, VI. p. 125*), dann Gray (*Catalog. of Mammal. of the brit. Mus. Part. III. 1852, p. 189*), Ogilby (*Proceed. Zool. Soc. 1836, p. 134*), Sundevall (*Kongl. Vetensk. Handl. för 1844, p. 176*) und Richardson (*Faun. bor. am. I. p. 238* und *The polar regions. Edinb. 1861. 8. p. 274*) zwar nur eine einzige, einige Varietäten bietende, Renthierart annehmen, also die europäisch-asiatischen Renthiere mit den Amerikanischen artlich identifiziren; Andere dagegen entweder wie Agassiz (*Sillim. Journ. 1847, p. 436, Ann. nat. hist. XX, p. 142*) das amerikanische Renthier vom europäisch-asiatischen als *Tarandus hastalis* absondern, oder gar, wie Baird (*Mamm. of North. Amer. Philad. 1859. 4. p. 633*) die amerikanischen Renthiere in zwei Arten (*Rangifer Caribou* und *Rangifer groenlandicus*) zerfällen.

Den *Rangifer Caribou* lässt Baird nach Richardson, der ihn a. a. O. als *Tarandus sylvestris*, später aber (*The polar regions, p. 274*) blos als rein-ders bezeichnet, von Süden der Hudsonsbai bis westlich vom Obern See vorkommen, dann sich in Canada, Neu-Braunschweig und Maine finden*), früher aber bis in die nördlichen Theile von New-Hampshire, Vermont und New-York verbreitet haben.

Von seinem *Rangifer groenlandicus* meint er dagegen, dass derselbe südlich vom Churchill-Fluss beginne, dann am Kupferminenfluss, dem Renthiersee (Deer-Lakes), ferner am Wollaston-Athapasca- und Grossen Sklavensee, so wie auf der Mellville-Insel und Grönland**), vorkomme und überhaupt in sämmt-

---

*) In Canada gingen (früher wenigstens) Renthiere fast bis Quebeck (Charlevoix, *Voy. III, p. 129*). — Als ältere Angaben, die Wagner (*Abhdl. d. Königl. bair. Akad. Bd. IV. 1846, p. 50*) erwähnt, sind den genannten Verbreitungs-Districten auch Labrador und Newfoundland hinzuzufügen. Denys (*Descr. de l'Amér. sept. I. p. 202*) spricht von Renthieren auf der Insel St. John in der Lorenzbai.

**) In Bezug auf die in Grönland früher, selbst nach Torfacus im östlichen Theile, vorgekommenen Renthiere bemerkte schon Cranz (*Historie v. Grönland,*

lichen nordöstlichen, im Polarmeer befindlichen Barrendistrikten (Tundern) des arktischen Amerika's*) zu Hause sei. In den Asien zugekehrten nördlichen Küstenstrichen des Festlandes von Nordamerika, worüber Baird schweigt, beginnen nach Wosnessenski's mir gemachten Mittheilungen die Renthiere, welche er nicht von den Asiatischen unterschied, noch nördlicher als am Kotzebue-Sund und gehen östlich bis zum Lande der Aekutaten (einem Stamme der Koljoschen), also bis zum 59° n. Br., mehr nach Asien zu aber südlicher, bis Alaska, ja bis zu der unter 54° liegenden Insel Unimak. Indessen sah sie schon *Mackenzie* noch südlicher, unter 53° n. Br. (also im britischen Columbien). Da nun aber auf der Europa zugekehrten Seite Nordamerika's Renthiere viel südlicher als bis zum 53° n. Br., namentlich bis zu Neubraunschweig, Canada und Maine sich finden, ja früher in New-Hampshire, Vermont und New-York vorkamen, also etwa bis zum 43° n. Br. nach Süden giengen, so könnten sie wohl ihre Wohnsitze auch in den Asien zugewandten Strichen Nordamerika's, noch weiter nach Süden als bis zum 53° ausdehnen. Als Bewohner der Rocky-Mountains kennt man sie indessen nicht (Baird). Uebrigens setzen sie, nach Wosnessenski, als gewandte Schwimmer nicht blos über die Berings-Strasse nach Asien (das Tschuktschenland) hinüber, sondern schwimmen auch zur Insel Nunywok, die dem Cap van Cover gegenüber liegt.

Barby 1770, Bd. I. S. 95), dass sie sich auch auf dem nahe liegenden Disco-Eilande fänden, ehedem in Grönland selbst, namentlich im Bals-Revier häufig gewesen wären, durch den Gebrauch der Feuergewehre aber sehr vermindert worden seien. Fabricius *(Fauna groenl. p. 27)* berichtet, dass früher in Grönland zwischen den Bergen überall Renthiere, später aber seltener gewesen seien und sich auch auf der Insel Disco gefunden hätten. Unter den im Anhange zu Scoresbys Reise aufgeführten Thieren der Ostküste Grönlands vermisse ich übrigens das Renthier.

*) Als speciellere darauf bezügliche Fundorte sind noch folgende anzuführen: J. Ross *(Sec. Voy. Append. p. XIII, Uebersetzg. III. S. 171)* sah auf dem Isthmus Boothia Renthiere zu Hunderten. — Parry *(Supplem. to the Append. Vog. p. CXC. n. 9)* fand deren im Sommer auf den nordischen Georgsinseln in Menge. — Während des Aufenthaltes des Capit. Parry an den Küsten der Melville-Insel wurden fast in einem Jahre 21 Stück erlegt. (Parry, *Zweite Reise, Hamburg 1822, 8. S. 63)*. In dem eben genannten Werke sind überdies mehrere Orte angegeben, wo Renthiere gefunden wurden. Es gehören dahin die Martius-Insel unter 75° n. Br. 103°, 44' L. (S. 118), die Gegend dicht hinter der Possessionsbai, und die Griffith-Landspitze unter 74°,59' n. Br. und 106° L. (S. 129).

Was die nördlichste (polare) europäisch-asiatische Verbreitungsgrenze des Renthiers anlangt, so lässt sie Pallas vom Norden Lapplands bis zum Anadyr sich ausdehnen, wobei aber Nowaja-Semlja und Spitzbergen nicht genannt werden. Wohl aber bemerkt er, dass von dem europäisch-asiatischen Renthiere etwas verschiedene (wahrscheinlich amerikanische) Renthiere über das Eis im Frühling heerdenweis in das Land der Tschuktschen einwanderten.

Billings (Reise v. Sauer und Pallas, *Neue nord. Beitr. (III), Beitr. Bd. VII, p. 132*) berichtet vom Zuge der Renthiere zwischen dem Vorgebirge Swaetoi Nos und den Lächoff'schen Inseln. Adams *(Mém. de l'Acad. 5 sér. T. V, p. 435)* erzählt, dass die *Renthiere* der untersten Lena-Gegenden über das Eis gegen den Borchaya-Busen und Nytjansk (Ustjansk?) wandern sollen. Ausser an dem oben genannten Flusssysteme, dem des Anadyr, finden sich nach Pallas *(Zoogr. I. p. 107)* auch wilde Renthiere am Ob, dem Jenisei, Olenek, der Lena, Jana, Indigirka und Kolyma. Am Ausflusse der Päsina sind sie nach Middendorff *(Reise Zool. Säugeth. p. 120)* noch ziemlich häufig; ebenso finden sie sich an der Chatanga und Boganida. Von letzterem Flusse ziehen sie Ende April in Rudeln von 15—100 Stück nach Norden und im September und October allmählich südwärts. Im Taymyrlande, also in dem am meisten nach Norden geschobenen Theile des asiatischen Festlandes, gehen die Renthiere nach v. Middendorff *(Reise a. a. O. p. 119)* im Gebiet des Taimyr-Flusses nicht viel über den 75° n. Br. hinaus in das Byrranga-Gebirge und ziehen von dort aus im September und October nach Süden zur Waldgrenze, wo sie sich auf an Flechten und Moosen reichen, von Bäumen umschlossenen, Tundern aufhalten. Im übrigen sibirischen Norden, östlich vom Taymyrlande, kommen sie, weil das Land sich weniger nach Norden erstreckt, südlicher als im Taymyrlande an allen für ihre Ernährung geeigneten Orten des Eismeersaumes bis in das Land der Tschuktschen (v. Wrangell, *Reise II. 9, II. 238 u. 225*) oder Tuski (Hooper, *Ten months of the Tuski, p. 113*), so wie in Neu Sibirien (Hedenström in Erman's *Archiv, Bd. 24, S. 143*) vor, jedoch ebenfalls als Wanderthiere. Sie verlassen, namentlich nach v. Wrangel, gegen Ende Mai oft in enormen Heerden die Wälder und ziehen in die nahe dem Meere gelegenen Tundern, von wo sie im August und September auf demselben Wege, den sie gekommen sind, zurückkehren und daher dann eine schöne Jagdbeute liefern. Während des Winters halten sie sich dagegen ruhig in ihren derzeitigen Aufenthaltsorten, den Wäldern. Uebrigens dehnt sich ihr Verbreitungsbezirk südlich vom Tuskilande auf Kamtschatka aus. Bereits Steller *(Beschr. v. Kamtschatka)* erwähnt der zahlreichen dort heimischen wilden Renthiere (s. z. B. S. 113, 118, 119 u. s. w.). Wosnessenski, der einige schöne, sehr grosse Exemplare von der genannten Halbinsel für das zoologische Museum der Akademie mitbrachte, berichtete mir, dass sie an der an Flechten reichern Westküste, häufiger als an der Ostküste, im Süden aber seltener seien.

 Westlich vom Taymyrlande traf man sie und zwar nach Erman ebenfalls als Wanderthiere, theils südlicher, so in den Gegenden des Ob (Sujew in *Pall. Reis. III, S. 87*), so wie im Schanami-Thale des Obdorskischen Gebirges. Besonders häufig sind sie zwischen dem Ob und dem Jenisei bis zum 60° n. Br. (Ermann *Reise Hist. Th. I. 1. S. 653 u. 703*), v. Middendorff, *(Reise Zool. p. 119)*, so wie an der Kara (A. Schrenck, *Reis. I. S. 448*). Auf der Halbinsel Kanin vermisste sie dagegen Ruprecht. — In gleicher Breite mit dem Taymyrlande finden sie sich auf Nowaja-Semlja (Flawe's *Descr. d. l. nouv. Zemble, Recueil d. voy. au Nord. T. II, p. 361*), wo sie aber an der Westküste schon ziemlich selten sind (v. Baer, *Bull. sc. d. l'Acad. Imp. d. sc. T. III, p. 349*). Endlich noch nördlicher treten sie in Spitzbergen auf, wo Parry noch unter dem 80° 35' ihre Spuren sah. Im letztern Lande waren sie früher sogar so häufig, dass mancher Schiffer deren 15—20 schoss. (Martens, *Spitzberg. Reise S. 72;* Phipps, *Voy. t. th. Northpole, p. 185*). — In Island sollen die Wilden, nach Jonaeus, wenigstens schon im zwölften Jahrhundert ausgerottet worden sein *(Edinb. journ. of scienc. V. p. 50;* Isis v. Oken, *1835, S. 315)*; jedoch hat man 1770 deren dahin verpflanzt (Uno v. Troil Briefe, welche eine 1772 nach Island angestellte Reise betreffen,

S. 107), die so gut gediehen, dass im Jahre 1809 im Innern der Insel bereits 5000 Stück vorhanden waren *(Gard. and. Menag. I. S. 243).*

Die Polargrenze des Renthiers in Amerika, welche Richardson in seinem neuern, trefflichen Werke *(The polar regions, Edinburgh 1861. 8. p. 274)* ebenso kurz als treffend bestimmt, indem er sagt: «frequents the most northern islands that man has reached», während er gleichzeitig noch auf Spitzbergen, das nördlichste Grönland und die Inseln nördlich vom Melville-Sund als die nördlichsten Wohnsitze hinweist, wurde bereits oben theilweis angedeutet. Bemerkenswerth erscheint nur noch, dass nach ihm die Renthiere in grossen Schaaren im amerikanischen Continent ebenfalls regelmässige Wanderungen unternehmen. Namentlich ziehen sie aus den nördlichsten Küsten und öden Landstrichen vom September bis Anfang November bis zur Nähe der Waldgrenze, wo sie zur Brunstzeit in grossen Heerden verweilen und den mit den Aufenthaltsorten während der Zugzeit bekannten Eingeborenen eine treffliche Winternahrung liefern. In den Frühlingsmonaten dagegen (im April und Mai) wandern die Weibchen, um Junge zu werfen, an die Küsten, wohin sich auch die Männchen, aber in besondern Schaaren, begeben. Ausserdem berichtet Richardson dass Dr. Rae in der Repulse-Bay (unter $66\frac{1}{2}°$ n. Br.) vom ersten März an, und eine Woche früher, die Wanderung der Renthiere nach Norden, die nach Süden aber im October und einiger verirrten Rudel auch noch im November beobachtet habe. Zur Zeit des Höhenpunktes des Zuges nach Norden bieten die durch den aufgethauten Schnee erweichten Flechten *(Cornicularia tristis, divergens* und *ochroleuca,* so wie *Cetraria nivalis, cucullata* und *islandica,* nebst *Cenomyce rangiferina)* den Thieren eine treffliche Nahrung; während die im Frühling nach dem Schwinden des Schnees erscheinende Gras- und Binsenvegetation, die, weil sie plötzlich durch den Winter gehemmt wurde, noch nicht saftlos ist, überdies noch ein gutes Heu liefert. — Als Capitain Osborn Anfangs Juni zwischen den nördlich vom Melville-Sund gelegenen Inseln über das Eis ging, sah er übrigens bereits zahlreiche Pflanzen, wie namentlich *Mohn*, *Weiden* und *Steinbrech (Saxifraga)* hervorsprossen.

Bemerkenswerth erscheint die Angabe, dass die in den Barrengrounds (den baumlosen Gegenden) vorkommenden Renthiere kleiner seien als die, welche in einem waldreichen 80—100 Meilen von der Küste der Hudsonsbai entfernten, hundert englische Meilen breiten, vom Athapescou-See zum Obern See sich ausdehnendem Districte sich aufhalten. Auch ist es auffallend, dass dieselben im Sommer südwärts wandern sollen, indem sie im Mai den Nelson- und Severn-Fluss in zahllosen Schaaren passiren, an der Jamesbai den Sommer zubringen und im September wieder nordwärts ziehen (Wagn. Schreb. *IV. 2. p. 316*).

Fünftes Capitel.

Folgerungen und Zusätze, welche sich auf die vorstehenden Mittheilungen über die Verbreitung des Renthiers beziehen.

Der westlichste Punkt der gegenwärtigen in Skandinavien (Norwegen) beobachteten Aequatorialgrenze des Renthiers, der 60° n. Br., weicht um 14 Breitengrade vom östlichsten asiatischen, bisher unter dem 46° n. Br. (auf Sachalin nachgewiesenen) ab. Die nördlichsten gegenwärtig bekannten Wohnorte des Renthiers (Melville, Grönland, Spitzbergen), wo dasselbe etwa bis 80° n. Br. geht, differiren also annäherungsweise von der südlichen, asiatischen, Aequatorialgrenze (Sachalin) etwa um 34° n. Br. Die Differenz war aber offenbar eine um 3° grössere, als Renthiere noch in den Pyrenäen und gleichzeitig auch in Spitzbergen vorkamen.

Obgleich in der Mandshurei, selbst nicht einmal im rauhen Küstengebiet, keine Renthiere vorkommen sollen, wie mein College L. v. Schrenck versichert, und ich sie namentlich auch im Lobgedicht des Kaisers Khianloung unter den darin aufgeführten Säugethieren vermisse (Plath, *Gesch. d. östl. Asiens. I. 1. S. 11*), so will doch ein solches Verhältniss nicht mit ihrer frühern Verbreitung in Südwest- und Mittel- ja selbst in Osteuropa stimmen, so dass man wenigstens an ein dortiges früheres, mögliches Verschwinden denken kann, wie dies nach Radde ja auch in einzelnen Gegenden Sibiriens stattfand und noch von der Gegenwart gilt.

Das Renthier bot übrigens, wie die mitgetheilten Daten über seine Verbreitung nachweisen, in früheren Zeiten keine Lücken in seinem Vorkommen, sondern ging vom Osten Nordasiens bis England und die westlichen Gestade Frankreichs und von den Pyrenäen, Deutschland, Polen, dem mittlern Russland und Südsibirien bis zum höchsten Norden Skandinaviens und des Eismeersaumes.

In der Gegenwart ist man gewohnt, die Renthiere nach Maasgabe ihrer derzeitigen geographischen Verbreitung als Bewohner des arctischen Nordens zu betrachten. Der Umstand, dass Individuen, die man in mittlere Breiten verpflanzte, sich nicht einbürgerten[*]), ja häufig, so in Menagerien, bald zu Grunde gingen, trug offenbar zur Befestigung einer solchen Ansicht bei. Man meinte daher, dass die unter mittlern Breiten gelegenen Landstriche, worin, wie z. B. in England, Deutschland und Frankreich, früher Renthiere vorkamen, zur Zeit ihrer dortigen Existenz ein eiskaltes Klima *(climat glacière*, wie Lartet es nennt*)*, besessen hätten. Dass früher, vor der Ausrottung der grossen Wälder, besonders aber zur Eiszeit des europäischen Nordens, die genannten Länder viel kälter waren als jetzt, erleidet keinen Zweifel. Indessen war wenigstens zur Zeit Cäsar's, als Renthiere noch im hercynischen Walde lebten, so wie zur Lebensepoche Theophrast's als sie in mittleren Russland sich fanden, das Klima in den genannten Gegenden keineswegs ein lappländisches oder nordsibirisches, sondern eher dem des nördlicheren (nicht aber gerade arctischen) Russlands ähnliches. Auch spricht das noch gegenwärtige Vorkommen des *Renthiers* im Nowgorod'schen, Twer'schen und Orenburger Gouvernement keineswegs dafür, dass dasselbe als rein arctisches Thier angesehen werden

---

[*]) So fielen Zählungsversuche, die man in Pommern machte, worüber Buffon und Mellin correspondirten (s. Buff. *Hist. nat.*), ebenso wie in England *(The Times 1822. Jan. 21)* angestellte nicht günstig aus.

könne. Ich möchte daher das jetzt meist auf den höhern Norden beschränkte, theilweis wenigstens dahin zurückgedrängte *), Renthier, da es im wilden Zustande, der ihm, als einem Wanderthier, die Auswahl günstiger Wohnorte, so das Zurückziehen von wärmeren in kältere, von Ebenen in die Gebirge u. s. w. gestattet, nicht blos die Temperaturen des hohen Nordens, sondern auch die der nördlichen gemässigten Zone zu ertragen vermag, denjenigen Thieren wenigstens annähern, welche ich in meiner Abhandlung über die Verbreitung des Tigers (S. 190) als polyklinische bezeichnet habe. Dass sich Thiere allmählich an die extremsten Temperaturen gewöhnen können, zeigen ja mehrere unserer Hausthiere, am auffallendsten unsere aus Ostindien stammenden Haushühner und die aus Nordafrika eingeführte Hauskatze. Hinsichtlich seiner polyklinischen Eigenschaften (worin ihm *Ovibos moschatus* ähnelt) wird das Renthier allerdings von einigen seiner constanten europäischen und asiatischen Begleiter *(Sorex vulgaris, Mustela Erminea, Canis vulpes)*, dann seinen vier Erbfeinden und stetigen Verfolgern *(Ursus arctos, Felis lynx, Gulo borealis* und *Canis lupus)*, weil alle diese weiter nach Süden gehen, als dies nachweislich mit dem Renthier der Fall war, ohne Frage übertroffen. Keine der genannten Thierarten vermag es freilich wohl in ihren polyklinischen Eigenschaften mit dem Tiger aufzunehmen, der in Java (also einige Grade jenseits des Aequators) beginnend bis in den Südsaum Sibiriens und den Nordsaum des Amurlandes sich verbreitet, wo ihm selbst auch das *Renthier* zur Beute fällt **).

---

*) Da Nilsson *(Skandin. Faun. 2. Aufl. I. p. 504)*, wegen der in der südlichsten schwedischen Provinz Schonen, ebenso wie auf *Öland* und *Bornholm* in Torfmooren viel häufiger als im Norden vorkommenden, zwischen Lappland und *Schonen* wenigstens bis 1847 vermissten, fossilen Renthierreste, annimmt, die den höhern Norden Skandinaviens bewohnenden Renthiere stammten aus dem mittlern Asien, wohin Pallas *(Zoogr.)* ihre wahre Heimath versetzte, und seien, nachdem sich Finnland erhoben, bald nach der Periode der erratischen Blöcke, eingewandert, nicht aus dem Süden gekommen; eine Ansicht, die für jetzt wenigstens anspricht, so kann ein Zurückdrängen der Renthiere aus Deutschland nach Skandinavien nicht behauptet werden. In Osteuropa und Sibirien dürfte ein solches aber doch, wenn auch nur theilweis, als zulässig erscheinen.

**) Dass der Tiger des Amurlandes und also auch Nordchina's, woran man ohne Angabe von Gründen zweifelte (Lartet, *Ann. d. sc. nat. 1861. T. XV*, Lubbock,

Ausser der bis zu den mittlern Breiten ausgedehnten geographischen Verbreitung des *Renthiers* giebt es aber auch noch andere Thatsachen, welche auf eine gewisse polyklinische Natur desselben hinweisen und es keineswegs als ausschliesslichen Bewohner der arctischen Zone erscheinen lassen. Das Renthier kommt nämlich mit in den mittlern Breiten häufigen Thieren vor, die dasselbe nicht nur sehr oft bis in die Nähe seiner Polargrenze begleiten, oder in dieselbe eintreten, sondern gleichzeitig auch an ihren, wie auch seinen, Aequatorialgrenzen mit ihm zusammenleben *(Canis lupus, Canis vulpes, Felis lynx, Ursus Arctos, Gulo borealis, Mustela martes, Erminea* und *vulgaris, Sorex vulgaris* und *fodiens, Sciurus vulgaris, Castor Fiber, Spermophilus, Lagomys* und *Arvicola amphibius* etc.*) Die Reste des Renthiers sind nicht blos mit denen der genannten, sondern auch mit denen solcher Thiere, wie die von *Hippopotamus, Bos bison, Bos primigenius* und *Cervus megaceros,* zusammen gefunden worden, die nicht, wie *Rhinoceros tichorhinus* und vermuthlich auch *Elephas primigenius,* auch wohl mit jungen Zweigen der Nadelholzbäume sich begnügen konnten, sondern zu ihrer Ernährung einer reichen Krautvegetation bedurften, wie sie der hohe, kalte Norden nicht zu bieten vermochte, die also in gemässigten, wenn auch nicht gerade warmen Himmelsstrichen mit dem Renthier lebten. Man wird daher aus dem Vorkommen von Renthierresten in mittlern Breiten (wie im Süden Westeuropa's (Frankreichs,

---

Nat. hist. rew. 1864, p. 408), der echte (sogenannte bengalische) Tiger sei, wurde von den Herren v. Middendorff, Leop. v. Schrenck und Radde im zoologischen Theil ihrer Reisen und von mir in meiner Abhandlung *Über die Verbreitung* desselben auf Grundlage von genau verglichenen Fellen ausgesprochen. Eins dieser Felle, welches Radde mitbrachte, findet sich im Museum der Akademie. Uebrigens habe ich kürzlich ein aus dem Amurgebiet herstammendes, zweites, Tigerfell von neuem mit dem des bengalischen Tigers verglichen und gleichfalls keine Unterschiede entdeckt.

*) Belege für die Verbreitungsgrenzen der genannten Thiere und ihre polyklinischen Eigenschaften sind in den Reisen von Middendorff, Leop. v. Schrenck, Radde, in meinem zoologischen Anhange zu Hofmann's Reise und in meiner Abhandlung über die Verbreitung des Tigers enthalten. Beispielsweise mögen noch die Bemerkungen Platz finden, dass Hr. v. Middendorff *Sciurus vulgaris* und *Felix lynx* bis zur Waldgrenze jenseits des Polarkreises, *Sorex vulgaris* bis 71° n. Br., *Gulo borealis* bis 72° und *Mustela Erminea* bis 73½° n. Br. in Sibirien nach Norden gehen sah.

Englands, Deutschlands) keineswegs den Schluss ziehen können, dass die eben erwähnten Länder zur Zeit der dortigen Existenz der Renthiere ein überaus kaltes, arctisches *(climat glacière*, wie Lartet, *Compte rendu de l'Acad. de Paris 1865 (21 août) p. 311* es nennt*)*, oder zum wenigsten subarctisches Klima besessen hätten, oder dass, wie Morlot *(Étud. géolog. archéolog., Bullet. d. l. soc. Vaud. d. sc. nat. T. VI, p. 321)* meint, alle Renthierreste Mitteleuropa's aus der Eisperiode stammten. Die noch zur Zeit Cäsar's unermesslichen, eine grössere Feuchtigkeit und somit Abkühlung, selbst zur Sommerszeit bedingenden Wälder Frankreichs und Deutschlands, so wie die durch die Existenz derselben begünstigten, namhafteren Wasseransammlungen in Seen und Flüssen waren vielmehr sehr wohl im Stande, eine solche Temperatur zu erzeugen, worin die, möglicherweise einer allmählichen Accommodationsfähigkeit nicht entbehrenden, daher wohl nicht zu den aklinischen Formen zu zählenden, sondern eher etwas biegsamen (klinischen) *Renthiere* mit *Mammuthen, Nashörnern, Urochsen (Bos urus) Wisenten (Bos bison)* u. s. w. mit denen sie, wie wir im paläontologischen Abschnitte der Verbreitung sahen, in der That vorkamen, wirklich gedeihen konnten, um so mehr, da wir wissen, dass in Russland noch jetzt ein Theil der Renthiere mehr nach Süden wandert und dass sie nur im Winter von Moosen und Flechten leben, im Sommer aber Kräuter und junge Strauch- oder Baumblätter, so z. B. die der Weiden vorziehen. Wenigstens ein grosser Theil der in vergangenen Zeiten in Frankreich sehr südlich vorgekommenen Heerden derselben mochte überdies aus solchen bestehen, die aus dem kältern Norden im Herbst eingewandert waren und im Frühling wieder an ihre nördlicheren, kühleren Sommerstandorte zurückkehrten. Indessen dürfte es vielleicht kaum nöthig sein, zu einer solchen, der Lebensweise der Renthiere allerdings völlig entsprechenden Erklärung seine Zuflucht zu nehmen, wenn man bedenkt, dass noch heut zu Tage während des Winters im Ariége-Departement der Schnee oft lange liegen bleibt, sich also wohl in einzelnen, namentlich den höher gelegenen Theilen der Pyrenäen noch jetzt, dahin verpflanzte Renthiere ernähren und fortpflanzen könnten. Uebrigens wird ja von den alten Römern, so von Cicero *(De provinc. consul. c. 12)* und Caesar *(De bell. gallic. I. 16, IV. 20, VII. 8, VIII. 5, 6)*, das Klima des alten Galliens als rauh geschildert, so dass dort früher kein Weinbau getrieben wurde. Auch sprach man von einer *hiems gallica* (Petron. *Sat. c. 19*) und bezeichnete das Land mit dem Beinamen *lutosa* (Virg. *Aen. VIII. 12, Anthol. lat.* Burm. *II. 130, 12*). Im Allgemeinen galt dies freilich mehr vom nördlichen als vom südlichen Theil. In einem Briefe entwirft namentlich der Kaiser Julian eine solche Schilderung von der Pariser Kälte und dem Eise der Seine, dass Buffon das damalige Klima von Paris mit dem von Quebeck vergleicht *(Hist. nat. T. XII, p. 85)*. — Was Deutschland anlangt, so berichtete man, dass der Rhein und die Donau alljährlich zufroren (Plinius Panegyr. c. II). — Mehrere Nachweise über das Klima des alten Galliens und Germaniens finden sich in Pelloutier, *Histoire des Celtes. T. I. p. 120.*

Da nach Maassgabe der oben angeführten und erläuterten griechischen und römischen Quellen die Existenz der Renthiere im Budinen- und herodotischen Skythenlande, ebenso wie im hercynischen Walde, als historische Thatsache angenommen werden darf, so ist dadurch festgestellt, dass ein Theil der Renthierindividuen, deren Ueberreste man als fossile, namentlich in Torfmooren findet, noch in historischen Zeiten gelebt haben kann. Man wird also nur solche Renthierreste einer viel ältern (vorhistorischen) Epoche sicher vindiziren können, die aus andern, wie z. B. geologischen oder archäologischen Gründen, oder weil sie mit den Resten solcher Thiere, wie der Mamonte und büschelhaarigen Nashörner[*], in denselben Schichten und unter gleichen Verhältnissen vorkamen, über deren Existenz als lebend vorhandene Thiere die Geschichte gänzlich schweigt, als einer alten Zeitepoche angehörige sich herausstellen. Da indessen die Gra-

---

[*] Mit Unrecht wird *Rhinoceros tichorhinus* von Lubbock *a. a. O. p. 411* als *Woolly-haired* bezeichnet. Die Petersburger Reste zeigen nur büschelständige, steife Haare. Siehe meine Abhandlung *De rhinoc. tichorhini structura*, *Mém. de l'Acad. Imp. de Pétersb. VI. sér. sc. natur. T. V.*

virungen, welche man neuerdings auf der in den Knochenlagern von Périgord gefundenen Elfenbeinplatte bemerkte (Lartet, *Compt. rend. d. l'Ac. d. Paris 1865, août 21, p. 309, Ann. d. sc. nat. 1865, T. IV, p. 353, Pl. XVI*), ebenso wie der auf einem an demselben Fundorte vom Hrn. v. Vibraye *(Compt. rend. 1865, T. LXI. (n. 10) p. 399, Ann. d. sc. nat. 1865, T. IV p. 356)* entdeckten Stücke eines Renthiergeweihes gravirte Kopf, wirklich auf einen gemähnten Elephanten (Mamont) zu beziehen sind, zu welcher Deutung auch ich in einem Schreiben an Milne-Edwards meine Zustimmung gab, *(Compt. rend. d. l'Acad. d. Paris 1866, n. 11)*, so dürfte freilich selbst das Vorkommen von Mamontresten (vielleicht) nicht immer ein allzu hohes Alter mit Sicherheit garantiren können. Selbst wenn aber auch die Lebensepoche der Mamonte und Nashörner sich auf einen spätern Zeitraum ausdehnte, als man ihr für jetzt einräumt, so würde dies nur auf die Bestimmung des Alters einzelner Funde von Knochen oder sonstiger Reste (z. B. des menschlichen Kunstfleisses) von Einfluss sein. Die jetzt wohl ziemlich von allen unbefangenen Naturforschern angenommene Ansicht, dass die gegenwärtige, durch das Aussterben, oder die Vertilgung so mancher Arten (*Mamonte, Nashörner, Riesenhirsche* u. s. w.) freilich verkümmerte, nordasiatisch-europäische Fauna, mit Inbegriff des Menschengeschlechts, so weit über alle unsere gewöhnliche Geschichte hinausreiche, dass selbst die Egyptens ihr gegenüber als jung erscheine, kann dadurch natürlich nicht beeinträchtigt werden, da zu ihren Gunsten anderweitige Beweise sprechen.

Sechstes Capitel.

Ergänzende Betrachtungen über das Renthier in Bezug auf seine paläontologische Würdigung.

In den vorstehenden Mittheilungen wurden nur die das gegenwärtige und frühere Vorkommen des Renthiers direct angehenden oder daraus zu folgernden Thatsachen besprochen. Es lassen sich aber auch noch andere, entweder speziell auf dasselbe bezügliche, oder sein Verhältniss zu andern Faunengliedern betreffende, Gesichtspunkte aufstellen, die neuerdings auch bereits in Anregung gebracht, jedoch noch nicht eingehender erläutert wurden. Der eine derselben bezieht sich auf die Frage: «Wann Renthiere in Europa eingewandert seien?» Der andere hat die muthmaassliche Dauer der Lebensepoche der Reuthiere zum Gegenstande.

1. Muthmaassliche Einwanderung der Renthiere in Europa.

Die mehr beiläufigen Aeusserungen Lartet's *(Annal. d. sc. nat. 1861, p. 226)* und Lubbock's *(Nat. hist. rew. 1864, p. 412* und *Prehistoric Times)*, welche sich auf die Zeit der Einwanderung der Renthiere in Europa, besonders in West- und Mitteleuropa beziehen, veranlassen mich zu folgenden Bemerkungen. Mit Recht wird aus dem Umstande, dass Reste der schon sehr früh untergegangenen Mamonte und Nashörner mit denen von Renthieren im mittlern, südlichen und westlichen Europa zusammen in denselben Erdschichten und in ähnlicher Conservation gefunden wurden, der Schluss gezogen, dass die drei genannten Thierarten dort zusammen lebten, folglich also wohl, da den neuern, von mir (siehe meine Abhandl.: *Ueber die Verbreitung des Tiegers*, *Mém. de l'Acad. de St.-Pétersb. VI sér. T. VIII, p. 180 u. 198*), längst gehegten Ansichten zufolge Europa, wenigstens West-, Mittel- und ein Theil Südeuropas seine letzte (gegenwärtige) Fauna aus Asien erhielt, von dorther einwanderten[*]). Es geschah dies, wie man wenigstens vermuthen darf,

---

[*]) Ob nicht auch ein Theil Osteuropas schon in einer frühen Zeit, ja vielleicht immer, an der sogenannten quaternären, der der Jetztzeit ähnlichen Fauna participirte, erscheint als eine noch unentschiedene Frage. Zu Gunsten der Meinung, dass die Nordhälfte Osteuropas und Nordasiens stets dieselbe Fauna gemein hatten, spricht wenigstens der Umstand, dass man zeither weder in der Nordhälfte Osteuropas, noch Asiens Reste jener eigenthümlichen Säugethierfauna gefunden hat, die durch Vierhänder, tapirartige Thiere, Giraffen u. s. w. sich auszeichnete und wohl mindestens eine subtropische war; eine Fauna, die in England, Frankreich, Süd- und Mitteldeutschland, Italien und Griechenland vor der Erkältung des Nordens durch die Eisperiode blühte.

zu einer Zeit, als in Folge der im nördlichen Europa allmählig nach Süden fortgeschrittenen Eisanhäufung und Vereisung die Temperatur in den mittlern und südlichen Breiten, nach und nach sich dermaassen vermindert hatte, dass die an günstigere Wärmeverhältnisse gewöhnten Pflanzen und Thiere der frühern warmen Perioden ausgestorben waren und den von Osten her (aus Asien) heranziehenden Arten Platz gemacht hatten, die wegen der ähnlichen, vermuthlich gleichzeitigen, allmähligen Erkältung des asiatischen Nordens nach und nach nach Süden und Westen wanderten.

Für die Annahme, dass die Renthiere muthmaasslich nicht später als die oben genannten Dickhäuter in Europa erschienen, wofür sich Lartet *(p. 226)*, jedoch ohne nähere Beweise anzuführen, erklärt, möchten ausser dem bisher fast allein hervorgehobenen, in denselben Schichten wahrgenommenen Zusammenvorkommen der Reste der Renthiere mit denen der Mamonte und Nashörner, nach meiner Ansicht, auch folgende Umstände sprechen. Die Renthiere unternehmen noch jetzt (wie oben gezeigt wurde) in grossen Schaaren sehr weite Wanderungen und übertrafen vermuthlich die grossen Pachydermen durch ihre Beweglichkeit und Schnelligkeit. Auch hatten sie sich wohl in Asien, wegen ihrer grössern Fruchtbarkeit, noch stärker als jene vermehrt, wodurch gleichfalls Anlässe zu Auswanderungen vorhanden waren.

Zu Gunsten einer spätern, allmähligen Einwanderung, wie sie Lubbock *a. a. O.*, jedoch ebenfalls ohne Angabe näherer Gründe, annehmen möchte, liesse sich anführen, dass die *Renthiere* noch zu einer Zeit sehr reichliche Nahrung in Asien finden konnten, als dies mit den fraglichen *Pachydermen* nicht mehr der Fall war, und dass den letzteren, trotz ihres Haarpelzes, möglicherweise die niedrigen Temperaturen des allmählig kälter werdenden Nordasiens weniger zusagten. Auch dürfte beachtenswerth sein, dass bisher durchschnittlich in Mittel- und Westeuropa häufiger Reste von Mamonten, ja selbst von büschelhaarigen Nashörnern als von *Renthieren* aufgefunden wurden. Auch hat man in ältern Schichten häufig Mamontreste ohne Renthierreste beobachtet.

Was indessen die eben genannten Vermuthungen anlangt, welche der späteren Einwanderung der Renthiere das Wort zu reden scheinen, so möchte doch wohl darauf kein zu grosses Gewicht zu legen sein. Erwägen wir nämlich, dass in Sibirien die offenbar zum Ertragen von niederen Temperaturen geeigneten, mit einem Wollpelz versehenen Mamonte, und die büschelhaarigen Nashörner noch zu einer Zeit lebten, wo ihre zur Herbstzeit nicht selten im Schlamme der Flussufer versunkenen Körper dermaassen einfrieren konnten, dass sie nicht wieder aufthauten und noch in der Gegenwart durch die Einwirkung der reissenden Flusswässer als Mamont- oder Nashornleichen zum Vorschein kommen, dass ferner, wie ich *(Berichte über die zur Bekanntmachung geeigneten Verhandl. d. Königl. Akad. der Wissensch. zu Berlin. 1846. n. 202)* ebenfalls nachwies, die Zahnhöhlen der berühmten wiluischen Nashornleiche Reste von Zapfenbäumen enthielten, die büschelhaarigen Nashörner also, wie vermuthlich auch ihre gemähnten Zeitgenossen und Landsleute, die Mamonte*), wenigstens theilweis auch von Blättern (Nadeln) und jungen Zweigen der Zapfenbäume sich nähren konnten, so wird man wohl von ihnen, ebenso wenig wie von den Mamonten, behaupten können, dass Nahrungsmangel, oder ihr weit weniger polyklinisches Naturell, sie zu schnellen Auswanderungen gedrängt haben möchten. Selbst die Thatsache, dass man bis jetzt die Reste der Mamonte, ja selbst die der Nashörner, in Europa wie in Nordasien viel häufiger als die der Renthiere fand, lässt sich vielleicht, wenigstens theilweis, dadurch erklären, dass die Reste der beiden erstgenannten Thiere durch Grösse, wie durch ihre abweichende Form auffallen, was mit denen des letztgenannten Thieres weit weniger der Fall ist, weshalb sie denn auch bisher sehr häufig

---

*) Erwägt man, dass die in einer in Nordamerika entdeckten Mastodonleiche gefundenen Futterreste aus Theilen von Coniferen bestanden, namentlich von einer Tanne (der *Hemlock spruce*) herrührten (Warren, *Mastodon p. 144*), und dass ein in St. Petersburg gezeigter Elephant *(Elephas asiaticus)* die ihm vorgehaltenen Zweige von *Pinus* begierig verzehrte, wie mein geehrter College, der bekannte Botaniker Prof. Mercklin, beobachtete, so wird man um so weniger Bedenken tragen, auch in Bezug auf das Mamont an Coniferen-Nahrung zu denken. Siehe meinen Mittheil. z. Gesch. d. Mammuth, *Bull. sc. d. l'Ac. Imp. d. St.-Pétersb. 3 sér. T. X. p. 112.*

unbeachtet blieben, besonders da die meisten Funde fossiler Reste von Unkundigen gemacht wurden. Auch können ja von Unkundigen Renthiergeweihe leicht als Hirschgeweihe angesehen werden. Jedenfalls wird aber auch zu beachten sein, dass die Knochen und Geweihreste, ja selbst die Zähne kleinerer Thiere, viel schneller verwittern als die der grössern; eine Erscheinung, die wohl ebenfalls zur Erklärung des Umstandes beizutragen geeignet sein möchte, dass man bisher im Verhältniss viel häufiger Reste von Mamonten und Nashörnern als von Renthieren gefunden hat. An Orten, wo häufig und sorgfältig gesucht wurde, wie in Frankreich, Deutschland, England, Belgien und dem südlichsten Schweden, hat man übrigens bereits zahlreiche Renthierreste entdeckt. Hinsichtlich der Richtung, welche die Renthiere, Mamonte und Nashörner bei ihrer Wanderung genommen zu haben scheinen und der Orte, wo sie sich ansiedelten, wäre zu bemerken, dass die Renthiere mehr nach Norden sich ausgebreitet haben möchten, da man ihre Reste im südlichen Schweden häufig antraf, während man in Skandinavien (Bronn. *Leth. III, p. 819*) noch keine Mamontknochen und nur einmal Zähne vom Nashorn fand. Auch in den russischen Ostseeprovinzen sind Mamontreste nur selten gefunden worden, freilich auch nur einmal die des Renthiers. Sollte sich übrigens die Seltenheit der Reste der Mamuthe in den genannten Ländern, ebenso wie die der Renthiere in den Ostseeprovinzen auch künftig bestätigen, so könnte man daran denken, dass der Zug der Renthiere und genannten Pachydermen nach Westeuropa mehr über den mittlern Theil Osteuropas gegangen sei. In Deutschland möchte indessen wenigstens ein Theil der Renthiere mehr nach Norden als in Osteuropa sich gewendet oder später verbreitet haben, worauf wenigstens die häufig in Südskandinavien und Meklenburg gemachten Funde möglicherweise hindeuten könnten.

2. Dauer der Lebensepoche der Renthiere.

Die Renthiere erscheinen, wie bereits bemerkt, als Glieder einer Fauna (Ur-Fauna), welche ursprünglich, wie es allen Anschein von Wahrscheinlichkeit hat, den Norden Asiens (Sibirien in weitern Sinne, vielleicht auch die Mongolei und Mandschurei) bevölkerte, als er muthmaasslich noch eine bis zu den nördlichsten Gegenden, z. B. selbst auf das Taymyrland und Neu-Sibirien ausgedehnte, wärmere Temperatur als jetzt besass, und in Folge derselben eine weiter verbreitete und üppigere, zur Ernährung grosser, ja zum Theil riesiger Thiere (Mamonte, Nashörner) geeignete (jedoch selbst nicht subtropische) Vegetation hervorbrachte. Namentlich war es erforderlich (ja selbst hinreichend), dass die Wälder, wenn auch nur aus Nadelholz bestehend, sich bis zur Eismeerküste ausdehnten, um Mamonte und Nashörner zu ernähren. Das Vorhandensein einer so grossen, bisher freilich noch nicht nachgewiesenen, Ausdehnung der Wälder kann aber sehr wohl zu jener Zeit stattgefunden haben, als sich vom noch mit dem Aralsee verbundenen Kaspischen Meere aus nachweislich ein grosser Meeresarm bis zum Eismeer erstreckte, der warmes Wasser vom Centrum Asiens aus in dasselbe leitete. Das allmählige Verschwinden dieser Wasserverbindung veranlasste wohl, wenigstens theilweis, eine allmählige Abnahme der Wärme Nordasiens, namentlich seines höhern Nordens, so dass in Folge davon nach und nach dort grosse Anhäufungen von Eis und gefrornem Boden sich bildeten, welche die Temperatur noch mehr herabstimmten. Es mochte dies vielleicht zu einer Zeit geschehen, als im Nordwesten Europas die Eiszeit eintrat. Die grossen Thiere Nordasiens mussten daher, da die Vegetation (namentlich die Hochwälder) im Hochnorden durch die genannten Einflüsse theils zu Grunde ging, theils wenigstens verkümmerte, ihre Nahrung mehr im Süden suchen. Von dort aus aber drangen sie, da kein Meeresarm ihre Verbreitung mehr verhinderte, allmählig nach Westen vor. Sie konnten daher auch nicht blos im mittlern, sondern selbst im westlichen, ja selbst theilweis den im südlichsten Theile Europas als allmähliger Ersatz jener dort früher heimischen, wohl allmählig im Norden zuerst, in Folge der Vereisung Skandinaviens, Schottlands u. s. w. erloschenen Säugethiere auftreten, deren Reste man wie bekannt, in England, der Südhälfte Deutschlands, in

Italien, Spanien, Sicilien, so wie besonders in Frankreich und Griechenland entdeckte, Reste die man muthmaasslichen Bewohnern eines tropischen oder wenigstens subtropischen Klimas zu vindiziren hat, da unter ihnen die Ueberreste von Affen, tapirartigen Thieren, Nilpferden, Giraffen, Gazellen u. s. w. sich finden. Die grossen Thiere Sibiriens mussten aber natürlich zuerst im Osten Europas auftreten und gingen dann erst allmählig weiter nach Süden, so dass namentlich die Renthiere, wie schon nachgewiesen wurde, über England, das südliche Skandinavien, ganz Deutschland, die Schweiz und Frankreich, ja vielleicht selbst bis Oberitalien (möglicherweise jedoch in den letztgenannten Ländern theilweise nur als Wintergäste) sich verbreiteten. Wann sie dort anlangten, lässt sich, wenigstens zur Zeit, selbst nicht annähernd bestimmen, da die ältesten Urkunden solcher Einwanderungen nicht erwähnen. Auch war ja das Einwandern ein allmähliges, so dass die Kunde davon, da es damals unter den rohen Bewohnern Europas weder Zoologen noch Paläontologen gab, sich nicht erhalten hat. Einige Haltpunkte für das hohe Alter der Einwanderung der Renthiere gewähren indessen folgende Umstände. Man hat Reste derselben im westlichen Europa mit den sehr häufig vorkommenden des Mamont und büschelhaarigen Nashorns, also mit denen solcher Thiere gefunden, über deren frühere europäische Existenz alle literärischen Quellen Europa's schweigen. Man entdeckte in Meklenburg Reste von Renthieren mit Steinwerkzeugen in sehr tiefen bis 24' gehenden Schichten. Man fand im südlichen Frankreich zahlreiche Renthierreste mit unpolirten aus Feuerstein, so wie andere aus Knochen und Geweihen von Renthieren verfertigten menschlichen Utensilien ohne gleichzeitige Spuren von Metallen, Hausthieren und von Töpferarbeiten, so dass man aus jenen Utensilien wohl den Schluss ziehen kann, sie hätten rohen, mit den Metallen unbekannten Völkern, wie es scheint, Höhlen bewohnenden Jägervölkern (nach Spring zwei verschiedenen Stämmen, einem ältern, langköpfigen und einem später gekommenen, kurzköpfigen) angehört. Ob dieselben zum iberischen Stamme, oder zu einem Andern zu zählen seien, ist unbekannt. Jedenfalls ist wohl anzunehmen, dass sie, ehe die mit

Metallen, Ackerbau und Viehzucht bekannten Celten nach Gallien vordrangen, dort existirten, jedoch von den Schriftstellern, welche über das alte Gallien schrieben, nicht charakterisirt werden. Zur Zeit der Existenz der fraglichen Jägervölker stand das Renthier, nach Maassgabe seiner zahlreichen Reste, welche mit den Utensilien der fraglichen Urvölker gefunden wurden, in Frankreich, wohl schon bereits auf dem Höhenpunkte seiner dortigen Lebensepoche. Seine eigentliche Vertilgung dürfte indessen mit der Verbreitung der iberischen und aquitanischen Völkerschaften begonnen, nach der Einwanderung der Celten und der ihnen theilweis nachdringenden Germanen aber noch grössere Fortschritte gemacht haben. Das letztgenannte Volk übte wohl namentlich wegen seiner von Cäsar *(De bell. gall. III.)* erwähnten Gewohnheit, ihre Ackerfelder zu wechseln und zu diesem Zwecke andere Gegenden aufzusuchen, dann weil es sich in Thierfellen kleidete (siehe oben) keinen geringen Einfluss auf die Verminderung der Renthiere. Da indessen, wie oben nachgewiesen wurde, zu Cäsar's Zeit noch Renthiere in den hercynischen Wäldern lebten, die durch die des Jura mit denen der Sevennen zusammenhingen, so könnten sie zu jener Epoche auch noch in Frankreich, wenn auch nur als die durch Erlegung bewirkten Verluste ersetzende Wanderer, aufgetreten sein.

Da Cäsar in seiner Schrift über die gallischen Kriege hauptsächlich nur seine kriegerischen Unternehmungen im Auge hatte und überhaupt der in Gallien und Germanien heimischen Thiere nur gelegentlich Erwähnung thut, ja nicht einmal befriedigende Bemerkungen über den Culturzustand der Völker Galliens und Germaniens mittheilt, wovon er sogar die meisten nur namentlich aufführt, so darf es wohl nicht auffallen, wenn wir bei ihm Angaben über die Renthiere Galliens vermissen. Dazu kommt, dass er als kluger Feldherr gerade die Aufenthaltsorte der grossen Thiere, die ausgedehnten Waldungen und Gebirge, auf seinen Kriegszügen möglichst vermied, dagegen aber die bebauten, Getraide für die Armee liefernden, also namentlich an Hochwild ärmeren, Gegenden aufsuchte. Eine solche Auffassung scheint mir keineswegs durch die Bemerkungen beseitigt werden zu können, die Lartet und Christy (*Ann. d. sc. nat. Zool. 1864*, *T. I, p. 239* und *240*, so wie *Revue archéolog. 1864, T. IX, p. 263*) dagegen anführen. Sie machen nämlich, um zu beweisen, dass die Renthiere in Frankreich schon früh (vor Cäsar) untergingen, darauf aufmerksam, dass in ihrem Vaterlande Renthierreste weder in Torfmooren, noch in den Grabhügeln der Celten, oder unter den Resten der Bewohner der Pfahlbauten der Schweiz sich gefunden hätten, dass sie auch in manchen Höhlen Frankreichs vermisst würden, selbst in solchen, die noch Knochen des *Bos urus* oder *primigenius* enthielten und dass auf allen von ihnen gesehenen (freilich nicht über 300 v. Chr. hinaus reichenden) alten gallischen Münzen Darstellungen des Renthiers fehlten. Sie sagen ferner, Cäsar habe von Deutschen, die nicht einmal den grossen Umfang des hercynischen Waldes kannten, unbestimmte Nachrichten über das Renthier erhalten. Ebenso bemerken sie, wenn das Renthier noch unter den römischen Kaisern dort existirt hätte, so würde man dasselbe ohne Zweifel zu Rom im Circus haben figuriren sehen; die Alten hätten aber überhaupt nur durch die Skythen und Germanen eine dunkle Kunde von seiner Existenz gehabt. Zu ihren weitern Angaben gehört, dass man in Mitteleuropa keine Renthierreste mit Metallen und Produkten des menschlichen Kunstfleisses gefunden habe. Man könne freilich, fügen sie hinzu, zur Vertheidigung einer spätern Existenz der Renthiere anführen, dass schon die Gravirungen und Skulpturen der menschlichen Geräthe auf eine jüngere Zeit hinweisen. Endlich bemerken sie auch zu Gunsten ihrer Ansicht, dass sie an 17 Stationen nur Renthierreste mit roh bearbeiteten Steingeräthen gefunden hätten, während Garrigou und Fihol in gewissen Höhlen des Ariége-Departements polirte (also einer spätern Periode angehörige) Utensilien ohne Renthierreste fanden.

Der zeitherige Mangel des Vorkommens von Renthierresten in den französischen Torfmooren kann ebenso gut ein zufälliger, als auch ein beachtenswerther sein. Bedenkt man nämlich, dass in Deutschland und Schweden, ja selbst in England, Renthierreste in Torfmooren, in den beiden ersten Ländern sogar sehr häufig, gefunden wurden (worüber Lartet und Christy schweigen), so dürfte möglicherweise wohl auch Frankreich in Zukunft kaum eine Ausnahme machen. Wenn aber auch zugegeben würde, dass der bisherige Mangel von Renthierresten in den französischen Torfmooren wirklich auf einen frühen Untergang des Renthiers, selbst in den meisten Gegenden Frankreichs, hindeutete, so bewiese dies doch nicht, dass derselbe zu Cäsar's Zeiten dort schon überall erfolgt war, wenngleich möglicherweise sie damals schon sich sehr vermindert hatten. Auch könnten ja manche geologische Ablagerungen, worin man in Frankreich Renthierreste fand, nicht älter sein als manche Torfablagerungen, oder sonstige Absätze Deutschlands, welche Renthierreste (allerdings in einer andern geologischen Formation) lieferten.

Der Mangel an Renthierresten in den Grabhügeln und auf den Begräbnissplätzen der Celten, die, zu Folge alter Nachrichten (Caes. *de bell. gall. VI. c. 19*) und der dieselben bestätigenden archäologischen Nachgrabungen, nebst Kunsterzeugnissen und den Knochen von Hausthieren, auch die von wilden Thieren wie Hirschen, Wildschweinen u. s. w. mit ihren Todten begruben, könnte allerdings davon herrühren, dass in ihren, in Folge der Bodenkultur weniger bewaldeten, Wohnsitzen zwar keine Renthiere mehr vorhanden waren, ohne jedoch in andern Gegenden bereits ausgerottet zu sein. Für die letztere Annahme spricht auch der Umstand, dass nur ein Theil Frankreichs von Celten bewohnt war.

Was die Reste der Pfahlbauten der Schweiz anlangt, so rühren sie offenbar von einem Ackerbau und Viehzucht treibenden, sogar in der Weberkunst erfahrenen, Volke her, aus dessen Nähe die Renthiere bereits verschwunden sein konnten, oder bei ihm schon so selten waren, dass unter den bisher untersuchten Resten sich die des Renthiers noch nicht fanden. Ueberhaupt wurden Reste des Renthiers meines Wissens nur erst bei Genf und im Canton Zürich entdeckt (s. oben), so dass man selbst muthmaassen könnte, die Renthiere seien in der Schweiz überhaupt seltener gewesen. Die Reste der Pfahlbauten dürften überhaupt wohl nicht mit den in Frankreich gefundenen, einem rohen Jägervolke angehörigen, in irgend eine nähere Beziehung zu bringen sein.

Dass Renthierreste in mehreren Höhlen Frankreichs vermisst werden, worin selbst noch Knochen des schon sehr lange aus dem westlichen und mittlern Europa verschwundenen Wisent und des *Bos primigenius* vorkamen, kann allerdings darauf hindeuten, dass wohl die Renthiere, nicht aber die genannten Ochsen in denjenigen Gegenden bereits zu der Zeit fehlen mochten, wo in den fraglichen Höhlen die Schichten abgelagert wurden, die keine Renthierreste enthalten. Als locales Vorkommen liefert indessen der Inhalt jener Höhlen keineswegs den vollständigen Beweis, dass das Renthier zu den Zeiten Cäsar's in Frankreich gar nicht mehr vorhanden war.

Einen, wie mir scheint, fast weniger als negativen Beweis für die allgemeine, sehr frühe Vertilgung des Renthiers im alten Gallien bietet, wie schon oben erwähnt, der Mangel von Renthierdarstellungen auf den bisher bekannten gallischen Münzen. Man sieht nämlich die Nothwendigkeit nicht ein, warum gerade das Renthier auf den genannten Münzen ebenfalls dargestellt sein muste, selbst wenn es noch in der Nähe der Orte, oder nicht weit davon, lebte, an welchen die fraglichen Münzen geprägt wurden. Es wurden dieselben überhaupt an solchen, und zwar nur wenigen Orten angefertigt, die in Gegenden lagen, worin bereits Ackerbau und Viehzucht blühte und Handel mit dem Auslande betrieben wurde, in denen also der Wildstand bereits sich namhaft vermindert hatte. Die Verringerung konnte nun allerdings besonders die ohnehin durch das in Folge der Vernichtung der Wälder erleichterte Zuströmen südlicher Winde affizirten Renthiere getroffen haben, weshalb sie indessen nicht gerade an andern, selbst nicht einmal gar fernen, gegen warme Luftströme mehr geschützten Orten, ausgerottet worden zu sein brauchten. Namentlich mochte noch zur Zeit Cäsar's, ja selbst später, das Letztere in den östlichen, mit grossen Wäldern bedeckten Grenzdistricten Frankreichs der Fall sein, besonders da dort leicht vom weniger cultivirten Deutschland (dem hyrcinischen Walde) aus der erlittene Verlust durch Einwanderer ersetzt werden konnte.

Lartet und Christy (*Revue arch. p. 263*) behaupten freilich, wie dies übrigens auch schon Cuvier (*Rech. s. l. ossem.*

foss. éd. 8. VI. p. 126) that (siehe oben), Cäsar's Angabe über das Vorkommen des Renthiers im hercynischen Walde habe deshalb kein Gewicht, weil sie vag sei und ihm von Deutschen mitgetheilt worden wäre, die nicht einmal eine Kenntniss vom ungeheuren Umfange des hercynischen Waldes besessen hätten, so dass also das von ihm beschriebene Thier, wie schon Camper, aber ohne gehörigen Grund, meinte, gegen Cäsar's positive Behauptung nicht im eigentlichen Deutschland, sondern östlich davon, in Russland, sich aufhielt. Cäsar, der, mit Ausnahme der allerdings irrigen Angabe von der Einhörnigkeit des Renthiers (die möglicherweise aber den Abschreibern seines Textes zur Last fällt), wie wir bereits oben (S. 85) sahen, dasselbe ganz kenntlich schildert, ja sogar kenntlicher, als es gewöhnlich bei den alten Classikern in Bezug auf Thiere der Fall ist, sagt durchaus nicht, dass er seine über das Renthier gemachte Mittheilung einem Deutschen verdanke, wenngleich er das Renthier positiv nach Germanien, nicht in eine unbestimmte, östlichere Gegend, wie Russland, versetzt. Uebrigens konnte ja ihm, was viel wahrscheinlicher ist, auch die Mittheilung von römischen, oder gallischen Kundschaftern zugekommen sein, wenn er sie überhaupt einem Kundschafter verdankte. Er konnte sogar ein ihm aus der Ferne im Winter gebrachtes Individuum des Thiers möglicherweise auch selbst gesehen haben. Warum zu Cäsar's Zeit die Renthiere im deutschen Theile des hercynischen Waldes bereits hätten fehlen sollen, dürfte um so weniger nachgewiesen werden können, da die oben erwähnten, zahlreichen, häufig sogar in Torfmooren Deutschlands gemachten Funde von Renthierresten ganz entschieden auf ein theilweis nicht sehr altes Vorkommen der Renthiere in Deutschland hinweisen, eine Annahme, die auch durch die noch gegenwärtig stattfindende Verbreitung des keineswegs rein arctischen Renthiers und die frühern klimatischen Verhältnisse Deutschlands unterstützt wird. Manche der deutschen Fundorte, wie die im Würtembergischen und in den Rheingegenden gemachten, lagen sogar dem Kriegsschauplatze Cäsar's keineswegs sehr fern. Gerade aber dieser Umstand, so wie die so kenntliche Beschreibung, welche Cäsar vom Renthier giebt, möchte dafür sprechen dass sie entweder der Autopsie, oder einem nähern Fundorte ihren Ursprung verdankte, sich also nicht auf ein russisches Thier bezog, woran um so weniger zu denken ist, da Cäsar selbst nicht einmal die von Gallien etwas fernern Gegenden Deutschlands kannte.

Wenn Lartet und Christy weiter bemerken, dass man das Renthier, wenn dasselbe noch zur Zeit der römischen Kaiser in Deutschland existirt hätte, sicher (*nul doute*), wie so viele Thiere anderer, selbst sehr ferner, Länder, von dort her zur Schaustellung nach Rom gebracht haben würde, so lassen sich auch gegen diese Annahme Gründe finden, die ich übrigens schon oben (S. 87) theilweis angab. Wer sagt uns z. B., dass nicht unter dem Namen von Hirschen in Rom auch Renthiere figurirten, besonders wenn Olaus Magnus Recht hätte, dass die vier vor dem Wagen des Gothenkönigs gespannten, vermuthlich aus Osteuropa stammenden Hirsche, womit der Kaiser Aurelian bei seinem Triumphzuge nach dem Capitol fuhr, wirklich Renthiere waren*); eine Ansicht die freilich nicht näher zu begründen sein möchte. Lässt sich ferner überhaupt die Behauptung aufstellen, dass die noch vorhandenen römischen Schriftsteller uns alle Namen der Thiere vollständig erhalten haben, welche im römischen Circus, oder bei sonstigen römischen Aufzügen prangten? Vermag man die immer richtige Benennung derselben für sicher zu halten? Man kann z. B. unter den zur Kaiserzeit nach Rom gebrachten Thieren keinen Riesenhirsch nachweisen, obgleich derselbe, wie seine in Torfmooren begrabenen Reste und das Niebelungenlied andeuten, in Deutschland noch nach der Römerzeit existirte. Man könnte endlich daran denken, dass es den Römern nicht wohl möglich gewesen wäre, sich ein Thier ohne Eigennamen (einen *bos cervi figura*), den Cäsar vielleicht (gewiss ist es nicht) als einhörnig bezeichnete (s. oben) aus Deutschland unter der Form des Renthiers zu verschaffen. Jedenfalls dürfte also auch die fragliche, ohnehin nur hypothetische, Annahme Lartet's und Christy's

---

*) Nach der Ansicht von Lenz (*Zool. d. Griechen und Römer*, S. 216) sollen es freilich Elenthiere gewesen sein; eine Ansicht, die aber schon dadurch unzulässig wird, dass Fl. Vopiscus die Elenthiere noch besonders aufführt.

keinen haltbaren Grund gegen die Richtigkeit meiner Deutung der Angabe Cäsar's liefern, wenngleich auch Gervais und Garrigou, auf Cuvier fussend, die Ansicht der beiden genannten verdienstvollen Forscher theilen. Dass die alten Griechen und Römer im Betreff des *Tarandus* nur eine dunkle Kunde hatten, ja die Letztern nicht einmal wussten, dass Cäsar's *bos cervi figura* darunter stecke, habe ich oben nachgewiesen und stimme in Bezug auf die aus Skythien (richtiger Gelonos) erhaltene Kunde Lartet und Christy in so fern bei, dass ich sie bereits für eine ungenaue (freilich, wie ich nachwies, immerhin sehr beachtenswerthe) erklärte. Wenn sie indessen die *récits*, die Cäsar (wie ich glaube) nur möglicherweise (s. oben) von den Germanen, viel wahrscheinlicher aber von gallischen, oder römischen Kundschaftern, da er mit den Germanen in keinem Verkehre stand, erhalten, aber auch durch eigene Anschauung gewonnen haben konnte, mit den Mittheilungen der Gelonen unter ein und dieselbe Kategorie bringen und sie ebenfalls als *obscurs* bezeichnen, so kann ich nur einerseits auf die von mir (S. 85) gelieferte Kritik der Stelle Cäsar's, andererseits auf eine vorstehende Bemerkung verweisen, welchen Mittheilungen zu Folge ihr mit Cuvier ihnen gemeinsamer Ausspruch nicht gerechtfertigt erscheinen möchte.

Wenn die fragliche Stelle Cäsar's keine namhafte Berücksichtigung finden soll, die sie übrigens bei fast allen andern Naturforschern bisher mit Recht fand, so wird zahlreiche andere Stellen der alten Griechen und Römer, aus noch viel triftigeren Gründen, dasselbe Schicksal treffen müssen. Man würde dann auf die Mittheilungen der Klassiker überhaupt wenig oder gar nichts geben dürfen; eine Ansicht, gegen welche sich ganz besonders die Philologen, Archäologen und Historiker, selbst aber auch die mit den Alten näher vertrauten neuern Naturforscher nach dem Vorgange Schneider's mit Recht erheben würden.

Zu den Angaben, welche Lartet und Christy zur Begründung ihrer Ansicht vom frühen (vorcäsarischen) Verschwinden der Renthiere in Central-Europa anführen, gehört auch ihr Ausspruch, man habe dort Renthierreste noch nicht in Verbindung mit aus Metall angefertigten Gegenständen des menschlichen Kunstfleisses gefunden. Es gilt dies allerdings von den oben angeführten Funden Lartet's und Christy's, so wie denen anderer französischer, englischer und belgischer Forscher. Herr von Vibraye entdeckte indessen in der untersten Schicht der Grotte von Arcy (einem Lager von *Ursus spelacus*) ein nierenförmiges Eisenstück, denen ähnlich, wie man sie aus den celtischen Dolmen erhielt. Auf einem Heerde der Grotte von Laugerie fand er überdies ein Stück mit Grünspan überzogenen Kupfers, welches die Form der römisch-gallischen, bronzenen Spangen besass. In der erstgenannten Grotte waren aber schon früher von ihm, in der zweiten von Lartet und Christy Renthierreste gefunden worden. Die Vibraye'schen Funde dürften also nicht für die Behauptung Lartet's sprechen, sondern eher der Vermuthung Raum geben, dass zur Zeit der Celten und Römer auch noch Renthiere in Gallien gelebt haben möchten, wenn auch nur in den kühlen, waldigen Gebirgsgegenden.

Dass, wie Lartet und Christy einräumen, die mit Gravirungen oder Skulpturen versehenen Gegenstände des menschlichen Kunstfleisses eine höhere, und daher spätere, Entwickelungsstufe ihrer Urheber bekunden, unterliegt wohl keinem Zweifel. Es dürfte indessen ein solches Verhältniss deshalb von geringerem Belange sein, weil ja die Verfertiger nicht gerade erst zur Zeit der Celten, oder Römer, sondern schon früher sich vervollkommnet haben konnten. Wir können daher aus ihrem Vorhandensein keineswegs den sichern Schluss ziehen, dass die Renthiere bis zur Römerzeit oder noch später in Gallien vorhanden waren, wiewohl ein solches Vorhandensein, wie wir oben sahen, mehr als wahrscheinlich scheint.

Jedenfalls lebte das Renthier nach Maassgabe der oben angeführten Ausbeute mehrerer Höhlen, selbst nach dem aus dem Fehlen von Resten zu folgernden Untergange der *Mamonte* und *büschelhaarigen Nashörner* auch in Frankreich noch mit *Wisenten, Uren, Hirschen* u. s. w. zusammen. Den eben mitgetheilten Erörterungen zu Folge dürfte dies übrigens bis in die historischen Zeiten gedauert haben, wiewohl vorläufig die dafür sprechende Annahme hauptsächlich an Cäsar's nicht direkt auf Gallien sich beziehende Mittheilungen anknüpft. Auf den dunklen Ausspruch von Gaston Phoebus (s. oben S. 91) «*en Romain pays en ay je pou veu*», möchte indessen mit Buffon keineswegs die Ansicht begründet werden können, dass sogar noch im zwölften Jahrhundert unserer Zeitrechnung in Frankreich wirklich wilde Renthiere gelebt hätten, wie bereits oben gezeigt wurde.

Was die Renthiere Englands anlangt, so deutet wenigstens ein bei Owen (*Brit. foss. mam.*) erwähnter Fundort auf das Vorkommen mancher ihrer Reste in dortigen Torfmooren hin, so dass es noch in den ältern historischen Zeiten Renthiere in England gegeben haben mag, um so mehr da man sie, wie bereits oben bemerkt, im zwölften Jahrhundert noch in Schottland jagte. (Siehe S. 94). Diejenigen Individuen derselben, deren Reste man in den jüngsten Absätzen Deutschlands, dann in den obern Torfschichten Meklenburgs und des südlichen Schwedens fand, mögen einer kaum bedeutend früheren, ja theilweis vielleicht einer noch jüngeren Zeit als der cäsarischen ihren Ursprung verdanken.

Die Thatsache, dass im *Niebelungenliede* nicht blos von *Bären, Wildschweinen, Pferden, Wisenten, Uren, Elchen, Schelchen* (*Cervus euryceros*), *Hirschen* und *Hirschkühen*, sondern auch von einigen kleineren Thieren, wie *Hermelinen* und *Zobeln*, nicht aber von *Renthieren* die Rede ist, könnte so gedeutet werden, dass zur Zeit der Entstehung dieser Dichtung an ihrem Ursprungsorte keine Renthiere mehr lebten. Indessen wird diese Annahme dadurch unsicher, dass im gedachten Heldengedicht auch das Reh und der Luchs nebst vielen andern Thieren nicht genannt werden. Auch konnte das Renthier möglicherweise auch nur als Hirschform betrachtet worden sein, da die Niebelungendichter keine Zoologen waren.

Die Bemerkung Lartet's und Christy's, dass sie an 17 Stationen *Renthierreste* nur mit rohen steinernen Geräthen (sie hätten hinzufügen sollen und knöchernen) fanden, erklärt sich wohl daraus, dass, als die Bewohner Galliens den Gebrauch der Metalle kennen lernten, sie keine Höhlenbewohner mehr waren.

Der Mangel von Resten des Renthiers in manchen Höhlen des Ariégedepartements, welche polirte Steinwerkzeuge lieferten, konnte im localen Mangel der Renthiere oder Seltenheit derselben seinen Grund haben.

Dass im Mittelalter, namentlich zu Ende desselben, noch Renthiere in Deutschland oder in Westeuropa existirten, lässt sich bis jetzt aus vorhandenen, bereits veröffentlichten, Schriften nicht nachweisen. Es erscheint ein solcher Nachweis aber um so unwahrscheinlicher, wenn wir bedenken, dass schon Albertus Magnus (*De animal. Lib. XXII. ed. Venet. 1495 fol. p. 224*), die nur kurz erwähnten Renthiere als Bewohner der nach den Polen zu liegenden Gegenden Schwedens und Norwegens bezeichnet, während erst durch Olaus Magnus (*De gent. septentr. conditionib. Lib. XVII ed. Basil. 1557 fol. cap. XXVI—XXVIII*), der sie ebenfalls als hochnordische Thiere schildert, die nähere Kenntniss ihrer Naturgeschichte von Schweden aus verbreitet wurde, von woher auch offenbar ihr Name (*ren* oder *hrein*) stammt*), wie wir oben sahen.

Was das Vorkommen des Renthieres in Osteuropa anlangt, so wurde gleichfalls schon bemerkt, dass dasselbe zur Zeit des Aristoteles und Theophrast im Lande der Budinen und Skythen (den Gouvernements Wolhynien und Tschernigow) lebte, wofür die im letztern und dem benachbarten Orel'schen Gouvernement von Kiprianoff gefundenen Reste sprechen. Es ist daher auch nicht gerade unmöglich (wenn auch nicht sicher nachweisbar), dass es, wie Agricola Ammonius (*Gesn. d. Quadr. I. ed. Francof. p. 839*) angiebt, um das Jahr 1500 noch in den Wäldern Polens sich aufhielt, besonders da im Gouvernement Grodno,

---

*) Die weitere, noch genauere Kenntniss ging ebenfalls von Schweden, namentlich von Högström (*Beskriving om til Sweriges Krona Lappmarker. Stockh. 1747, S. 82,83*); Linné (*Amoenit. Acad. IV, p. 149*) und Hollsten (*Kongl. Svenska Vetensk. Akad. Handl. 1774 Th. 35*) aus. Die vollständigste Naturgeschichte des Renthiers findet sich in Screber's Werk über Säugethiere, Th. V, Bd. 1. S. 1028—70. wozu Wagner, Supplemente IV. 2. S. 344 lieferte. Beachtenswerth sind ferner Nilsson Scandinav. Fauna, 2. Aufl. Richardson Fauna boreali-americana. Vol. I. p. 238 und die *Naturgeschichte des Renthiers*, welche der Graf Mellin in den *Schriften der Berliner Gesellschaft Naturforsch. Freunde. Bd. I, IV* mittheilte.

bei Bjalostock eine Geweihstange desselben gefunden wurde. Auch gehen ja im eigentlichen Russland noch jetzt die Renthiere bis in's Kasan'sche und Nowgorod'sche, ja sogar bis ins Twersche Gouvernement, welches letztere nur wenig nördlicher als das Grodnosche liegt.

Aus den eben gemachten Mittheilungen, sieht man also, dass sowohl wegen der als später anzunehmenden Einwanderung, als auch wegen der entschieden frühern Vernichtung die Renthierepoche im Westen Europas eine kürzere (obgleich immerhin lange) Dauer hatte als im Osten desselben. Es hat sogar nach Maassgabe der oben angegebenen Verbreitungsgrenzen, in den mittlern Breiten des europäischen Russlands die Lebensepoche des Renthiers noch nicht ihr Ende erreicht. Die Vernichtung desselben im westlichen Europa wurde wohl theils durch klimatische und terrestrische Einflüsse, also durch natürliche Veränderungen, theils durch die Kunst des Menschen herbeigeführt, nicht einzig und allein durch blosse directe Einwirkung des Menschen bewirkt, und schritt hauptsächlich wohl von Westen nach Osten, so wie vom Süden nach Norden allmählig vor. Namentlich mochten wohl viele Striche Galliens als dort Ackerbau treibende Völker iberischen und celtischen Stammes, besonders im Süden, so wie im mittlern Theile, die Wälder ausrotteten oder lichteten und so gleichzeitig den austrocknenden, afrikanischen heissen Südwinden einen freieren Zutritt gewährten, den Renthieren nicht mehr conveniren, so dass sie sich in die bewaldeten kühleren Gegenden zurückzogen.

Es hat nicht den Anschein, dass Volksstämme, welche nur Steinwaffen führten, die Vernichtung der Renthiere in West- und und Mitteleuropa vollendeten. So viel sich wenigstens aus ihrem constatirten Vorkommen im hercynischen Walde zur Zeit Cäsar's, so wie aus den in mehreren Gegenden Deutschlands in Torfmooren gefundenen Geweihen folgern lässt, dürfte dieselbe in Deutschland erst durch Völker, bei denen bereits metallene Waffen im Gebrauch waren, wie die celtischen und die germanischen, zu Stande gebracht worden sein. Sogar in Bezug auf Frankreich möchte ich die von Lartet und Christy (*Ann. d.*

sc. nat. 1864. T. I. p. 240) ausgesprochene, neuerdings auch von Garrigou (*Etud. comp. p. 16*) angedeutete, auf bisherige Höhlenfunde gestützte, Ansicht, dass dort das Renthier schon vor Einführung der Metalle gänzlich verschwunden sei, keineswegs für gesichert halten. Selbst wenn wir nämlich auf die unsichere Angabe von Gaston Phoebus keinen Werth legen, so liesse sich doch daran denken, dass die Renthiere aus dem hercynischen Walde so lange sie, wie namentlich noch zu Cäsar's Zeit, dort vorhanden waren, ja selbst auch aus Belgien nach Frankreich hinüberwandern und den mit Metallwaffen versehenen Iberern, Celtiberiern und Celten in die Hände fallen konnten. Der Wandertrieb der Renthiere würde eine solche Meinung sogar wesentlich begünstigen. Indessen theile ich die Ansicht der genannten, verdienstvollen Naturforscher, dass es an positiven Beweisen fehle, wann im gemässigten Europa, sie wollten sagen West- und Mittel-Europa, die *Renthiere* ihren Untergang fanden. Nach Analogie mit andern Thieren, namentlich solchen, deren Verschwinden wir historisch umständlicher zu verfolgen im Stande sind, wie z. B. mit den *Bibern*, gingen sie wohl allmählig, zuerst an einzelnen Localitäten zu Grunde und boten zuletzt nur ein sehr zerstreutes, insularisches Vorkommen bevor sie endlich theils den klimatischen und terrestrischen Einflüssen, theils den menschlichen Verfolgungen erlagen.

Nachtrag zu S. 66.

Meinen deutschen Renthierfunden ist noch hinzuzufügen, dass nach Süss (*Wien. Sitzsb. Mai 1863*, *Institut, 1863, p. 296*), in den Diluvialschichten des Wiener Beckens *Cervus tarandus* mit *Elephas primigenius*, *Rhinoceros tichorhinus* und *Bos moschatus* vorgekommen sei.

Inhalt der vorstehenden Abhandlung.

Kapitel 1. Verbreitung des Renthiers in Europa nach Maassgabe der fossilen Reste desselben. S. 6.

Kapitel 2. Erörterung der Mittheilungen, welche bei den alten Griechen und Römern über das Renthier vorkommen. S. 41.

Kapitel 3. Ueber das Vorkommen des Renthiers in Frankreich, Schottland und Polen während der historischen Zeit. S. 59.

Kapitel 4. Verbreitung des Renthiers in der Gegenwart und der ihr sehr nahe liegenden Zeit. S. 64.

Kapitel 5. Folgerungen und Zusätze, welche sich auf die früheren Mittheilungen beziehen. S. 75.

Kapitel 6. Ergänzende Betrachtungen über das Renthier in Bezug auf seine paläontologische Würdigung. S. 81.
    1. Einwanderung in Europa.
    2. Dauer der Lebensepoche desselben.

Zweite Abhandlung.

Die geographische Verbreitung des Zubr, oder Bison, des Auerochsen der Neuern *(Bos bison seu bonasus)*.

In der vorstehenden Abhandlung wurde die geographische Verbreitung einer Thierart in ihren verschiedenen localen Phasen derart näher entwickelt, dass es möglich sein dürfte mit grösserer Sicherheit als früher daraus manche beachtenswerthe Schlüsse zu ziehen, die sich theils auf die ehemalige Beschaffenheit der Faunen, wie auf die früheren klimatischen Verhältnisse gewisser Erdgegenden beziehen, theils auf gewisse Zustände einzelner Glieder des Menschengeschlechts hinweisen, welche zur Zeit jener Phasen vorhanden waren. Man hat indessen für diesen Zweck nicht blos die frühere und jetzige geographische Verbreitung der *Renthiere* in den Kreis der Untersuchungen gezogen, sondern auch die sogenannten *Höhlenbären*, die *Mammuthe* und *wilden* europäisch-nordasiatischen grossen *Rinder* (*Bos bison seu bonasus* und *Bos primigenius*). Dass die Höhlenbären, weil ihre spezifische Bestimmung eine noch schwankende ist, wodurch auch ihre artlichen, ebenso wie zoogeographischen Phasen unsicher werden, für paläontologisch-chronologische und antiquarische Forschungen keine sichere Anhaltungspunkte gewähren, wurde von mir in dem unten stehenden Aufsatze über die von Lartet aufgestellten paläontologisch-chronologischen Perioden und Garrigou'schen Faunen ausführlich nachgewiesen. Eine genaue Erörterung der geographischen Verbreitung des Höhlenbären erscheint deshalb auch nach meiner Ansicht zur Zeit nicht nur als unzulässig, sondern lässt sich überhaupt nicht einmal mit Sicherheit versuchen. Was die Verbreitung des Mammuth anlangt so darf sie ohne Frage, wenigstens in Bezug auf Europa, als eine vorhistorische bezeichnet werden. Als eine solche wurde sie bereits von Bronn in der *Lethaea* in so weit geschildert, dass sie einen vorläufigen sicheren Haltpunkt für den ältesten vorgeschichtlichen Zeitraum der quaternären Periode zu bieten vermag. Ich glaube dieselbe übrigens für jetzt um so mehr übergehen zu können, da ich eine Monographie des Mammuth beabsichtige, worin auch die geographische Verbreitung desselben besonders berücksichtigt werden soll.

Bereits Cuvier hat (*Rech. ed. 8. T. VI. p. 217 ff.*) die Verbreitung des *Wisent* (*Bos bison s. bonasus*), so wie die des *Ur* (*Bos primigenius Bojanus*)*) sowohl in paläontologischer als historischer Hinsicht nach Maasgabe seiner Materialien gründlich erörtert und gleichzeitig die Ansicht aufgestellt, dass auch der Urstier in historischen Zeiten, namentlich selbst noch im XVI Jahrhundert existirt habe. Seinen Ansichten wurde auch von den meisten Naturforschern, aber gerade nicht von drei polnischen Bojanus, Jarocki und Pusch zugestimmt. Der Letztere war es namentlich, der sich in seiner *Paläontologie Polens* (*Stuttgart 1838. 4. S. 197*) am ausführlichsten gegen die von einem damals in der Nähe Polens (Wilna), lebenden, Naturforscher (Eichwald *Nov. Act. Leop. T. XVII p. 759*) getheilte Ansicht des grossen Pariser Zoologen erhob, dass der Ur noch in historischen Zeiten, namentlich in Polen gelebt habe. Eine von Seiten meines hochgeehrten Collegen von Baer (*Bullet. sc. d. l'Acad. Imp. d. St. Pétersb. 1. sér. T. IV. n. 8, 138*. Wiegm. *Archiv*

---

*) Cuvier hat zwar die fossilen, dem Bison angehörigen (später von andern besondern Arten, *Bos latifrons antiquus* u. s. w.) vindizirten Reste nicht direct auf ihn bezogen, sondern nur als von den entsprechenden Theilen des Skelets desselben fast nicht abweichende betrachtet, sie aber wohl deshalb auch keiner besondern Art vindizirt. Ebenso veranlassten ihn die denen des Hausochsen ähnlichen Reste keineswegs zur Aufstellung einer neuen Art, wie dies später mit Bojanus der Fall war, sondern er glaubte sie für die der Stammrace des als *Bos taurus* von Linné bezeichneten Stieres halten zu können. Genau genommen war also auch schon Cuvier geneigt die von ihm als bisonähnlich gefundenen Reste dem *Bison* zu vindiziren, die des *Bos primigenius* aber mit *Taurus* zu verbinden was Rütimeyer umfassender nachwies.

f. Naturg. 1839. Bd. I. S. 62 ff.) geführte gründliche Vertheidigung der Aussprüche Cuvier's, denen auch Andr. Wagner, indem er gleichzeitig die von Jarocki (*Der Zubr oder litauische Auerochs. Hamburg 1830. 8.*) und Bojanus (*Nov. Act. Acad. Caes. Leop. T. XIII. P. 2*) gemachten Einwürfe widerlegte, in seiner Monographie der Gattung *Bos* des *Schreber'schen Säugethierwerkes* seine Zustimmung gab, veranlassten Pusch (*Wiegm. Arch. f. Naturgesch. Jahrg. 1840. Bd. I. S. 47*) zu einer sehr ausführlichen Erwiderung, die durch eine Menge von Citaten sich auszeichnet. Sieben Jahre später trat Weissenborn (*Froriep. N. Not. Bd. XL. n. 9. 1847*) in einem ähnlichen Sinne wie Pusch auf, wurde jedoch von Jaeger (*Jahresb. des Naturw. Vereins in Würtemberg. III. 1847. S. 176*) widerlegt. — Pusch's Ansicht wurde indessen, obgleich sie sich keiner allgemeinen Annahme zu erfreuen hatte, von Niemandem gründlich zurückgewiesen. Nilsson brachte zwar (*Skandinav. Faun. Däggd. 1848* und *Ann. a. Mag. of nat. hist. 2 sér. IV, p. 263*) gegen dieselbe einige trifftige paläontologische und historische Gründe bei, ohne jedoch auf die von Pusch nicht nur betonten, sondern sogar als Hauptstützpunkte seiner Meinung in seinen Schlussfolgerungen ganz besonders hervorgehobenen, linguistischen Untersuchungen einzugehen. Ausser Pusch und Weissenborn erklärte sich später auch Gervais (*Paléontol. 2. ed. p. 132*), ohne seine Vorgänger zu nennen und die darauf bezügliche Literatur zu benutzen, gegen Cuvier's Ansicht im Betreff des Urstiers. Auch seine Einwürfe blieben, eben so wie die meisten Pusch'schen, bisher unerörtert. Inzwischen haben sich seit dem Erscheinen der erwähnten Arbeiten sowohl die paläontologischen als die historischen Daten im Betreff des Vorkommens des *Zubr* und *Ur*, namentlich die erstern namhaft vermehrt. Ferner sind durch den nähern Nachweis der Identität fossiler Reste, welche man besondern Arten vindizirte, mit lebenden Formen oder Racen die Gesichtspunkte, aus welchem man die geographische Verbreitung der beiden fraglichen Rinderarten zu betrachten hat, ganz andere geworden. Auch findet man in den meisten der genannten Arbeiten nach Maassgabe ihrer speziellen Tendenz die Belege über die geographische Vertheilung der genannten Thiere dermaassen vertheilt, dass sie kein übersichtliches geographisches Bild liefern. Rütimeyer, der den Urochs und Wisent (*Untersuchungen über die Fauna der Pfahlbauten*) zu den Thieren rechnet, die für die historische Berechnung des Alters der schweizer Pfahlbauten sehr wichtige Anhaltspunkte verschaffen, hat zwar die Verbreitung derselben im kurzen skizzirt; er dehnte indessen, älteren Angaben Ham. Smith's (*Griffith an kingd.*) und v. Baer's, namentlich in Bezug auf den Wisent, folgend dieselbe zu weit nach Süden aus. Usow dagegen, der in seiner in russischer Sprache verfassten Naturgeschichte des Bison (*Schriften der Moskauer Acclimatisations-Gesellschaft für 1865*) die Verbreitung der fossilen Reste desselben nicht gebührend in Betracht zog, hat das Verbreitungsgebiet des fraglichen Thieres viel zu sehr eingeengt, namentlich sogar auf Europa beschränkt. Bei der Wichtigkeit, welche die genauere Kenntniss nicht blos der jetzigen, sondern auch der frühern geographischen Verbreitung der Thiere für die Zoologie überhaupt, namentlich aber noch speziell für paläontologische und selbst archäologische Untersuchungen, besonders in Bezug auf Zeitbestimmungen und die periodische Zusammensetzung und Modification der Faunen an gewissen Localitäten zu bieten vermag, dürfte es daher nicht überflüssig sein die Verbreitung des *Ur* und *Wisent* in ihren einzelnen localen Phasen von neuem möglichst übersichtlich zu erörtern, gleichzeitig aber auch die widerstreitenden, darauf bezüglichen, Ansichten möglichst auszugleichen oder durch Gründe zu widerlegen.

Ueber die Verbreitung des Bison, Wisent oder Zubr, fälschlich Auerochse *Bos Bonasus* Linn., *Bison europaeus* und *americanus* der Neuern (*Bos priscus* Boj., *B. latifrons* Fisch., *B. latifrons* Leydy, *B. antiquus* ejusd.*).

Das Vorkommen der genannten Thierart würde sich nur sehr unvollständig besprechen lassen, wenn man nicht gleichzeitig auch ihre fossilen Reste berücksichtigen wollte. Ein solches Verfahren scheint indessen auf den ersten Blick Schwierigkeiten zu bieten, da ihre variabeln fossilen Reste besonderen Arten wie *Bos priscus* Boj., *latifrons* Fisch., *latifrons* Leydy, *crassicornis* und *antiquus* ejusd., namentlich von Solchen vindizirt werden, denen entweder kein grosses Material zur Vergleichung zu Gebote stand, oder die nicht daran dachten, dass ein und dieselbe Art im Skeletbau, namentlich im Laufe der Zeit in Bezug auf Grössenverhältnisse, so wie in Folge geschlechtlicher Unterschiede u. s. w., mehr oder weniger beträchtlich abändern könne. Was die europäisch-asiatischen Bisonten anlangt, so veranlasste mich das reiche Material des Museums der St. Petersburger Akademie *Bison priscus* Boj. und *Bos latifrons* Fisch. ohne Bedenken für identisch mit dem Zubr (*Bos bison* u *bonasus* Linn., *Bison* Plin., *Bison europaeus* auct.) zu halten; eine Ansicht die ich bereits, freilich nur ganz beiläufig, in meiner Abhandlung über die Verbreitung des Tigers (S. 197) aussprach. Neuerdings hat Rütimeyer nicht bloss diese Ansicht durch

---

*) Welchen systematischen Namen soll die mit Synonymen so reich bedachte Art führen? Sieht man auf das geologische Alter der Formen, so würde der der Stammform entlehnte, also *Bos priscus* den Vorzug verdienen. Zieht man das nomenclatorische Alter in Betracht, so dürften die Namen *Bison* und *Bonasus* gleiche Rechte beanspruchen können. Da man aber den Beinamen *Bison* theils als generischen, theils zur Unterscheidung der amerikanischen Form von der asiatisch-europäischen in Anwendung brachte, so dürfte der in der Literatur ältere aristotelische Name *Bonasus* den Vorzug verdienen. Will man die Gattung *Bison* beibehalten, so würde also der *Zubr*, *Bison bonasus* heissen können. Reduzirt man aber die Formen, so wird man auch den lästigen generischen Ballast der Consequenz wegen zu entfernen und die Gattung *Bos* im ältern Sinne zu restituiren haben. Die Gattung *Bos* kann ja in Unterabtheilungen zerfällt werden.

umfassende, erst auszugsweise in seinen trefflichen *Beiträgen zu einer paläontologischen Geschichte der Wiederkauer, S. 37 ff.* veröffentlichte Untersuchungen begründet, sondern gleichzeitig darauf hingewiesen, dass dem sogenannten *Bison americanus* ganz homologe, von Leidy als Arten angesehene, fossile Formen (*Bos latifrons* und *antiquus*) sich anschliessen wie dem *Bison europaeus*, so dass er nach Maassgabe der bis jetzt vorhandenen geologischen Daten und der den lebenden Form entlehnten Materialien, den *Bos priscus* als den Stammvater beider lebenden, neuerdings auch von Jaeger und Blasius als Glieder einer Art angesehenen *Bisonten* betrachtet*). Ich kann nicht umhin den genannten ausgezeichneten Naturforschern, so wie dem trefflichen Basoler Professor auch in Bezug auf die Details hierin beizustimmen, und werde daher auch die Verbreitung des Zubr nach Maassgabe der Rütimeyer'schen stammlichen Identität des *Bos priscus, antiquus, latifrons, bonasus* und *americanus* erörtern, zur gleichzeitigen Befriedigung der Artenliebhaber jedoch die Details so gruppiren, dass die Verbreitung des europäisch-asiatischen Bison von der des amerikanischen sich leicht sondern lässt. Es konnte dies um so leichter geschehen, da die etwas kurzschwänzigere amerikanische Race wenigstens in der Gegenwart in einem gesonderten Continente vorkommt. Was die fossilen als Artgrundlagen angenommenen Reste betrifft, so lässt sich eine Vertheilung derselben auf gewisse Ländergebiete nicht durchführen, wie dies schon Rütimeyer (*Beitr. z. paläont. Gesch. d. Wiederkauer S. 38—39*) in Bezug auf die beiden europäischen Formen (die langhörnige *Bos priscus* Boj., Meyer *Act. Leop. Tab. XI* und die kurz- und dickhörnige *B. latifrons* Fisch., Meyer *Tab. X* bemerkt, da ihnen in Nordamerika *Bos latifrons* und *antiquus* entsprechen. Es hält daher auch eine spezifische Trennung in

---

*) Er sagt namentlich (*a. a. O. S. 40*): die Schädel des *Bison priscus* stimmten mit denen von *americanus* und der erstere ginge gewissermaassen durch die Form des Letztern, bevor er die Form von *Bison europaeus* erreicht. Der amerikanische Auerochs könne daher als stationäre Form des *priscus* gelten. Alle drei wiesen aber auf einen gemeinsamen Ursprung, und *Bison americanus* manifestire sich als die organisch- oder morphologisch älteste Form, obgleich die bisher gesammelten Thatsachen dieser Annahme zu widersprechen schienen.

zwei geographisch gesonderte Arten nicht für gerechtfertigt, sondern nimmt an, dass *Bison priscus* in beiden Welttheilen in zwei Formen verbreitet sei, worin ich ihm beistimme.

Owen's *Bison minor* (*Brit. foss. mamm. p. 497*) stützt sich bis jetzt nur auf einen Rest, der einem jüngern Individuum oder einer kleinern Race angehören könnte. Die letztere Ansicht würde die wahrscheinlichere sein wenn, wie man angiebt, auch im Bialowescher Walde eine kleinere (verkümmerte) Race vorkäme. Auch Rütimeyer scheint *Bison minor* für keine besondere, gesicherte Art zu halten, wenigstens schweigt er darüber. Die noch fragliche Art kann daher der genauern Erörterung der geographischen Verbreitung des Bison keinen Eintrag thun.

Die Ansicht Usow's, der wie bereits erwähnt, in den Schriften der Moskauer Acclimatisations-Gesellschaft den im Kaukasus heimischen *Zubr* als eigene Art betrachtet und S. 48 ff. dem Kaukasus vom Verbreitungsgebiet des Zubr ausschliesst, kann, als eine irrige, gar nicht in Betracht kommen und wurde von mir bereits in einem eigenen Aufsatze (*Ueber den vermeintlichen Unterschied des kaukasischen Bison, Zubr oder sogenannten Auerochsen vom Lithauischen. Bull. d. nat. d. Mosc. Ann. 1866. n. 1. p. 252*) umständlich widerlegt.

Erstes Capitel.

Ueber die in verschiedenen Ländern gefundenen fossilen Reste des Bison oder Zubr als Grundlage für die Bestimmung seiner frühern geographischen Verbreitung.

Verbreitung des Zubr in Italien.

Die südlichste Grenze der Verbreitung der fossilen Skeletreste des Bison beginnt in Europa nach Maassgabe unserer jetzigen Kenntnisse mit Oberitalien. Cuvier (*Rech. ed. 8. VI. 285*) spricht bereits von mehreren dort gefundenen Schädeln. Namentlich führt er einen im Cabinett der Universität Parma, und einen zweiten im Museum der Universität Pavia aufbewahrten Schädel auf, die beide in der Lombardei ausgegraben wurden. Dann fügt er hinzu, er habe zu Florenz drei aus bei Siena befindlichen Hügeln stammende Schädel gesehen und erwähnt, dass es, wie ihm Brocchi versicherte, deren noch mehrere in andern Cabinetten Italiens gäbe. Nach Hr. v. Meyer (*Nov. Act. Acad. Caes. Leop. T. XVII, Pl. 1. p. 139*) gehören indessen nur folgende fünf Reste aus der Zahl der von Brocchi (bei Cuvier) erwähnten dem Bison an. Es sind dies ein Hornzapfen, der aus dem Veronesischen stammt, zwei Schädel vom Po-Ufer bei Pavia, ein zwischen Tortona und Piacenza gefundener und zwei Schädel von Vogera bei Turin. Meyer spricht übrigens (ebd. 131) noch von einem bei Pavia am Po ausgegrabenen Schädel. In den Sammlungen Italiens mögen noch viele andere Ueberreste des *Zubr* vorhanden sein, wovon wir keine Kunde besitzen. Die aufgezählten elf Reste weisen jedoch schon unverkennbar darauf hin, dass in früheren Zeiten mindestens südlich bis Siena, vermuthlich aber mit dem Laufe der Apeninen noch südlicher, *Bisonten* vorkamen, während sie von Piemont (Turin) aus westlich nach Frankreich hin und östlich (vom Veronesischen aus nach Tyrol zu, wo man meines Wissens noch keine Reste fand) sich verbreiteten, nördlich dagegen über Piacenza hinaus den Schweizerischen sich anschlossen.

Vorkommen der Reste des *Zubr* in der Schweiz.

In der Schweiz hat man erst in neuern Zeiten Reste des *Bison* entdeckt, die sein dortiges Vorkommen in früherer Zeit gründlich nachweisen. Namentlich wurden dieselben unter den Ueberresten der Pfahlbauten von Rütimeyer in zahlreicher Menge wahrgenommen, so unter denen von Wauwyl, ganz besonders aber denen von Robenhausen (Rütimeyer, *Fauna der Pfahlbaut. S. 67, 68*). — Zu Ober-Bollingen am obern Zürcher See fand man übrigens ein einzelnes Stirnbein des sogenannten *Bos priscus* (Leonh. u. Br. *N. Jahrb. der Miner. 1859. S. 427*).

Vorkommen der Reste des *Bison* in Frankreich.

Cuvier kannte noch keine Reste aus seinem Heimathlande. Später wurden aber deren in den verschiedensten Departements von den Nördlichen bis zu den Pyrenäen in Menge entdeckt. Nach Gervais (*Paléont. p. 134*) traf man dieselben in mehreren diluvialen Schichten Frankreichs an. Als im Alpendiluvium vorkommend führt sie Garrigou (*Etud. p. 19*) auf. In den Pyrenées ariégoises entdeckte man sie in den mit Alluvionen angefüllten Höhlen von Salat (Garrigou, *Étude p. 40*) und in den Hautes Pyrenées in der Grotte von Espélugues (Alph. Milne-Edwards *Ann. d. sc. nat. T. XVII*) so wie in den Höhlen des Aude-Departements (Serres, *Notices sur les cavernes à ossem. d. départem. d. l'Aude p. 90*). Der letztgenannte Naturforscher berichtet auch (*Rech. s. l. os humat. d. cavernes de Lunel-viel. Montpellier 1839, p. 197*) von der Häufigkeit der Bisonreste in den im Département Hérault gelegenen Höhlen. In demselben Departement sind sie übrigens auch in den aus Diluvialsand gebildeten Hügeln von Riége aufgefunden worden (Gervais *a. a. O. und Ann. d. sc. nat. 1852 XVI*, Leonh. u. Bronns, *N. Jahrb. d. Mineral. 1852, p. 998*). — Das Lot-Departement bot dieselben in der Höhle von Brengues (Gerv. *Pal.*). Im Lot-et-Garonne-Departement lieferte deren die Knochenbreccie von Pélénos (J. L. Combes *Étud. géol.*). Lartet nahm sie in der Höhle von Aurignac wahr (*Ann. d. sc. nat. 1861. Zool. XVI, p. 185*), ebenso wie in den Höhlen von Périgord (*Compt. rend. d. l'Acad. d. Paris 1865, 10 août, p. 30*). — Die Steinbrüche von Soute im Departement der Charente enthielten deren gleichfalls (Garrigou *Etud. p. 25*). In der Auvergne zeigten sie sich in Schichten, die älter als das Diluvium sein sollen (Garrig. *Etude a. a. O.*) nach Gervais (*Paléont.*) namentlich bei Issoire. — Das Seine-Departement hat mehrere Fundorte von Resten in der Nähe von Paris, so namentlich bei Vaugirard, am Kanal von Ourcq und an der Barrière d'Italie aufzuweisen. — Nach De Vibraye (*Bullet. d. Géolog. d. France 1860* und Garrigou (*Etude p. 24*) fanden sich deren auch zu Arcy bei Fontenaibleau. — Bei Abbeville (im Some-Departement entdeckte man sie mit Resten des *Mammuth* und *büschelhaarigen Nashorns* (*Rhinoceros tichorhinus*). Unter den in manchen nicht genannten Orten Frankreichs gefundenen, nicht näher bestimmten, Knochen der Gattung *Bos* dürften übrigens auch Bisonknochen sein.

Vorkommen der Reste des Wisent in Grossbritannien.

Nach Owen (*Brit. foss. mamm. p. 494*) ist die frühere Existenz desselben in England durch zahlreiche, in verschiedenen neuen tertiären Süsswasserablagerungen von Kent und Essex, so wie des Themsethales entdeckte Reste von Schädeln und Hornzapfen unwiederruflich festgestellt.

Bei Woolwich fand man in dunklem Lehm, dreissig Fuss unter der Erdoberfläche, den breiten, convexen Vordertheil des Schädels mit den Hornzapfen. Einen zweiten, sehr charakteristischen, Schädel lieferten die jüngeren pliocänen Ablagerungen von Walton in Essex. Einen dritten, mehr kurzhörnigen entdeckte man ebenfalls in Essex bei Ilford*). — Strickland fand Schädelreste bei Cropthorne in Worcestershire. — Philipps hat in seiner *Geologie von Yorkshire* (*ed. 2. Vol. I.*) Nachricht über einen bei Beilbecks gefundenen Schädel gegeben, der von Resten des *Mammuth*, *Nashorns*, *Pferdes*, *Wolfes*, einer *grossen Katze* u. s. w. begleitet war. Crow theilte bereits Cuvier (*Rech. 4. ed. VI. p. 130*) die Abbildung eines in England entdeckten Schädels mit.

Weniger bedeutende, dem *Zubr* vindizirte Reste, namentlich Fussknochen, wurden zu Brentford, Kew, Kensington, Wickham, Erith, Grays, Whitstable, Gravesand, Copford und Clacton ausgegraben.

Die in den von Klein hinterlassenen Manuscripten zu Folge einer Mittheilung Sloane's (in einem aus dem Jahre 1741 datirenden Briefe) erwähnten bei Brentford, zehn Meilen von London, entdeckten Hörner und Ochsenknochen die Sloane mit den

---

*) Die Ziegelerde von Woolwich und Ilford, worin die beiden erwähnten Schädel gefunden wurden, enthielt Schaalen von *Unio* und *Cyclas* nebst Resten vom *Mammuth* und dem *büschelhaarigen Nashorn*.

Klein'schen übereinstimmend fand (siehe v. Baer, *De fossilib. animal. reliq. p. 26*) dürfen wohl gleichfalls auf den Bison bezogen werden. Die in einer Höhle im Avon-Thal, in der Nähe von Salisbury gefundenen Reste, vindizirt Evans mit Bestimmtheit dem *Bison* (*Quart. Journ. geol. Soc. 1864. Vol. XX*)· In englischen Höhlen fanden sich übrigens mit oder ohne Reste von *Elephas, Rhinoceros, Hyaena, Ursus* u. s. w. vorkommende, oft schwer zu bestimmende, Knochen grosser Ochsen, wovon manche wohl dem *Zubr* angehören mögen. Es bezieht sich dies namentlich auf die in der Kenntshöhle bei Torquay (Devonshire), Brixham (ebendaselbst) u. s. w. entdeckten.

Ueber das Vorkommen von Resten des *Bison* in Holland.

Das Vorkommen des *Bison* in Holland sicher nachzuweisen ist mir nicht geglückt. Es dürfte indessen doch möglicherweise das vom Prof. Brugmans in Leyden an Cuvier (*Rech. a. a. p. 285*) gesandte Schädelfragment in Holland selbst gefunden worden sein, um so mehr, da man dort mehrmals Reste des *Bos primigenius* entdeckte.

Vorkommen fossiler Reste des *Bison* in Belgien.

Die Auffindung von Resten, die ganz entschieden dem *Bison* zugeschrieben wurden, in Belgien ist mir zwar nicht bekannt geworden. Die Ochsenknochen, welche in den Höhlen Belgiens gefunden wurden, so im Trou de Noutons, dann in den Grotten des Lessethals, dürften aber wohl kaum blos dem *Bos primigenius* angehören.

In Deutschland aufgefundene fossile Reste des *Bison*.

Die meisten Reste hat bisher das Rheinthal geliefert. Bereits Cuvier (*Rech. VI. p. 283*) erwähnt eines bei Bonn am Rheinufer gefundenen von Faujas (*Essai d. géol. T. I. p. 329*) beschriebenen und (*Pl. XVII*) abgebildeten Schädels, dem er (p. 286) einen zweiten aus dem Rheinbecken, Sandhofen gegenüber, in geringer Entfernung von Mannheim, gezogenen anreiht. — Hermann v. Meyer *(Nov. Act. Acad. Caes. Leop. T. XVII. P. 1. p. 133 ff.)* führt mehrere rheinische Funde von Resten des Bison auf. So wurden in einer Kiesbank am Rheinufer bei Erfelden zwei Schädel nebst Skelettheilen gefunden. Zwei auf dem Wormser Rathhaus bewahrte stammen, wie er meint, wohl auch aus dem Rheindiluvium. Im Jahre 1828 wurde bei Speier ein Schädel aus dem Rhein gezogen. In Manheim fischte man zwei Schädel, während ein dritter bei Mannheim am Rhein, Sandhofen gegenüber, mit einem Unterkiefer von *Bos primigenius* gefunden wurde, dem sich ein von Meyer *T. VIII* abgebildeter, an derselben Stelle mit noch andern Skeleten aus dem Rheindiluvium stammender anreiht. Das Vorkommen von Resten des Bison im Löss des Rheinbeckens wird auch von E. Collomb (Leonh. u. Br. *N. Jahrb. d. Miner. 1851. S. 728 u. 730*) und Gümpel *(ebd. 1853. S. 534)* besprochen. Reste des Bison mit denen von *Elephas primigenius* und *Tarandus* fanden sich am Seehof bei Frankfurt a. M. in Diluvialbetten (H. v. Meyer. *Leonh. u. Br. N. Jahrb. d. Min. 1858. S. 61*). Ein Horn desselben lieferte das Braunkohlenlager bei Gehlsdorf (H. v. Meyer. *Act. Leop. a. a. O. p. 143*). — Was das südliche Deutschland anlangt, so ist zwar bis jetzt kein dortiger Fundort von Resten des *Bison* bekannt geworden; ich möchte jedoch dessungeachtet die Meinung Jäger's *(Jahreshefte d. naturw. Vereins in Würtemberg, III. S. 178 und X. S. 208)*: das südliche Deutschland sei wohl nur von *Uren*, nicht von *Bisonten* bewohnt gewesen, noch nicht für gesichert halten, da nicht blos die Schweiz und das südliche Frankreich, sondern auch Italien Reste desselben bietet. Dass durch später zu erwähnende, historische Angaben behauptete Vorkommen im Harz, wird durch einen Hornzapfen bestätigt, welchen das Museum der St. Petersburger Akademie meinem lieben Freunde Prof. Phoebus in Giessen verdankt. — Ein grosser schon von Cuvier *(Rech. p. 288)* in Böhmen, nahe der Mündung der Eger in die Elbe gefundener Hornzapfen liefert den Beweis für das frühere Vorhandensein des *Zubr* in Böhmen. — In Schlesien hat man mehrmals Reste des Bison gefunden (Hensel. *Schrift. d. schles. Gesellsch. für vaterl. Cultur. 1852. Mai 12*). — Ein bei Dirschau, drei Meilen von Danzig, gefundener, von Klein bereits (*Philosoph. Trans. T. XXXVII, 1731 u. 1732, p. 426, fig. 1, 2, 3*) beschriebener Schädel ist der erste bekannt gewordene fossile Schädel des *Bison* (Cuv. *Rech. p. 282*). Herr v. Baer (*De fossilib. mammal. reliq. in Prussia repertis, p. 27*) erwähnt auch eines bei Wonneberg, unweit Danzig ausgegrabenen Hornzapfens, so wie eines zweiten (p. 26) der, wie er vermuthet, in der Oberförsterei Drusken entdeckt wurde.

Ueber das Vorkommen der Reste des *Bison* in Dänemark.

Im Jahre 1849 äusserte noch Nilsson (*Ann. Mag. nat. hist. 2 sér. IV. p. 420*) man kenne aus Dänemark noch keine Reste des Bison. In der That scheint der drei Jahre später (am 11. Juni 1852) von Steenstrup in der Königl. Gesellschaft der Wissenschaften zu Kopenhagen vorgezeigte Schädel des *Bos bison*, der in einem Waldmoore (Langkjär genannt), im Kirchspiele Höjetostrup aus einer Tiefe von 24 Fuss unter der Oberfläche, 14 Fuss tief im Torfe liegend, entdeckt wurde, der erste bekannte Nachweis des frühern Vorkommens des *Zubr* in Dänemark zu sein. Er gehört, ebenso wie auch die in Schonen gefundenen Schädel, dem grössern Stamme der fraglichen Thierart an. (Steenstrup. *Oversigt over d. K. danske Vid.-Selsk. Forhandl. etc. i aaret 1852. n. 5. 6. p. 236—37*; Froriep. *Tagesber. Zoolog. III. p. 150*). Im folgenden Jahre wurde bei Kopenhagen in einem Torfmoor ein Schädelfragment gefunden (Steenstrup. *ebend. 1853. S. 24*). Morlot (*Bull. d. l. Soc. Vaudoise d. sc. nat. T. VI. n. 46. p. 280*) bemerkt, man habe noch keine Reste des *Bos bison* in den Kjoekkenmoeddings und überhaupt dergleichen nur sehr selten in den dänischen Torfmooren wahrgenommen.

Vorkommen der Reste des *Bison* in Schweden.

Nilsson (*Skandin. Faun. 2 uppl. Däggdjur. p. 544* und *Ann. Mag. n. h. 2 sér. IV. 1849. p. 419—20*) sagt ausdrücklich, dass die bisher in Schweden entdeckten Reste alle in Skanen, namentlich im südlichen Theile dieser Provinz, aus Torfmooren in den Districten Skytts und Herresta ausgegraben worden seien. Sie bestanden aus dem Schädel eines alten und eines jungen Individuums, so wie einem Skelet. Da die Zahl der bisher in Skanen gefundenen Reste des Bison viel geringer ist als die des Urochsen (*Bos primigenius* Boj.), so schloss er daraus, dass der letztere in Schweden häufiger als der Bison gewesen sei.

Vorkommen der Reste des *Bison* in Lithauen und Polen.

Eichwald (*Leth. III. p. 377*) spricht nur von fossilen Resten im Gouvernement Grodno. — Herr v. Baer (*De foss. anim. reliq. p. 26*) erwähnt eines Hornzapfens, welcher bei dem Städtchen Szczbrzeszyn in der Nähe Krakaus gefunden wurde.

Zeuschner (*Sitzungsber. d. Wien. Akad. d. Wissensch. XVII. p. 288*) berichtet über Reste von *Bos bison*, die mit denen von *Elephas primigenius* und *Rhinoceros tichorhinus* im Löss zwischen Krakau und den Karpathen entdeckt wurden.

Im Museum der Akademie befindet sich ein Schädelrest aus Polen, ohne nähere Angabe des Fundortes.

In den jüngern Erdschichten Polens müssen übrigens eine grosse Menge von Resten begraben liegen, da dort die *Bisonten*, wie wir aus geschichtlicher Quellen wissen, länger als in andern Ländern Europas in grosser Zahl existirten und, wie bekannt, noch jetzt dort gehegt werden.

Vorkommen fossiler Reste des *Bison* in Ungarn.

Man sollte erwarten, dass in Ungarn, namentlich Siebenbürgen, fossile Reste des Bison häufig gefunden worden seien, da das Thier im letztgenannten Lande selbst noch in jüngern historischen Zeiten lebte. Auch mögen sie in den dortigen Sammlungen nicht selten sein. Bis jetzt kenne ich aber nur ein einziges von H. v. Meyer *(N. Act. Acad. Leop. T. XVII. P. 1. p. 133)* aufgeführtes, hinsichtlich der Grösse seiner Hornzapfen berühmtes, Schädelfragment, welches aus Ungarn herstammen soll. Das vorhin erwähnte, von Zeuschner berichtete, Vorkommen von Resten in der Nähe der Karpathen weist übrigens gleichzeitig auf Ungarn hin.

Vorkommen fossiler Reste des *Bison* in Griechenland.

Da dieses Thier früher im alten Päonien und Maedice, so wie auch in Phokis und Böotien, vorkam, so dürfen wir auch dort wie in andern Nachbarländern Reste desselben erwarten. In welchem Verhältnisse der in Griechenland bei Pikermi, in Attika, gefundene *Bos marathonius* Wagn. (*Abhdl. d. Kön. Bair. Akad. d. Wiss. Math. ph. Cl. 1854. T. VII. p. 454* und Gaudry, *Compt. rend. d. l'Acad. de Paris 1856. T. XLII. p. 291*) zum *Bison* stehe ist nicht bekannt, da man erst sehr wenige Reste und namentlich weder einen Schädel noch Hörner gefunden hat. Das einzige was für seine Selbständigkeit zu sprechen scheint ist das Vorkommen seiner Reste in einer ältern tertiären Schicht als Glied einer miocoenen Fauna.

Vorkommen fossiler Reste des *Bison* im europäischen Russland.

Als der südlichste Punkt, wo Reste desselben im europäischen Russland gefunden wurden, muss Bessarabien bezeichnet werden (v. Nordmann, *Paläontol. Südrussl. S. 192*); dann der Dnjepr (v. Nordmann, ebd.) — Ein Schädel vom Don befindet sich im Museum zu Charkow (Nordm. *a. a. O.*) — Eichwald spricht von Resten die man in den environs d'Azow entdeckte (*Leth. III. p. 378*). — Ein Schädelfragment aus dem Gouvernement Orlow verdankt das akademische Museum dem Herrn

Kiprijanoff. — Einen mächtigen, im Twerschen Gouvernement gefundenem, Hornzapfen schenkte demselben Herr Obrist Plichow. — Ein Schädelfragment aus dem Gouvernement Nowgorod besitzt dasselbe durch die Güte des Herrn Generals von Brüggen. — Das Museum des Kaiserlichen Berginstituts zu St. Petersburg enthält ein Schädelfragment, welches im Gouvernement Rjasan bei der Stadt Spask, in der Nähe der Oka, am Spaskischen See gefunden wurde. — Eichwald (*Lethaea*) erwähnt des Vorkommens von Resten im Gouvernement Pensa. — Ein an der Wolga bei der Stadt Genotaewsk gefundenes Fragment des Schädels besitzt das Museum der Akademie und ein zweites ebenfalls an der Wolga, aber bei Dubrowka, gefundenes, die Sammlung der St. Petersburger Mineralogischen Gesellschaft. — Ein am Irgis, einem Zufluss der Wolga entdecktes, erwähnt Pallas (*Nov. Comment. Petrop. T. XVII. p. 580*). — Von zwei dem Kaiserlichen Berginstitut aus dem Simbirskischen Gouvernement eingesandten Hornzapfen wurde der eine im Zisramschen Kreise, beim Dorfe Karowkowa am Flüsschen Dekschanka, im gelben Diluvialthone, der Andere beim Dorfe Nogatkina am grossen Birgutsch entdeckt. — Das Gouvernement Wologda lieferte dem Moskauer Museum einen Rest des Bison (G. Fischer, *Bullet. d. nat. de Moscou. 1830. p. 81*). — Eichwald zählt (*Lethaea a. a. O.*) auch das Gouvernement Wjatka unter den Fundorten von Resten des Bison auf und bemerkt (*p. 378*) im Gouvernement Olonetz und Archangel seien noch keine Reste gefunden worden, ebenso nicht in den russischen Ostseeprovinzen; eine Bemerkung, die aber im Betracht der viel nördlichern sibirischen, so wie der polnischen Fundorte wohl nur als eine vorläufige gelten kann. — Im Museum des Kaiserlichen Berginstitutes werden zwei aus dem Perm'schen Gouvernement überschickte Schädel aufbewahrt, wovon man den einen zwischen den Städten Kamischlow und Tumeni, bei der Sujet'schen Station, den andern im Kreise Bogoslow in einer Goldwäsche fand.

Vorkommen fossiler Reste des *Bison* im asiatischen Russland.

Ein Fragment des Stirnbeins mit einem Hornzapfen aus Ekaterinenburg befindet sich im Besitze des Moskauer Museums (G. Fischer. *Bullet. d. nat. de Moscou. 1830. p. 81*). — Reste vom Bison mit denen von *Elephas primigenius* und *Rhinoceros tichorhinus* fand man in den diluvialen Anschwemmungen des Kusnezer Beckens am Ural (Leonh. u. Bronn. *N. Jahrb. der Mineral. 1850. S. 88*). — Auch am Jaik (Ural-Fluss), so wie am Irtisch und Ob entdekte man Reste des Bison (Pallas, *Nov. Comment. T. XVII, p. 606*). — Herr Magister Schmidt sandte kürzlich zwei mächtige Hörnerzapfen ein, die am rechten Ufer des untern Jenisei am Tolstoi Nos, unterhalb Dudinka im gefrornen Boden gefunden worden waren. Die im Altai befindlichen Höhlen von Khanchara und Tscharysch enthielten unter andern wohl auch Reste des Bison *(G. Fischer, Bull. d. nat. d. Moscou, T. VII (1834) p. 182)*. — Herr Graf Murawieff sandte dem Museum einen Schädel aus Irkutsk. Bereits J. G. Gmelin *(Reise durch Sibirien, Th. III. 1752. 8. S. 152)* schickte (zwischen 1738—40) einen aus Ilainski oder Ilginski Ostrog, welches nach Gmelins Karte am kleinen Flusse Ilja, einem Zuflusse der in den Jenissei sich ergiessenden Nischnaja Tunguska, liegt, erhaltenen Schädel an das akademische Museum. Es ist derselbe, noch jetzt vorhandene, welchen Pallas *(Nov. Comm. Petrop. T. XIII, p. 463)* beschrieb und auf Tafel XI abbildete. — Der Schädel des Bison, welchen G. Fischer *(Bull. d. nat. de Moscou, 1830, p. 81)* als Typus seines *Bos latifrons* beschrieben und (ebend. Taf. II) abgebildet hat, stammte aus Daurien. — J. G. Gmelin sah übrigens (Reise a. a. O.) in Irkutsk einen andern Schädel, der von Anadirski-Ostrog, also von einem der östlichsten, nach Amerika hinüberweisenden, und zugleich sehr nördlichen, deshalb für die frühere geographische Verbreitung des Bison sehr wichtigen Punkte, dorthin gebracht worden war[*]. Pallas, der

---

[*] Das Museum der Akademie besitzt noch aus alter Zeit eine Menge von Resten des *Bison*, denen aber leider die Etiquetten für die Fundorte fehlen, welche

die grossen, fossilen Zubrschädel einer andern Art vindizirte, die er jedoch nicht benannte, läugnet (*Act. Petropol. 1777, P. 2. p. 232*) das Vorkommen des *Zubr* nicht nur im Norden Europas, sondern auch Asiens.

Verbreitung der fossilen Reste des *Bison* in Nordamerika.

Ich weiss sehr wohl, welchen Widerspruch ich in Amerika zu erwarten habe, wenn ich nicht blos den europäisch-asiatischen Bison mit dem amerikanischen identifizire und daher die Verbreitung beider zusammen abhandle, sondern sogar auch die als *Bos latifrons* Harlan *Faun. amer. p. 273* (*Bison latifrons* Leidy), so wie als *Bison antiquus* Leidy aufgestellten Arten mit Rütimeyer ebenso als Racen einer Urform ansehe, wie die ihnen homologen europäisch-asiatischen als *Bos priscus* Bojanus und *Bos latifrons* Fisch. aufgestellten Formen. In Amerika gehört bekanntlich die Selbstständigkeit aller nordamerikanischen Arten zu den wissenschaftlichen, wenn auch schwer erweislichen, durch die genausten gegentheiligen Beobachtungen (wie ich sie z. B. vom *Zobel* gegeben habe) nicht zu erschütternden Glaubensartikeln, die nur die Zeit beseitigen kann. Wer Massen von Schädeln ein und derselben Form gründlich zu untersuchen Gelegenheit hat, wird sich der Ansicht der bedeutenden Variation der Skeletformen nicht verschliessen können. Er wird ferner, wenn er weiss, dass einzelne Thierarten in der Grösse und andern Verhältnissen, wie die *Edelhirsche*, *Rehe* und *Renthiere* bedeutend variiren können und namentlich in frühern Zeiten eine ansehnlichere, auf die Entwickelung der Theile influirende Grösse erreichten, wie sich dies auch hinsichtlich des *Bison*, wenn man ein grosses Material, wie namentlich im St. Petersburger Mu-

---

letztere wohl sonst mehrfach in Bezug auf Russland hätten vermehrt werden können. Einzelne davon mögen wohl den oben erwähnten, von Pallas gelieferten Angaben über Fundorte der Bisonreste als Stützpunkte gedient haben. Wie schon Hr. v. Nordmann (*Paläont. Südrussl.*) erwähnt, besitzt überhaupt das Museum der Kaiserlichen Akademie der Wissenschaften einen grossen Reichthum an fossilen Resten des Bison.

seum vor sich hat, nachweisen lässt, so wird man natürlich auch diesem Factor Rechnung zu tragen haben. Der Satz: «oceanisch getrennte Länder müssen ihre besondere Landfaunen haben,» verliert überhaupt seine allgemeine Geltung wenn wir bedenken, dass viele jetzt getrennte Länder, ja selbst manche Welttheile, in früher Zeit, als die gegenwärtigen, entschieden sehr alten, Faunen theilweis mit noch grösserem Formenreichthum bereits existirten, mit einander zusammenhingen. Wer kann behaupten, dass dies mit Nordamerika und Nordasien nicht der Fall gewesen sei? Offenbart sich nicht dort gerade dem unbefangenen Forscher die Uebereinstimmung so mancher Formen? Der von keiner vorgefassten Theorie eingenommene Beobachter, welcher Gelegenheit hat ein und dieselbe Thierart in einem grossen, sehr verschiedene terrestrische und physikalische Existenzbedingungen bietendem Ländergebiet, wie z. B. in dem auf den neunten Theil der Erdoberfläche ausgedehnten Russland, in zahlreichen Suiten zu beobachten, wird sich von der, allerdings in gewissen Grenzen eingeschränkten Variation der Arten überzeugen. Ja er wird sogar Formen finden, bei denen solche Theile, z. B. die Ohr- und Schwanzlängen, die als die gesuchtesten Artkennzeichen gelten, so variiren können, dass sie ihren Werth als unterscheidende Merkmale verlieren. Ich erinnere hier an die in meiner *Monographie* der Russischen *Dipoden* niedergelegten Thatsachen, welche ganz entschieden für die in Bezug auf das Genus *Bos* von Rütimeyer ausgesprochene Ansicht von natürlichen Racen sprechen; Racen die im Betracht der Begrenzung der Arten noch mehr an Bedeutung gewinnen, wenn man die Arten auch nach Maassgabe ihrer fossilen Reste einer eingehenden Kritik unterwirft. Ich kehre nach Mittheilung dieser leitenden Principien zu meiner speciellen Aufgabe zurück.

Fossile Reste, die selbst von amerikanischen Naturforschern dem amerikanischen, nach den Untersuchungen von Jaeger *(Jahreshefte d. naturw. Vereins in Würtemberg. III. 1847. p. 176 und ebend. 1854. S. 203)* und Blasius *(Fauna der Wirbelth. Deutschl. Bd. I. S. 493)* vom europäisch-asiatischen durch sichern Kennzeichen nicht unterscheidbaren, *Bison* zugeschrieben werden, sind nach Leidy *(Mem. of the extinct spec. of amer. Ox Smithson. Contr. to knowledge T. V. p. 5)*, östlich von Missisippi, in Kentuky (einem seiner frühern Wohnorte) auf dem grossen Säugethierkirchhofe von Big-bone Lick sehr häufig entdeckt worden, wie dies auch Lyell *(Travels in North America (1845), II. p. 55 und 56)* berichtet. — Später *(Proceed. Aead. nat. sc. Philad. 1855. VII. p. 199)* hat Leidy Bemerkungen über gefundene fossile Bisonreste mitgetheilt. Fossile Reste des *Bison* müssen übrigens in vielen Gegenden Nordamerikas, die früher von *Bisonten* bewohnt wurden, zu finden sein.

Fundorte von Resten die angeblich ausgestorbenen Arten (*Bos seu Bison latifrons u. antiquus*) angehören und den in Asien und Europa in etwas ältern Ablagerungen entdeckten, ebenfalls ohne Grund zwei Arten *Bos priscus* Bojan. und *latifrons* Fisch. vindizirten, wie ein Ei dem andern gleichen, hat Leidy mehrere angegeben.

Es gehört sicher zunächst der von Peale aus dem oben erwähnten Knochenlager von *Big-bone Lick* erhaltene enorme, von ihm (*Philosoph. Magaz. 1803. Vol. XV. p. 325*) beschriebene und Pl. VI abgebildete Schädel, wovon Cuvier (*Rech. VI. p. 287*) einen Gypsabguss erhielt. Bereits der grosse Paläontolog fand denselben in Deutschland und Italien entdeckten Bisonten-Schädeln, so ähnlich, dass er ihn keineswegs einer besondern Art zuschrieb. Harlan (*Faun. amer. p. 273*) der jene Schädel nicht kannte, vindizirte ihn indessen einer besondern Art, die er *Bos latifrons* nannte, während Leidy dieselbe als *Bison latifrons* bezeichnete. Zur genannten Form rechnet Leidy auch Reste die am Brasos River bei San Felip in Texas, nebst andern die bei Nachtez am Mississippi theilweis mit *Mastodon, Equus, Cervus, Megalonyx* und *Mylodon* entdeckt wurden.

Das mit einem Hornzapfen versehene Stirnbeinstück, worauf Leidy seinen *Bison antiquus* gründete, stammt auch von Bigbone-Lick, also aus derselben Localität die, wie oben bemerkt, zahlreiche, echte Bisonknochen und den Schädel von *Bos s. Bison latifrons* lieferte; ein Umstand der ebenfalls der specifischen Einheit der Thierindividuen, denen alle diese Knochen angehörten, das Wort reden dürfte.

Rückblick.

Ein Rückblick auf die Vertheilung der bisher bekannten fossilen Reste des *Bison* zeigt uns, dass es eine Zeit gab, während welcher derselbe über Italien, die Schweiz, Frankreich, Grossbritannien, Deutschland, Dänemark, Schweden, Polen (wahrscheinlich auch Ungarn und Griechenland) das europäische Russland, dann in Asien vom Uralfluss, dem Altai, Ostsibirien, Daurien (ja vielleicht schon von Turkestan und der Mongolei aus) bis zum Ob, Jenisei und dem Anadyr sich verbreitete. Vom Anadyr aus mochten früher die Bisonten Asiens mit denen Amerikas zu jener Zeit zusammenstossen, als die beiden genannten Continente verbunden waren. Dass durch die vorstehenden Angeben das ganze Verbreitungsgebiet der fossilen Reste des Bison bereits abgeschlossen sei, lässt sich nicht annehmen. Dasselbe dürfte vielmehr im Süden Europas, südlich von Frankreich, in Ungarn, dann auch im Vorderasien, südlich vom Kaukasus, ebenso wie im Norden und Süden der Nordhälfte Asiens, möglicherweise noch manche Ergänzungen erhalten können. Auch lässt sich wohl nicht annehmen, dass die *Bisonten* in allen genannten Ländergebieten gleichzeitig existirten. Als sie den höhern Norden Sibiriens bevölkerten, lebten sie vielleicht noch nicht im Westen und Süden Europas, während sie dagegen im Süden und Westen Europas kräftig gedichen hatte sie vielleicht die Erkältung des hohen Nordens von Asien nach dem Süden Sibiriens und von da weiter nach Europa gedrängt.

Zweites Capitel.

Verbreitung des Bison während der historischen Zeit.

Der Umstand, dass wir vom Vorkommen des Bison in Thracien und Macedonien bestimmte Nachweise haben, lässt vermuthen, dass wenigstens ein Theil der zwischen den Flüssen Nestos und Achelaus vorgekommenen, von Herodot (*VII. 126*) erwähnten wilden Ochsen, deren Hörner (offenbar zum Theil um Trinkgefässe daraus zu bereiten) nach Griechenland verhandelt wurden, der genannten Rinderart angehörten. Da Aristoteles, der Erzieher des Sohnes des Philipp von *Macedonien* nur spezielle Mittheilungen über den *Bison* und über keine andere wilde Ochsenart macht, so dürfen wir wohl annehmen, der gewaltige, das Land verwüstende Stier, den der genannte König am Fusse des Orbelus erlegte und dessen Fell er sammt den Hörnern im Tempel des Herkules aufhängen liess, eine That, welche in drei auf uns gekommenen Epigrammen *(Epigramm. Antholog. Palat. ed.* Dübner. *Cap. VI. n. 114, 115 und 116)* gepriesen wurde, sei ebenfalls ein Wisent gewesen.

Die erste genauere Kunde vom *Wisent* erhielten wir jedoch erst in der Thiergeschichte des Aristoteles, der als Lehrer Alexanders des Grossen das Fell des von Philipp erlegten, riesenhaften Wisent wahrscheinlich sah. Aristoteles erwähnt den Wisent als Βόνασος oder Μόναπος an mehreren Stellen des genannten Werkes, namentlich *Hist. anim II. 2, 3, 10, 12 und IX. 32*, so dass wir aus der Zusammenstellung derselben eine so genaue, vielleicht theilweis auf jenes Fell gestützte, Beschreibung des *Bison* gewinnen, wie wir sie von wenigen Thieren aus dem Alterthum besitzen. Wenn nun auch einzelne seiner Mittheilungen auf wilde Ochsen im allgemeinen, also theilweis auch auf den vermuthlich ebenfalls in Griechenland in frühen Zeiten heimischen *Ur* sich beziehen möchten, so lassen sich doch nicht die geringsten Zweifel gegen die Ansicht erheben, dass sein *Bonasus* ein echter *Bison* war, obgleich Gesner, Aldrovand und Jonston, ja selbst noch Linné, beide unterschieden. Als Vaterland bezeichnet Aristoteles die Gebirge von Päonien und Mädice (Bulgarien). In dem Aristoteles zugeschriebenen Werke *De mirabilibus, cap. CXLI*, wird bemerkt, dass die wilden Ochsen Päoniens alle anderen an Grösse überträfen. — Die kurze Mittheilung, welche Plinius (*H. N. VIII. c. 15*) über den *Bonasus* Päoniens macht, schöpfte er offenbar aus Aristoteles.

Pausanias (*Boeot. IX. 21*) erwähnt die Stiere Päoniens, den *Bison*, wegen ihrer Mähne und ihres Bartes, ebenso *Phoc. IX, 13*, da er indessen sagt, man finge wilde Stiere in Gräben um sie zu zähmen, so meint er darunter wohl zum Theil auch den Ur (siehe m. Abhdl. ü. d. Ur).

Oppian (*Cyneg. II. v. 159*) schildert die *Bisonten* als ochsenähnliche, gemähnte, spitzhörnige, entsetzliche Thiere Thraciens.

Da nach Aeschylus in seinem nicht mehr vorhandenem *Perhaebern*, zu Folge des *Athenaeus* (Κερας), die in Thessalien heimischen Perhaeber Wein aus Ochsenhörnern (wie die Päonier, Pachlagonier und Thrakier) tranken, so könnte dieser Umstand auf das dortige Vorkommen des *Bison* hindeuten.

Für die Richtigkeit der gemachten Angaben der alten Griechen spricht der Umstand, dass noch im vorigen Jahrhundert Auerochsen in der Moldau lebten (Sulzer, *Geschichte d. Transalpinen Daziens, I. S. 71*). Dass übrigens an den östlichen Karpathen, in der Moldau und Siebenbürgen im achtzehnten Jahrhundert Auerochsen *(Zubr)* sich fanden, geht auch aus des Fürsten Demetr. Kantemir *Beschreibung der Moldau*, übers. von Redslob, *Francf. 1771, 8. p. 95*, hervor.

E. v. Fichtel (*Mineral. Bemerk. v. d. Karpathen, I. (1791), S. 157*) berichtet: als er einen Theil der Kelemenhawascher Gebirge beritt, habe man ihm einen Auerochsenschädel gebracht. Vor dreissig und mehr Jahren (also etwa um und vor der Mitte des vorigen Jahrhunderts) waren dort, wie er sagt, wilde Ochsen nicht selten; sie verloren sich dann und nun (also zur Zeit seiner Reise) soll man sie wieder bemerkt haben. Die wallachischen jagdliebenden Gebirgsbauern erzählten: sie seien sehr scheu und daher schwer zu schiessen.

In der Moldau würden *Wisente* sogar noch im neunzehnten Jahrhundert existirt haben (Baer, *Bull. de l'Acad. Impér. de St. Pétersb. I. 1836, p. 153*), wenn das Exemplar, welches noch 1815 in Schönbrunn bei Wien sich befand, wirklich aus der Moldau herstammte. Eine Stelle bei Erdelyi *(Zoophysiol. S. 115)* macht dies indessen etwas zweifelhaft. Seiner Mittheilung zu

Folge sollen nämlich zwischen 1785 bis 1790 aus Lithauen (nicht aus der Moldau, oder aus Siebenbürgen, wie Serres angiebt) zwei Auerochsen nach Wien gebracht worden sein, wovon der überlebende aus Schönbrunnen nach Paris abgeführt wurde.

Für die Aufmerksamkeit, welche man in frühere Zeit dem *Wisent (Zimbr)* in der Moldau schenkte, spricht die Thatsache, dass der erste Fürst der Moldau (Dragosch) 1250, den Kopf desselben zum Landeswappen wählte.

In Siebenbürgen gab es früher, besonders in den Wäldern des Gyergyo (Frivaldski, *Mineralog. Magni Prptus Transsylvaniae Claudipoli MDCCLXVIII. p. 6*) Auerochsen. Nach Benkö sah man ihn noch 1775 im Monat März in einem Walde bei Füle im Udvarhelyer Bezirke. Wie Petényi berichtet soll in Siebenbürgen der letzte im Jahre 1814 erlegt worden sein: Bielz, *Fauna d. Wirbelth. Siebenbürgens. Hermanstadt 1856. 8. p. 35.*

Varro *(De re rust. Lib. II. c. 1, 5)* sagt, es gäbe zahlreiche wilde Ochsen in Dardanien (er meint wohl Obermösien, Maedice) (nach einer andern Lesart Medien) und Thracien, worunter indessen theilweis auch *Bos primigenius*, nicht blos *Bonasus*, zu verstehen sein könnte. Das frühere Vorhandensein der *Wisente* in Ober-mösien, Mädice und Thracien stimmt mit den Angaben des Aristoteles, Oppian und Sulzer's. Indessen liesse sich sogar auch die Lesart *Media* vertheidigen, wenn man das neuerdings historisch nachgewiesene Vorkommen des Bison in zwei kaukasischen Ländern (Awhasien und Mingrelien) in Erwägung zieht. Es wird sogar noch wahrscheinlicher wenn die nach Ménétriès's Angabe (*Catalogue raisonné, p. 25*), sechzig bis achtzig Werst von Lenkoran, nahe bei Rescht, also im alten Hyrkanien (Mazenderan) vorkommen sollenden oder vorgekommenen, wilden Ochsen auf den Wisent zu beziehen wären; eine Ansicht die mit der aus Edelhirschen, Rehen, Wildschweinen u. s. w., den constanten Begleitern desselben, bestehenden transkaukasischen Hochwildfauna sehr gut harmonirt, wie ich bereits früher (*Untersuchungen über d. Verbreitung des Tigers, Mém. de l'Acad. Imp. de St.-Pétersb. VI sér. T. VIII. p. 197*) gelegentlich bemerkte.

Der erste, der vom Vorkommen eines wilden Büffels, worunter offenbar der Zubr gemeint ist, an der Grenze von Mingrelien und Awhasien, aber wie er selbst sagt, nach Hörensagen, bereits vor 200 Jahren, spricht, ist der Pater Archangelo Lamberti in seiner *Relatione della Colchide hoggi della Mengrellia, Napoli 1654. 4. c. XXXIII, p. 227*. Erst zu Ende des vorigen Jahrhunderts, also mehr als hundert Jahre später, brachten Lowitz und Güldenstädt wieder Kunde vom Vorkommen des *Bison* im Kaukasus zurück, die Pallas (*Zoogr. I. 241*) aus den von den genannten Reisenden hinterlassenen Bemerkungen mittheilte. — Lowitz scheint indessen gleichfalls nur nach Hörensagen zu berichten, wenn er erzählt: der awhasische Fürst Islam habe auf den Vorbergen des Beschtau (also in der grossen Kabardei in der Nähe der Kuma) vor 1770 einen Zubr erlegt, dessen Hörner 17 Zoll auseinander standen. Güldenstädt dagegen sah in einer am Flusse Uruch, der auch Iref oder Eref heisst, einem linken Zuflusse des Terek, befindlichen Höhle vierzehn Schädel, die er für die des Bison erklärte. Die Richtigkeit dieser Bestimmung kann um so weniger bestritten werden, wenn man erwägt, dass Güldenstädt nicht blos ein tüchtiger Naturforscher war, sondern auch in St.-Petersburg Gelegenheit hatte, die von Pallas (*Nov. Comm. T. XIII, p. 461*) erwähnten Schädel des *Zubr* zu sehen, die vermuthlich von den von Wilde anatomirten Individuen herstammten.

Eichwald (*Zool. spec. III. p. 343* und *Fauna Casp. Mém. d. nat. d. Mosc. T. VII. p. 40*) erhielt Nachrichten vom Vorkommen des Zubr (des *Dumbai**) oder *Dombei* der Osseten, des *Adombe* der Awhasen) in der grossen Kabarda, am nördlichen Abhange des Elbrus bis zum Flusse Bubuk, einem Zufluss des Terek, dann im Gebiet des Flusses Agar, der sich mit dem Kuban vereinigt.

Die unzweifelhafte Existenz des wahren, mit dem des Bialo-

---

*) Nach einer handschriftlichen Bemerkung Sjögren's, die ich meinem Collegen Schiefner verdanke, bedeutet *dombai* im Ossetischen Riese. Die Osseten nennen also den Zubr das Riesenthier.

wescher Waldes identischen, *Bison* oder *Zubr* (*Bos bison seu bonasus*) im Kaukasus, wurde indessen erst durch Hrn. v. Baer (*Bull. sc. d. l'Acad. Imp. d. sc. d. St.-Pétersb. 1 sér. T. I. p. 155*) in Folge der Untersuchung eines Felles nachgewiesen*), welches der Baron v. Rosen 1836 von dort an die St. Petersburger Akademie schickte.

Bald darauf lieferte Hr. v. Nordmann (*Bullet. sc. d. l'Acad. Imp. d. sc. de St.-Pétersb. III. p. 305*) einen eigenen Aufsatz über das Vorkommen des *Bisón* im Kaukasus. Er berichtet namentlich aus dem Jahre 1836, der *Auerochse (Zubr, Bison)* sei zwar in der Nähe der grossen Fahrstrasse von Taman nach Pätigorsk, Tiflis u. s. f. nicht mehr vorhanden, gehöre aber im Innern der Gebirgszüge des Kaukasus keineswegs zu den Seltenheiten. Bereits in Gelintschik erfuhr er: es gäbe am Kuban Gegenden, wo der Zubr in grösserer Anzahl vorkomme. Weiter südlich im Awhasien, in Bambori, zeigten ihm awhasische Fürsten Hörner desselben, die zu Trinkgeschirren dienten**). Bei einem vom mingrelischen Fürsten Levan Dadian gegebenen grossen Gastmahle paradirten 50—70 solcher Hörner. Auch in

---

*) In neuester Zeit wollte zwar, wie bereits oben angedeutet wurde, Hr. Usow in den Schriften der Moskauer Acclimatisations-Gesellschaft (Записки Императорскаго Русскаго Общества Акклиматизаціи, 1865. 8. Art. Зубръ, стр. 12 и. д.) den kaukasischen Zubr nicht für identisch mit dem Lithauischen halten, indem er gleichzeitig den Kaukasus aus den Verbreitungsbezirken des *Zubr* ausschliesst. Ich habe indessen ganz kürzlich in einer besonderen Abhandlung (*Bullet. de nat. de Mosc. ann. 1866 p.* 252) ausführlich nachgewiesen, dass Hr. v. Baer im vollkommensten Rechte sei.

**) Der Gebrauch der Hörner der wilden Ochsen als Trinkgeschirre, ist uralt, und herrschte früher, wie schon oben bemerkt, auch bei den alten Griechen; ja sogar später noch bei den Polen, Russen, Deutschen und Skandinaviern. — Die Hörner wurden, besonders an der Oeffnung, mit Gold oder Silber verziert. — Caesar (*D. bell. gall. VI.c.28*) erzählt, dass die Germanen bei ihren Gastmählern an ihrer Mündung verzierte Ochsenhörer als Trinkgeschirre brauchten. Plinius (*H. N. II. c. 37*) erwähnt: die nördlichen Barbaren tränken aus Ochsenhörnern. Athenaeus (Deipnos. Art. κερας) sagt Theopompus im zweiten Buche seiner (jetzt nicht mehr vorhandenen) *Philippica* berichte: «Der König der Päonier tränke Wein aus mit Gold und Silber verzierten Hörnern der dortigen grossen Ochsen.» Aeschylus nennt in einem Fragmente seiner *Perhaeber* die von ihnen gebrauchten Trinkhörner ἀργυρηλάτοι. — In Griechenland waren übrigens ausser den natürlichen auch silberne Trinkhörner im Gebrauch. Pindar (Fragm. 147 ed. Böckh) lässt z. B. die Centauren aus silbernen Hörnern trinken.

Imereti sah er dergleichen mit Silber ausgelegte Hörner, die aber aus dem nördlichen Awhasien stammten. Dasselbe war in Guriel der Fall, jedoch waren die dortigen Hörner Geschenke tscherkessischer und awhasischer Fürsten. Im Spätherbste erfuhr er in Kelasur (Awhasien), dass zufolge des in den Alpen gefallenen Schnees in den vom Stamme Psöh bewohnten Thälern kürzlich Auerochsen sich gezeigt hätten; indessen war er abgehalten eine Jagd derselben zu unternehmen. Der Zubr (awhasisch *Adompe*) bewohnt Nordmann's Angaben zu Folge eine Strecke von etwa 200 Werst, d. h. vom Kuban bis zum Ursprung des Flusses Psib (des Kapuetti der Grusiner). Am Kuban bleibt er das ganze Jahr in den sumpfigen Gegenden; im Lande der Abazechen aber zieht er sich im Sommer in die Gebirge zurück und wird dann von den tscherkesischen Stämmen der Dshigeten und Aibha, so wie den Bewohnern des Distriktes Psöh oft genug erlegt. Im Spätherbst verlässt er das Hochgebirge und weidet in den Thälern. Namentlich wurde ihm ein zwischen den awhasischen und dshigetischen Stämmen gelegener Landstrich Namens Zaadan als der nächste Ort von Bambori bezeichnet, wo sich öfters *Bisonten* blicken lassen."

In № 5 des Jahrganges 1848 der russischen Zeitschrift, die unter dem Titel: «der Zeitgenosse» (Современникъ) erschien, lesen wir die vom frühern Moskauer Professor Rouiller nach Mittheilungen einer ungenannten Person, die zehn Jahre im Kaukasus lebte, verfasste Schilderung einer kaukasischen Bisonjagd. Dieselbe fand an der grossen Selentschuga statt, wo einer ganzen Heerde, die aus einem grossen Ochsen nebst einigen Kühen und Kälbern bestand, nachgestellt wurde, wovon man den fünf Fuss langen Ochsen erlegte. Hinsichtlich der damaligen Wohnorte der Bisonten im Kaukasus wird bemerkt, dass sie nicht bloss am genannten Flusse, sondern auch in den Nadelholzwäldern lebten, die in der Nähe des ewigen Schnees des Hauptkammes des Gebirges angetroffen werden, dann sich auch an den felsigen, zerklüfteten Ufern des Flusses Urup und der grossen Laba, sonst aber nirgends weiter fänden.

Erst vor zwei Jahren machte in seinen im «Russischen Boten»

(Русскій Вѣстникъ Т. 53, 1864, стр. 407 und 411)*) veröffentlichten Erinnerungen ein ungenannter kaukasischer (d. h. im Kaukasus dienender russischer) Offizier, Mittheilungen über bereits von ihm im Jahre 1834 im Kaukasus beobachtete und gejagte Bisonten. Seinem Berichte zu Folge fanden sich dort damals dieselben als Adombe in den Nadelwäldern, die sich an den ewigen Schnee der Felsenklüfte der beiden Selentschugen des Kaphir (Kaphar?) und des Urup anschliessen. Während seiner dortigen Reise sah er mehrmals theils ihre Lagerplätze, theils die selbst den Menschen nützlichen Pfade, welche sie sich zuweilen sogar an den steilen Felsen bahnten und die immer von einer Felsenspalte aus zu einem Bache führten, der ihnen Trinkwasser lieferte. Eines Tags, als er sich am Flusse Selentschuga befand, nahm man im Walde ein sich näherndes Fusstampfen in Verbindung mit einem Geräusche wahr, welches durch das Zerbrechen von Baumästen entstand. Dasselbe wurde durch eine aus gegen zwanzig Kühen mit ihren Kälbern bestehende Heerde von Auerochsen hervorgebracht, die einem enormen, mit gesenktem Haupte einherschreitendem Stiere zu ihrem gewohnten Trinkplatze folgte. An jenem Tage, als man die Thiere zuerst sah, konnte der Führer der Heerde nur verwundet werden, liess aber doch Blutspuren zurück, die zur Ausmittlung des Trinkplatzes führten, in dessen Nähe sich in der folgenden Nacht die Jäger versteckten und zwischen dem Geröll gegen die Angriffe der Ochsen sicherten. Als die Morgenröthe anbrach wurden im Gebirge dunkle Flecken bemerkt, die sich immer mehr näherten. Es waren die Auerochsen, die mit dem erwähnten Stiere an der Spitze zum Trinkplatz hinabstiegen. Als derselbe nun eben zum Trinken sich anschickte sank er von sieben Kugeln getroffen zu Boden, während die Andern so schnell entflohen, dass die Schüsse sie nicht erreichen konnten. Leider waren keine Mittel zum Transport der schweren Haut des erlegten Thieres vorhanden.

---

*) Es existirt auch ein besonderer Abdruck dieser Erinnerungen als eigene Schrift unter dem Titel: Воспоминанія Кавказскаго офицера. Москва 1864. 8. worin auf p. 95 ff und p. 99 vom *Zubr* gesprochen wird.

Vergleicht man die beiden so eben mitgetheilten Berichte genauer, so drängt sich die Vermuthung auf, dass sie sich auf ein und dieselbe, zu verschiedenen Zeiten verschieden erzählte, Begebenheit beziehen möchten. Die neuere Mittheilung dürfte indessen wirklich einem Tagebuche ihren Ursprung verdanken, da sie mitten in einem Reiseberichte enthalten ist, während die erstere in früherer Zeit gelegentlich Hrn. Rouiller mündlich mitgetheilte Bemerkungen enthält. Ich möchte daher Hrn. Usow, der in den Schriften der *Moskauer Acclimatisations-Gesellschaft* (Записки Общества Акклиматизаціи. Москва 1865. 8.) eine ziemlich ausführliche Naturgeschichte des Zubr veröffentlichte, nicht darin beistimmen, dass die beiden fraglichen Berichte den bloossen Erzählungen awhasischer Jäger ihren Ursprung verdanken könnten (siehe Usow a. a. O. S. 17).

Eine gütige Mittheilung, die ich, nachdem die vorstehenden Bemerkungen bereits niedergeschrieben waren, aus Tiflis vom Hrn. Berger erhielt, bestätigen meine Ansicht. Durch ihn erfuhr ich nämlich, dass ein Baron v. Tornau der ungenannte Verfasser der oben erwähnten Erinnerungen eines kaukasischen Offizieres wäre und ein Mann sei, der vollen Glauben verdiene, so dass also die von ihm über die Zubr veröffentlichten Bemerkungen keineswegs von awhasischen Jägern herrühren. Hr. v. Tornau lebte übrigens drei Jahre als Gefangener bei den Bergvölkern und hatte Gelegenheit persönlich den Zubrjagden beizuwohnen.

Da die oben gelieferten Thatsachen nur nachweisen, dass vor dreissig Jahren noch Bisonten im Kaukasus lebten, so liess sich, da sie während dieser Zeit möglicherweise vertilgt sein konnten, die Frage aufwerfen, ob sie noch jetzt dort vorhanden seien? Die Antwort auf diese Frage fiel indessen nach einer gefälligen Mittheilung Radde's bejahend aus, denn er berichtet mir: er habe im Jahre 1865 in Karatschai erfahren, dass westlich vom Marucha-Gletcher, in den Gegenden, die von den Eingebornen Saadan und Erchus genannt werden, die Auerochsen vornehmlich in einem grossen Kieferhochwalde in Rudeln von 7—10 Stück vorkommen und von den Awhasen Dombé, von den Karatschaizen aber Dommé genannt würden.

Wenn Solinus (*Collectan XL, 10*) Recht hat, dass der *Bonacus seu Bonasus* in Lydien auf dem safranreichen Gebirge Tmolus vorkam, so dürfte er früher vom Kaukasus nach Westen bis Kleinasien gegangen sein. Die von Xenophon (*Anab. VI*) erwähnten Trinkhörner der Paphlagonier waren dann vielleicht Bisonhörner.

Die Zubr könnten übrigens, wenn sie sogar bis Lydien sich verbreiteten, auch südwestlich vom Kaukasus über Iberien und Armenien bis zum gebirgigen, wasserreichen Mesopotamien und Assyrien in sehr früher Zeit ihr Wohngebiet ausgedehnt haben. Namentlich ist es nicht unwahrscheinlich, dass die von den assyrischen Königen gejagten wilden Stiere, wenigstens theilweis, *Bisonten* gewesen seien. Layard (*Ninive u. seine Ueberreste übers. v. Meissner S. 406*) bemerkt nämlich folgendes: «Der wilde Stier scheint wegen seiner häufigen Darstellungen auf den Basreliefs als ein nicht weniger furchtbares Wild als der Löwe betrachtet worden zu sein. Man sieht den König oft mit ihm kämpfen und Krieger verfolgen ihn zu Pferd und zu Fuss. Auf den Stickereien der Gewänder der Hauptfiguren ist er eingeführt, sowohl in Jagdscenen als in Gruppen, welche eine mythische oder symbolische Bedeutung zu haben scheinen. Der Stier auf den Basreliefs zu Nimrud ist augenscheinlich ein wildes Thier, welches Mesopotamien oder Assyrien, oder ein angrenzendes Land bewohnte. Er unterscheidet sich durch eine Anzahl kleiner Merkmale, welche am Körper sich finden vom Hausochsen, womit man vermuthlich langes und zottiges Haar andeuten wollte. Da man ihn nur auf den ältesten Monumenten von Nimrud, aber nicht mehr auf denen von Kujjundschuk und Chorsabad, sieht, so könnte er in späteren Zeiten, als Assyrien sich mehr bevölkert hatte, bereits verschwunden gewesen sein, wie Layard meint. Ob der wilde Stier auch in der Bibel (s. *Mos. V. XV. 5* und *Jesaias LI, 20*) vorkommt ist zweifelhaft.

Wie weit der Zubr noch weiter südwärts und ostwärts nach Asien hinein sich verbreitete oder vielleicht noch insularisch vorkomme, lässt sich für jetzt nicht nachweisen. Die vom Hrn. v. Baer zu Gunsten einer bis auf das südlichste Asien ausgedehnten Verbreitung angeführten Daten, sind unten in einem besondern Anhange besprochen.

Was die von Sibirien aus nach Süden, namentlich auf Centralasien, fortgesetzte Verbreitung des Zubr anlangt, so erscheint dieselbe in Betracht seiner in ganz Sibirien so zahlreichen Ueberreste und der Ausdehnung der nordasiatischen Fauna, als deren früheres Glied er zu betrachten ist, als eine sehr mögliche, jedoch noch nicht durch Beobachtung erwiesene. Ich halte es deshalb auch nur für sehr wahrscheinlich, dass die im Mongolischen als *Bucha Görögessum* bezeichnete wilde Rinderart, welche am See Kokkonoor (nordwestlich vom eigentlichen China, in der Mongolei) zu Folge der Mittheilungen, die mein verstorbener College Schmidt aus mongolischen Quellen Herrn v. Baer (*Bullet. sc. d. l'Acad. Imp. d. Sc. de St.-Pétersb. 1 sér. T. I. p. 156*) machte, vorkommen soll (oder früher vorkam) als Zubr zu deuten wäre, wie dies schon Herr v. Baer anzunehmen geneigt ist. Nicht wohl zulässig scheint es wenigstens, die in Rede stehende Rinderart auf *Bos primigenius* zu beziehen, da von den Mongolen ihr Vorderkörper als hoch bezeichnet wird. Es ist übrigens wohl die fragliche Ochsenart dieselbe, welche in der alten, die Thaten des Bogda Gesser Chan erzählenden, von J. J. Schmidt aus dem Mongolischen übersetzten, ostasiatischen Heldensage. S. 70, ebenfalls als Bucha Görögessum erwähnt wird. Dass sie aber auch in der chinesischen Provinz Khoansi sich finde, wie Herr v. Baer meint, oder dort früher lebte, möchte jedoch, für jetzt wenigstens, noch nicht als sicher anzunehmen sein, da uns über die wilden Ochsen Chinas gegenwärtig noch sowohl zoologische, als paläontologische genauere Nachweise fehlen. Es lässt sich indessen nicht läugnen, dass, wie die *Mammuthe*, möglicherweise auch *Bos bison* und *primigenius*, die früher in Europa noch in Italien lebten, in alten Zeiten auch bis China hinein von Sibirien aus sich verbreiteten, dort aber vielleicht schon sehr lange vertilgt sind.

Die bei Ritter (*Erdkunde, Asien Bd VII, S. 457*) nach *Si ju wen kian* als Bewohner Ost-Turkestans erwähnten, sehr grossen und starken, schwer zu erlegenden Ochsen, können ebenso gut auf *Ure* als auf *Bisonten* bezogen werden, da beide früher in Sibirien vorkamen, wie ihre dort gefundenen Reste zeigen, und die Fauna Südsibiriens im Allgemeinen mit der von Turkestan übereinstimmt. Dasselbe gilt von den wilden, wohl mit ihnen zu identifizirenden, Ochsen Hochturkestans, welche dort nebst Tigern gesehen wurden (Brandt, *Verbreit. d. Tigers, Mém. de l'Acad. Imp. de St.-Pétersb. VI sér. T. VIII. p. 159*).

Wann die Bisonten in Sibirien ausstarben oder vertilgt wurden ist nicht bekannt. Die Russen, als sie Sibirien eroberten, scheinen bereits keine mehr dort angetroffen zu haben. Es dürfte dies um so weniger auffallen, wenn man bedenkt, dass die Nordhälfte Asiens, namentlich Sibirien, in den ältesten Zeiten wohl von Jägervölkern bewohnt war, denen die grossen Thiere die willkommste Beute sein mussten, so dass sie also gerade ihnen wohl am meisten nachstellten.

Im Amurgebiet wurden von Schrenck, Radde und Maack gleichfalls keine wilde Ochsen aufgefunden. Dass in der Mandschurei der Zubr nicht mehr vorkommt, darf man wenigstens daraus schliessen, dass wilde Ochsen, die besonders auffallen mussten, im Lobgedicht des Kaisers Kien-loung nicht unter den dort vorhandenen Jagdthieren aufgezählt werden (Plath, *Geschichte des östlichen Asiens, Th. I. Abth. 1. S. 11*).

Neuerdings hat Hr. W. Radloff *Proben der Volksliteratur der südsibirischen Tataren (St. Petersb. 1866. 8.)* veröffentlicht, worin mehrmals von (wilden?) Stieren die Rede ist. So heisst es dort Th. 1. S. 73: «Der schwarze Stier, der mit seiner Unterlippe die Bäume der Erde, mit seiner Oberlippe die Sterne des Himmels leckt. Der Herr des Altai, der alle seine Unterthanen fürchten macht. — Ferner liest man S. 267 v. 66: An dem Grunde des Himmels, jenseits der sieben Berge, an der Mündung der sieben Flüsse, ist ein schwarzer Stier, dessen Horn reisse aus und bring es mir. — Der schwarze Stier um den Menschen zu fressen, kam dem Jüngling entgegen, der Jüngling mit der Lanze den schwarzen Stier durchstiess er, den schwarzen Stier tödtete er, das Horn riss er ihm aus. Das Horn war schwer. Er vermochte es nicht zu heben. Der Jüngling holte fünf Pferde und holte einen

Schlitten. Des Stieres Horn legte er auf den Schlitten. Dann weiter S. 268 v. 109 Kumiss und Branntwein goss er ins Horn. — S. 301 v. 189 steht: den schwarzen Stier will ich holen, seine Jurte möge er verschlucken. Zum schwarzen Stier ritt er. Des schwarzen Stieres Trittspur ist wie eine Arschine Filz. — Tana durchstach des schwarzen Stieres Oberlippe. Seine Unterlippe steckte er in die Erde fest. Zum Pädshätti Kan brachte er den Stier, der um ihn zu füttern sieben Pferde und Ochsen ihm in den Mund steckte.» — Die gemachten Mittheilungen, obgleich sie viel mehr Dichtung als Wahrheit sind, möchten doch darauf hindeuten, dass die am Altai sesshaften tatarischen Teleuten noch in ihren Volksliedern, wenn auch ganz dunkle Anklänge an die frühere Existenz eines gewaltigen, schwarzen Stieres besitzen, dem aber Eigenschaften, wie Menschen- und Thierfresserei etc. nebst dem Besitze eines einzigen, enormen Horns zugeschrieben werden; Eigenschaften, die offenbar dichterische Uebertreibungen oder Phantasien sind. Das einfache Horn mag dem Nashorn, die Grösse und das Gewicht des Horns vom Mammuth entlehnt sein, dessen enorme Hauzähne von Unkundigen in Sibirien als Hörner bezeichnet werden, während der Gebrauch des Horns als Trinkgeschirr auf ein wahres Stierhorn hinweist. Jedenfalls deutet die dem Stier vindizirte Eigenschaft Thiere und Menschen, ja selbst andere Gegenstände (eine Jurte) zu verzehren, darauf hin, dass nur der Theil der Legende, welcher vom Wildstier als Bewohner des Altai und dem Gebrauche seines Horns als Trinkgefäss spricht, das ältere, auf Wahrheit beruhende, Element der Dichtung sei, welches auf eine fernere Zeit hinweist, gleichzeitig aber auch andeuten möchte, dass in jenen fernen Zeiten Menschen mit gewaltigen, schwarzen Stieren im Altai zusammengelebt haben dürften, die aber wohl nicht blos auf Bisonten zu beziehen sein möchten, da keine Mähne erwähnt wird. Auch kennt man ja aus den Altaigegenden nicht blos die fossilen Reste des *Bison*, sondern auch die des *Ur*. Ob die in den genannten Volksliedern S. 81 erwähnten blauen Stiere nur durch die ihnen fälschlich vindizirte Färbung vom Schwarzen zu unterscheiden sind, oder auf das frühere Vorhandensein einer zweiten Rinderart hindeuten, ist zweifelhaft. Selbst im europäischen Russland scheinen die Bisonten seit fast drei Jahrhunderten verschwunden zu sein*).

Auf das Vorkommen des Zubr im europäischen Russland in alten historischen Zeiten, darf vielleicht eine Stelle des Plinius (*Hist. nat. VIII. c. XV*) bezogen werden, welche darauf hinzuweisen scheint, die *jubati bisontis* seien nicht blos Bewohner Germaniens, sondern auch Skythiens gewesen. Dass es noch mehr als Tausend Jahre nach Plinius (im 11. Jahrhundert) Bisonten in Russland gab, berichtet Adam von Bremen (*Chorogr. Scandin. p. 32*).

Die Ture, welche den um 1074—1098 in Tschernigow regierenden Grossfürsten Wladimir Monamachus angriffen, könnten *Zubri*, keine echten *Turi*, gewesen seien (siehe unten).

Im Jahre 1532 soll es nach Paul Jovius (*De legatione Basilii ad Clem. VII. p. 161*) noch Wisente in dem Preussen benachbarten Russland gegeben haben. Weitere Angaben über die frühere Verbreitung und das allmählige Verschwinden des Zubr im europäischen Russland während der historischen Zeiten sind mir bis jetzt nicht bekannt. Dass er im achtzehnten Jahrhundert nicht mehr im europäischen Russland lebte, möchte daraus gefolgert werden können, dass der König von Preussen Friedrich Wilhelm I. der Kaiserin Anna ein Männchen und Weibchen (aus Samland) schickte, die 1739 starben und vom Prosektor der Akademie der Wissenschaften, Dr. Wilde, anatomirt wurden. Die Resultate dieser Zergliederung hat Pallas (*Zoogr. I. p. 244*) mitgetheilt. Die beiläufige Angabe Herrm. v. Meyer's (*Nov. Act. Acad. Caes. Leop. T. XVII. P. I. p. 107*), es schienen um die Mitte des vorigen Jahrhunderts auch noch im mittlern Russland Bisonten vorgekommen zu sein, wird dadurch sehr unwahrscheinlich.

---

*) Da sogar die viel kleineren Biber in Russland und Sibirien bereits vertilgt sind, so dürfen wir uns mit Pallas (*Act. Petropol. 1777 P. II. p. 233*) und Cuvier (*Rech. VI. p. 225*) nicht wundern, wenn die wilden Stiere schon vor mehreren oder vielen Jahrhunderten aus den Wäldern Russlands und Sibiriens verschwanden. In Russland mögen die Kriege und durchziehenden Völker keinen geringen Einfluss auf das Verschwinden der grossen Thiere ausgeübt haben, namentlich aber ungeordnete Jagdgesetze und zahlreiche Jägervölker.

Zahlreiche Nachrichten besitzen wir über das Vorkommen des Zubr in Polen, wo er einige Jahrhunderte lang häufiger als in irgend einem andern Lande Europas heimisch war und, wie bekannt, noch jetzt im Bialowescher Walde des Grodnoer Gouvernements im gehegten Zustande lebt.

Nicetas Choniata (*De Andron. Comneno Lib. II. c. 6. ed.* Becker, *p. 433*) erzählt: der grausame Andronicus Comnenus, als er sich vor seiner Besteigung des griechischen Kaiserthrones (1183) als Flüchtling in Gallizien beim Grossfürsten Jaroslaw Wladimirowitsch aufhielt, habe dort 1164 den ζοῦμπρος (*Zubr*) mit der Lanze erlegt. Die Jagd fand nach dem Codex B. des Nicetas in den Gebirgen der Komanen, den Karpathen, statt.

Im Jahre 1320 fällte der polnische Grossfürst Gedymin, noch in der Nähe von Wilna einen *Zubr* (Pusch *a. a. O. S. 124*).

Mittheilungen, welche Pusch (*Wiegm. Arch. 1840. I. p. 99*) aus Długosz (*Histor. Polon. Libr. XIII*) macht, sprechen dafür, dass zu Anfange des 15. Jahrhunderts (unter König Wladislaw Jagello's Regierung) der Bialowescher Wald, die Gegend von Wiskitki bei Warschau, die Gegend von Lumbomla und Ratno am Pripet in Wolhynien, die Gegend von Przuszow, zwischen dem San und der Weichsel, die grossen Wälder bei Koszenice und Jeglina in Sandomirien, so wie die Wälder von Niepolomicze bei Krakau die Hauptjagdreviere des Zubr waren.

Ein Brief des Comthurs von Ragnit, meldet von einer Zubrjagd, welche der König von Polen 1458 von Kauen aus unternahm.

Dass es im sechszehnten Jahrhundert unweit von Warschau, im Fürstenthum Rawa, noch Wisente gab, wovon die letzten 1627 starben, erfahren wir durch Pusch (*Polens Paläont. p. 200*). Cromer († 1589) will (*Descriptio Poloniae* in Pistorii *rer. Polonic. script.*) dort den *Zubr*, nebst dem *Tur*, noch gesehen haben. Schon damals existirten übrigens mehrere grosse Parke zur Hegung der wilden Ochsen (Brincken, *Mémoire descr. de la forêt de Bielawicca, Varsovie 1828. 4. p. 65*). Namentlich berichtet Niemcewicz von einem grossen, königlichen Parke, zwei Meilen von Warschau, worin er zahlreiche Bisonten sah. Der Palatin Ostrorog (er lebte im 16. Jahrhundert) erzählt von einem Bisontenpark bei Zamosc (Brincken *ebend.*) — Döbel (*Jäger-Praktika I. c. 2*) bemerkt, es habe sogar zwischen Dresden und Grossenhain ein Park zur Aufnahme aus Polen gebrachter Bisonten existirt und fügt hinzu, man habe einige davon in die offenen Wälder von Grehden verpflanzt. Der Erfolg entsprach aber eben so wenig den Erwartungen wie im Brandenburgschen (Brincken *a. a. O. p. 65*).

Rzaczynski (*Histor. nat. Poloniae Santomiri 1721, p. 214*) ging für seine Zeit viel zu weit, wenn er hinsichtlich der Häufigkeit des *Zubr* bemerkt: es habe zu Anfange des vorigen Jahrhunderts nicht blos im Bialowescher Walde, sondern auch in vielen andern Wäldern Polens noch Heerden desselben gegeben. Im Jahre 1744 hielt allerdings der König August von Polen im genannten Walde bei Bjalostock eine Jagd, die 30 Auerochsen lieferte, während man auf einer 1752 angestellten deren sogar 42 erlegte (Eichwald, *Natur. Skizze S. 94*; v. Kobell, *Wildanger S. 218*). Nach einer Angabe des jüngern Forster (Buffon ed. Sonini, *T. XIX, p. 417*) wäre in der letzten Hälfte des vorigen Jahrhunderts dieser Wald bereits der einzige gewesen, worin sich noch Auerochsen fanden (v. Baer, *Bull. 1 sér. T. I. p. 155*). Es berichtet indessen Eichwald (*a. a. O. S. 241*) dass (1830) auch noch in einem ihm benachbarten Walde, der dem Grafen Tischkiewitsch gehöre, eine geringe Zahl (30—40) nicht gehegter Auerochsen gelebt hätte. — Im Bialowescher Walde wurden überhaupt die Auerochsen in Folge strenger Gesetze schon früh geschont und für die Jagden hoher Personen aufbewahrt. Nur dadurch wurde es möglich, dass im Jahre 1860 (am 5. und 6. October) von Sr. Majestät dem jetzigen Kaiser Alexander II. dort eine Jagd angestellt werden konnte, auf welcher 42 Auerochsen erlegt wurden. Die merkwürdige Jagd wurde übrigens zum Gegenstand eines besonderen, mit herrlichen Zeichnungen von Zichi ausgestatteten, 1861 in grossem Quartformat in Russischer Sprache erschienenen Prachtwerkes (Охота въ Бѣловѣжской Пущѣ d. h. *die Jagd im Belowescher Walde*).

Nach einer Mittheilung Jarockis fanden sich im genannten, einen Flächenraum von 17 Quadratmeilen einnehmenden, Walde*), vor der ersten polnischen Revolution 711 Stück alte Wisente, deren Zahl im November 1831 um 115 Stück abgenommen hatte. Angaben zu Folge, die ich dem Forstdepartement des Hohen Kaiserlichen Ministeriums der Reichsdomänen verdanke, war der Bestand der Auerochsen vom Jahre 1832 an folgender. Im Jahre 1832 zählte man 712 Alte und 58 Junge, im Jahre 1833 715 Alte und 53 Junge. Im Jahre 1834 fanden sich 757 Alte und 53 Junge. Im Jahre 1835 belief sich die Zahl auf 777 Alte und 68 Junge. Im Jahre 1836 schätze man die Zahl auf 780 Alte und 78 Junge, im Jahre 1837 auf 802 Alte und 58 Junge, im Jahre 1838 auf 852 Alte und 54 Junge, im Jahre 1839 auf 886 Alte und 46 Junge, im Jahre 1840 auf 782 Alte und 35 Junge, im Jahre 1841 auf 875 Alte und 71 Junge, im Jahre 1843 auf 875 Alte und 109 Junge, im Jahre 1845 auf 945 Alte und 80 Junge, im Jahre 1846 auf 1018 Alte und 77 Junge, im Jahre 1848 auf 1156 Alte und 108 Junge, im Jahre 1849 auf 1254 Alte und 100 Junge, im Jahre 1850 auf 1390 Alte und 170 Junge, im Jahre 1851 auf 1551 Alte und 90 Junge, im Jahre 1852 auf 1600 Alte und 148 Junge, im Jahre 1853 auf 1642 Alte und 160 Junge, im Jahre 1854 auf 1655 Alte und 169 Junge. Im Jahre 1855 belief sich die Zahl auf 1824, im Jahre 1856 auf 1771, im Jahre 1857 auf 1898, im Jahre 1858 auf 1434, im Jahre 1860 auf 1575, im Jahre 1861 auf 1447, im Jahre 1862 auf 1251, im Jahre 1863 auf 874. Die Wisente erreichten also 1857 die höchste Zahl und fielen wohl in Folge der zweiten polnischen Revolution auf 874. Im Jahre 1864 wurde keine Zählung gemacht, ebenso nicht 1865.

Das Vorkommen der Wisente, der Auerochsen der Neuern, in Preussen während der historischen Zeit, ist mehrfach doku-

---

*) Vom Bialoweschcr Walde besitzen wir zwei Beschreibungen, die bereits erwähnte in französischer Sprache von Brincken und eine neuere, Russische von Dolmatow. Der letztere verfasste auch einen Aufsatz über den Fang der nach England gesandten Auerochsen, den S. R. Murchison in den *Ann. a. Magaz. of n. hist. 2 ser. III p. 148* veröffentlichte. Der Aufsatz enthält eine Vignette, welche zwei Auerochsen trefflich darstellt.

mentirt. Preussen ist überhaupt das Land, worin sie sich, mit Ausnahme Polens, am längsten erhielten. Lucas David, welcher im sechszehnten Jahrhundert lebte, berichtet in seiner *Preussischen Chronik*, *Bd. II. S. 1*, aus dem Jahre 1240, also aus der Zeit der ersten Ordensherrschaft, dass man bei der Abreise des Herzogs Otto von Braunschweig grosse Jagden anstellte, auf denen *Auerochsen* und *Visonten* erlegt wurden, die nicht bloss in Preussen, besonders im Lande der Schalauen (*ebd. I. 66*), sondern auch an der Grenze gegen Lithauen zu hausten (*ebend. Bd. I. S. 66*). — Die bereits im 14ten Jahrhundert dort eingetretene Verminderung derselben, erfahren wir durch Bock (*Naturgesch. Preussens, IV. S. 192*). — Erasmus Stella, der im 15. Jahrhundert lebte, bemerkt (*De antiquitatibus Borussiae. Lib. I. p. 20*) dass es damals noch *Uri* und *Bisontes* in Preussen gab. — Die aus dem sechszehnten Jahrhundert herrührenden Jagdverordnungen des *Königsberger geheimen Archivs* sprechen indessen nur von Wisenten *(Bos bison)*, (jedoch von keiner andern wilden Rinderart) in Preussen; auf deren alleinige, damalige, Existenz auch Henneberger's 1575 erschienene *Karte*, namentlich die auf ihr angebrachte Abbildung des Wisent und die später (1595) veröffentlichte Erklärung derselben hinweisen (v. Baer, *Bull. IV. S. 124*. Wiegm. *Arch. III. 1839. I. S. 73*). — Hartknoch (*Altes u. neues Preussen. 1684. Th. I. p. 218, c. 13*) berichtet von den zu seiner Zeit in Samland lebenden Auerochsen, für welche man viele Fuder Heu für den Winter anführte und bezeichnet auf einer Karte von Preussen die an Polen und Lithauen grenzenden Wälder, worin die Thiere lebten. — Nach Bock a. a. O. wurden in einem Walde zwischen Labiau und Tilse über 200 Jahre Auerochsen gehegt, die jedoch im vorigen Jahrhundert theils an einer Seuche starben, theils durch Wilddiebe zu Grunde gingen. Im Jahre 1705 sah Mascovius (*Diss. d. uro p. 33*) jedoch noch 70 Stück auf einer Jagd beisammen. — Die letzte, grosse Auerjagd in Preussen, stellte der Kurfürst Friedrich III zu Ehren Peters des Grossen an. Er war es auch der 1689 eine Strafe von 500 Thalern auf das Erlegen eines Auerochsen setzte (Bujack, *Preuss. Provinzialbl. Bd. XV. S. 442*).

Dass es in Preussen noch zu Anfange des vorigen Jahrhunderts Wisente gab, bezeugen theils die oben erwähnten vom Preussischen König Friedr. Wilhelm I. der Kaiserin Anna von Russland 1738 geschenkten, theils die (1726) an den Landgrafen von Hessen und nach London gesandten Exemplare. Nach Eichwald (*Lethaea III, p. 378*) soll im Jahre 1809, in Preussen bei Tilsit der Letzte getödtet worden sein, während nach Hrn. v. Baer's positiver Angabe (*Bull. sc. T. I. p. 155*) in Preussen der letzte Auerochse bereits 1755, nach Hagen von einem Wilddiebe, geschossen wurde; eine Angabe womit auch Bock (a. a. O.) übereinstimmt.

Noch zu Anfange des 18. Jahrhunderts (1729—1733) bestand in Königsberg ein sogenannter Hetzgarten, worin sich mehrere Auer befanden, auf welche Bären, Rosse und Hunde losgelassen wurden. Den als Sieger hervorgegangenen Auer erlegte dann gewöhnlich der Landesherr. Den letzten im Hetzgarten verbliebenen Auer lies Friedrich II. erschiessen. (Bujack, *Preuss. Provinzialbl. Bd. XV. S. 430*).

Im sumpfigen Laufe der Oder wurden in den dortigen Wäldern, namentlich im Walde Vsosin bei Stettin, im 12. Jahrhundert noch häufig Auerochsen angetroffen (Pusch, *Wiegm. Arch. 1840. S. 94*). — Dass der Wisent in Hinterpommern selbst noch im 14. Jahrhundert (1364) lebte, geht daraus hervor, dass der Fürst Wratislaf V um 1364 in Hinterpommern einen Wisant erlegte, der stärker als ein Urochse geschätzt wurde (D. Cramer, *Pommersch. Kirchenh. 1603. 4. S. 24. Pommersche Provinzialblätter I. S. 323*). Wegen der Nähe Preussens mögen übrigens auch noch später dort Auerochsen vorgekommen sein.

Die Wisente Deutschlands werden von Plinius (*H. nat. VIII, c. 15*), als *jubati bisones* und von Seneca (*Hippolyt. v. 35*) als *bisontes villosi* kenntlich bezeichnet. Bei Martialis (*Spect. 23*) heisst es: *Illi cessit atrox bubalus atque bison*) woraus hervorgeht, dass der *Bison* mit dem *Ur* im römischen Circus zur Kaiserzeit erschien.

Solinus (II. 3) giebt an, dass zu seiner Zeit (250 n. Ch.) im hercynischen Walde und im ganzen Norden die Bisonten häufig gewesen seien. Für diese Häufigkeit, die in frühern Zeiten noch grösser sein mochte, spricht auch der Umstand, dass ein Theil des Tributes, welchen die Römer von den Germanen einforderten aus Häuten wilder Ochsen bestand (Tacit. *Germ. VII. 72*). Die sehr starken Ochsenhäute brauchte man schon zu Homer's Zeiten zur Anfertigung von Schilden.

Zu Folge einer Erzählung des Abtes von St. Gallen soll Karl der Grosse wilde Stiere (ob lauter Wisente?) theils in Thiergärten, theils in Wäldern bei Aachen unterhalten haben. (Bujack, *Preuss. Provinzialbl. Bd. XV. S. 429*).

In Böhmen fanden sich Wisente mit Urochsen nicht blos im dreizehnten (*Cantapritanus*, auch *Cantipratensis* oder *Cantapretanus* genannt: *De rerum natura*, siehe *Verhandl. d. vaterl. Museums in Böhmen, Heft 2. S. 58*), sondern auch, wie die Chronik von Joh. v. Marignola berichtet (vergl. *Verhandl. d. Gesellsch. vaterl. Gesch. in Böhmen, Heft 1. S. 64*) noch im 14. Jahrhundert, um 1355.

In der im 13. oder 14. Jahrhundert redigirten Wilkina-Sage, werden in dem Walslunga- und Ungarwalde angestellte Thierjagden geschildert, wobei junge und alte Wisente erlegt wurden (Nilsson, *Skand. Faun. p. 570*).

Aus einer Mittheilung Herberstains (*Comment. p. 109*) lässt sich schliessen, dass zu seiner Zeit (zu Anfange des siebzehnten Jahrhunderts), in Deutschland keine Bisonten mehr existirten. Zu welcher Zeit es noch deren im Mannsfeldischen (auf dem Auersberge) und in den Wäldern des Harzes gab, worüber Bock (*Naturgesch. Preussens. Bd. IV. S. 191*) spricht, ist ungewiss, da er die Zeit ihrer dortigen Existenz nicht angiebt.

In Baiern lebten noch Auerochsen im Jahre 1000. (V. Kobell *Wildanger a. a. O.*).

Dass es in den Rheingegenden, zur Zeit der Abfassung des Nibelungenliedes, im 13. Jahrhundert, noch Wisente gab, dürften die bekannten, unten beim Ur angeführten Verse desselben bezeugen, da man dabei wohl nicht an die Möglichkeit einer dichterischen Tradition zu denken hat.

Die aus dem sechsten oder siebenten Jahrhundert stammenden *Leges Alamanorum* (Heineccii *Corpus juris Germanici antiqui Tit. 99. § 1. p. 238*), bezeichnen *bison* und *bubalus* als zur Brunstzeit zu schonende Thiere. Schon derzeit scheinen also die Bisonten und Ure seltener gewesen zu sein, da man sonst nicht bereits damals schon Maassregeln von Seiten der Grossen zu ihrer Erhaltung getroffen hätte.

Adam von Bremen lässt zwar in seiner 1062 verfassten *Chorographia Scandinaviae ed. Messenius Holm.* CIƆIƆCXV. 8. p. 32) die Bisonten irrthümlich im Norden Skandinaviens häufig vorkommen, bezeichnet aber ausdrücklich Schweden als ihr Vaterland, ebenso wie Polen und Russland. Wir dürfen also wohl annehmen, dass die fraglichen Thiere, mindestens noch im 11. Jahrhundert in Schweden, namentlich im südlichen (Schonen) existirt haben dürften, obgleich Nilsson (*Ann. Mag. n. hist. 2 sér. (1849) p. 419*), ohne genügende Beweise anzuführen, das Zeugniss Adam's nicht gelten lassen will und die wilden Ochsen bereits in vorhistorischen Zeiten ausgestorben sein lässt.

In der Schweiz lebten nicht blos Bisonten während der Steinperiode (wie die Reste der Pfahlbauten nachweisen), sondern nebst Turen (Uren) noch später. Es geht dies namentlich daraus hervor, dass in den *Benedictiones ad mensas* des Mönches Ekkehart, der 1070 starb, unter n. 393 bei Gelegenheit der Fleischspeisen auch der *Vesons cornipotens* aufgeführt ist. Man kann daher wohl seine dortige Existenz noch bis ins 11. Jahrhundert annehmen. An das frühere Vorkommen des Wisent erinnert in der Schweiz der Name des Dorfes Wisanteswangen bei Winterthur und Wisantensteig in Würtemberg (Rütimeyer, *Unters. üb. d. Faun. d. Pfahlbaut. S. 60* und Morlot (*Bull. d. l. Soc. Vaudoise, 1860, T. VI, p. 297*). Mit jener obigen Angabe, dass der Wisent in der Schweiz noch im 11. Jahrhundert lebte, will freilich die Annahme Rütimeyer's (*Fauna S. 230*) nicht recht stimmen: er sei, wie der Ur, nahezu mit der Einführung metallener Waffen verschwunden. — Als älteste historische Quelle des Vorkommens des Bison in der Schweiz, darf übrigens wohl Strabo (*Geogr. IV. 6*) angesehen werden, denn ein Theil seiner wilden Ochsen, welche die Alpen bewohnten, waren wohl Bisonten.

Pusch führt zwar (*Polens Paläontol. S. 203 und* Wiegm. *Arch. a. a. O.*) als Zeugnisse des Vorkommens des Bison in Frankreich während der historischen Zeit Gregorius Turonensis und Venantius Honorius Fortunatus an. Da diese' indessen den von ihnen erwähnten wilden Ochsen *bubalus* nennen, der Name *bubalus* aber, wie schon Plinius bemerkt, auf den *Ur* übertragen worden war, so werden die Angaben der genannten Schriftsteller wohl richtiger auf die eben genannte Art zu beziehen sein, wie auch schon Hr. v. Baer meinte (Wiegm. *Archiv. 1839. I. p. 77*). Dasselbe gilt von der Stelle des Agathias. (Siehe m. *Unters. u. d. Verbreitg. des Ur*).

Dass es vor 500 Jahren in Frankreich keine wilden Ochsen mehr gab, dürfte wohl daraus hervorgehen, dass in dem unter dem Titel *Miroir* vom Grafen Gaston Phoebus veröffentlichten alten Jagdwerke, die Jagden der wilden Ochsen vermisst werden. Hätten damals noch welche existirt, so würde der eben genannte grosse Nimrod, der um Renthiere zu erlegen, eigens nach Skandinavien reiste (deren Jagd er beschreibt), sie sicher nicht übergangen haben.

Das Vorkommen des Bison in Grossbritannien, während der geschichtlichen Zeiten, darf wohl, wie auch schon A. Smith (*James. Journ. 1853. LIV*) annimmt, als eine ziemlich sichere Thatsache gelten.

Nilsson (*Skandin. Faun. 2 upl. p. 569*), meint zwar derselbe sei dort, als die Römer ankamen, schon ausgestorben gewesen, weil die römischen Schriftsteller über sein Vorkommen in Britannien schweigen. Nilsson's Ansicht kann man indessen keineswegs theilen. Die römischen Schriftsteller kümmerten sich leider viel weniger um die Thierwelt als es den Zoologen wünschenswerth erscheint. Ueberdies deuten mehrere Thatsachen ganz entschieden darauf hin, dass der Bison nicht nur zur Römerzeit, sondern noch mehr als Tausend Jahre später dort existirte. Man hat, wie wir oben sahen, so häufig Reste desselben in England, sogar in der Nähe Londons ausgegraben, wovon manche in solchen jüngern Schichten vorkamen, dass sie sehr' wohl erst zum Theil in den, wenn auch ältern, historischen Zeiten abgesetzt sein können. Auch lässt sich vermuthen: die von Fitzstephen (*Descriptio nobilissimae civitatis Londoniae 1174*) als in den Wäldern der Umgegend Londons heimisch bezeichneten *tauri sylvestres*, ferner die Bullen Whitaker's (*History of Manchester, p. 430*), ebenso wie die wilden Stiere des Matthew Paris (*Vitae Sancti Albani Abbat., p. 28*), welche nicht nur im vierten, sondern noch im zehnten, ja zwölften Jahrhundert in Caledonien, so wie dem nördlichen und sogar mittlern England lebten, seien theilweis Bisonten gewesen. Namentlich könnte die Mähne, welche von Boethius (*Hist. Scotor. Paris 1526* und *1574 fol. 6 lin. 63*) ebenso wie Leslie (*De origine, moribus et rebus gestis Scotorum, Romae 1578* und *ed. 1675 p. 18*), den Ochsen der *Sylvae Calidoniae* (den wahrscheinlichen directen Stammeltern der im Chilligham-Park gehaltenen, für *Bos primigenius* erklärten, Rinderform) fälschlich vindizirt wurde, möglicherweise auf Uebertragung vom gemähnten Bison beruhen, der, als jene schrieben, jedoch vermuthlich nicht mehr in England lebte, von ihnen wenigstens wohl kaum, ebenso wenig wie der Urochse, lebend gesehen worden war.

Die nördliche Abdachung des Kaukasus, das europäische Russland, Thracien, Macedonien, Päonien, Mädice, die Moldau, Siebenbürgen, Ungarn, Polen, Deutschland mit Einschluss Böhmens, so wie Ost- und Westpreussen nebst der Schweiz, dürfen also als die Länder gelten, worin der Bison noch in historischen Zeiten lebte, während er sogar jetzt in Lithauen noch gehegt wird, in einem Theile des Kaukasus aber sogar noch völlig wild in Rudeln vorkommt. Wir dürfen übrigens die sehr wahrscheinliche Vermuthung hegen, dass auch in Centralasien (Turkestan und der Mongolei), ferner südlich vom Kaukasus bis Lydien, Paphlagonien, dem nördlichen Assyrien und Mesopotamien, ferner im Medien, so wie in Europa in Frankreich, England, Dänemark und Schweden sich während der historischen Zeit noch *Bisonten* fanden, besonders wenn wir theilweis in die allerältesten historischen Zeiten zurückgreifen. Fassen wir die Verbeitung seiner Reste nebst den geschichtlichen Angaben über sein früheres Vorkommen zusammen, so dürfte er in der sogenannten alten

Welt von Frankreich und England an bis Ostsibirien, mit Einschluss desselben, dann von Italien, Ungarn, der Moldau und Walachei, Griechenland, Kleinasien, Nordassyrien, Centralasien und die Mongolei bis zum südlichen Schweden, Deutschland, Russland und Sibirien vorgekommen sein. Man kann jedoch wohl keineswegs annehmen, dass es eine Zeit gab, wo er in allen genannten Ländergebieten gleichzeitig vorhanden war. Als er in Sibirien seine grösste Verbreitung besass, und dort vermuthlich mit Mammuthen und büschelhaarigen Nashörnern sehr nördlich lebte, fand er sich wohl noch nicht in Mittel- und Westeuropa. Später schränkte die Verbreitung des Menschengeschlechts und seiner Kultur die Wohnorte desselben immer mehr ein, so dass sie jetzt nur noch aus zwei kleinen Localitäten (dem Bialowescher Walde und einem Distrikt im Kaukasus) bestehen, wovon die erstere Localität ihn sogar nur noch im gehegten Zustande beherbergt.

Die Vertilgung des Bison scheint allerdings in Europa im Allgemeinen von Westen nach Osten, nicht wie die frühere Einwanderung, in umgekehrter Richtung vorgeschritten zu sein; obgleich er im östlichsten, grossen Ländergebiet Europas, dem europäischen Russland, früher unterging als in vielen Theilen Polens, ja selbst als in Preussen, weil man ihm in den beiden eben genannten Ländern Schonung angedeihen liess. Wann und wo in Nordasien sein, durch historische Quellen nicht beglaubigtes, Aussterben oder seine Vertilgung stattfand, ist unbekannt. Vermuthlich verschwand er dort im Norden und Osten durch physikalische Einflüsse, im Süden Sibiriens aber durch den Einfluss des Menschen. Die letztgenannte Art der Vertilgung, bemerkt man noch heut zu Tage in der Nordhälfte Amerikas, wo ihn die vorschreitende Kultur bereits grösstentheils oder völlig vernichtete, theils alljährlich mehr und mehr nach Norden und besonders nach Westen drängte, jedoch so dass in diesem Welttheil die zwar später, aber mit grösserem Nachdruck und wirksamern Mitteln (Feuerwaffen) begonnene und fortgesetzte Vernichtung im Vergleich mit Europa in umgekehrter Richtung erfolgte und in stätiger Zunahme begriffen ist.

Drittes Capitel.

Verbreitung des Bison in Nordamerika während der historischen Zeit.

Dass der Bison in der Nordhälfte Amerikas seit uralten Zeiten vorkam und dort sogar bereits mit den längst vertilgten *Mastodonten*, *Pferden*, *Mylodonten*, *Megalonyx* u. s. w. lebte, beweist das oben erörterte Vorkommen seiner fossilen Reste. Rütimeyer *(Beitr. z. e. paläont. Gesch. d. Wiederkauer, S. 40)*, sieht sich namentlich, wie ich glaube mit Recht, zu folgenden Bemerkungen veranlasst: «Der amerikanische Auerochs könne als eine stationär gebliebene Form des *Bison priscus* bezeichnet werden, über welche *Bison europaeus* rascher hinausgeht. Alle drei Formen des Bison, d. h. *Bison priscus*, *europaeus* und *americanus*, fügt er weiter hinzu, weisen in unverkennbarer Weise auf gemeinsamen Ursprung hin und *Bison americanus* manifestirt sich unter ihnen als die organisch- oder morphologischälteste Form.» Pallas *(Acta Acad. Petrop. 1777. P. 2. p. 234)* betrachtet bereits den *Bison americanus* nur als Race und meinte sogar derselbe sei, wegen seiner dortigen Häufigkeit, von da nach Asien gewandert. Im völligen Gegensatze zu dieser Ansicht steht die Meinung Zimmermann's (Pennant, *Arct. Zool. Uebers. I. S. 5)*, der die Thiere aus Asien nach dem mit ihm zusammenhängenden Amerika hinüberziehen lässt.

Nach Zimmermann *(Geogr. Gesch. I. S. 152 und II. S. 85)* würde der Bison früher gegen die Hudsonsbai bis etwa zum 51 oder 52° n. Br. nach Norden gegangen sein, in Labrador und Grönland aber gefehlt haben, während er durch Kanada und die Savannen am Mississipi und Louisiana bis in die Provinz Quivera oder Quigaute, dann den Ursprung des Missouri westlich bis Taguajo zum 33°, Kalifornien gegenüber, sich verbreitete. Sein Vorkommen in Kanada, was man läugnen wollte, geht daraus hervor, dass ihn Mongomery Martin *(Die britischen Kolonien Uebers. S. 391 und 437)* unter den Thieren Ober- und Nieder-Kanadas, wiewohl als Seltenheit ausführt, was er vor 1830 vielleicht nicht war.

Baird in seinen bekannten *Mammalia of Northamerica, p. 681*, fasst ohne Angabe seiner Quellen das frühere, weit ausgedehntere Verbreitungsgebiet dahin auf, dass er ihn in den ältern, den Europäern bekannten Zeiten, im ganzen, am Atlantischen Ocean gelegenen Gebiete der Vereinigten Staaten bis Florida, Texas und Mexico, in den an der Hudsonsbai gelegenen Ländern aber in östlicher Richtung nicht über den Redriver hinaus verbreitet sein, also nicht bis Kanada gehen, lässt.

Nach Richardson (*Fauna boreali-americana (1829) p. 279 ff.*) wäre der Wohnsitz der Bisonten westlich von der Alleghani-Kette zu suchen, nur gelegentlich wurden sie wohl auch zur Zeit der ersten Ansiedlungen der Europäer, im Osten derselben bemerkt, da Lawson es als eine Merkwürdigkeit berichte, dass zwei derselben zugleich am Cap Fear River erlegt wurden. In Kanada waren sie seiner Angabe zu Folge, zur Zeit seiner ersten Entdeckung unbekannt, würden wenigstens von Xaintongeois und De Mont nicht erwähnt, auch berichtet Theodat (*Hist. de Kanada, p. 756*): er habe nur von einem Pater gehört derselbe habe Häute, die aus einem sehr fernen Lande herstammten, bei einem Wilden gesehen. Gegen Richardson streiten indessen die oben gelieferten Angaben Zimmermann's, namentlich Montgomery's. Nach Warden gab es früher ganze Heerden von Bisonten in Pensylvanien und sie waren noch um 1766 in Kentucky ziemlich häufig. Dagegen traten sie zu seiner Zeit südlich vom Ohio und östlich vom Mississipi als Seltenheiten auf, lebten jedoch zahlreich noch in Louisiana, wanderten in zahllosen Heerden in den vom Arkansa Platte und Missouri, so wie den obern Nebenflüssen des Saskatschewan und Peac-river bewässerten Prairien umher.

Der grosse Sklaven-See, unter dem 60°, bildete eine zeitlang die Polargrenze ihres Verbreitungsgebiets. In den letzten (zwanziger?) Jahren haben sie sich aber nach Aussage der Wilden auf den flachen Kalksteindistrikt von Slave Point und die Nordseite des Sees hingezogen und sind unter dem 63 und 64° n. Br. bis in die Nähe des grossen Marten-Sees gewandert. Namentlich sollen die grossen Kalk- und Sandstein-Formationen, die zwischen den Rocky-Mountains und der untern, östlichen Kette primitiver Gesteine liegen, die einzigen Orte der Pelzdistrikte sein, die häufig von Bisonten das ganze Jahr hindurch besucht werden, weil sie dort Prärien, Salzquellen und Salzseen finden. Gegenden, die aus Urgestein bestehen, vermeiden sie. Ihre Verbreitung im Gebiete der Hudsonsbai kann durch eine unter der Länge von 97° beginnende Linie bestimmt werden, die man vom Red-River nach dem Südende des Winipeg-See zum Saskatschewan westlich von Basqiauhill, dann aber vom Athapescow-See zum Ostende des grossen Sklavensees zieht. Ihre Wanderungen nach Westen waren früher durch die Rocky-Mountains beschränkt, so dass man sie in New-Caledonien und nördlich vom Columbia am Stillen Meere nicht kannte. In den letzten Jahren (also während der zwanziger) haben sie jedoch in der Nähe der Quellen des Saskatschewan einen Weg durch das Gebirge gefunden und nehmen westwärts alljährlich an Zahl zu. In Neumexiko (wo schon Hernandez den *Bison* kannte) und Kalifornien findet er sich auf beiden Seiten der Rocky-Mountains. Als in Louisiana heimisch wurde er schon von Hennepin im 17. Jahrhundert beschrieben.

Der Herzog Paul v. Würtemberg spricht in seinen Reisen (*Erste Reise nach dem nördl. Amerika, S. 293*) von der bedeutenden Abnahme der *Bisons*. Am Elkhorn sah er die ausgebreitete Wiesenfläche, durch welche der Fluss läuft noch ganz überdeckt mit Schädeln und Gerippen von Wisenten, die im Jahre 1823 die Gegend im Winter häufig besuchten. Später haben sie sich indessen immer mehr zurückgezogen. Den Ponka, oder selbst den weissen Fluss, hielt er zur Zeit seiner Anwesenheit für die Verbreitungsgrenze längs des Missouri, die immer weiter nach Westen und Norden geschoben werde (ebd. S. 316). Auf seiner ersten Reise (1823) fand er die dem Ponkaflusse, 50 Meilen von seiner Einmündung gegenüber liegenden Höhen, mit grossen Heerden von Bisonten besetzt (ebd. S. 332). Auf seiner zweiten 1830 den Missouri aufwärts gemachten Reise, sah er dagegen erst Bisonten unter 45° 50' n. Br. in der Nähe der Rikara-Indianer.

Ueber die gegenwärtige Verbreitung des Bison macht Baird in seinen 1859 erschienenen Mammals of North-America p. 681, nachstehende Mittheilungen: «Der Bison wird gegenwärtig östlich vom Missouri, mit Ausnahme der nördlichen Gegenden, nicht mehr gesehen. Nördlich findet er sich in Minnesota und am Red-River. Das Hauptgebiet seiner Verbreitung liegt aber zwischen dem obern Missouri und den Rocky-Mountains vom grossen, unter dem 64° liegenden, Martin-See und dem Saskatatchewan bis zum Norden von Texas und Neu-Mexico. Im westlichen Texas ist er sehr selten. Ob er sich in Neu-Mexico noch überall aufhielt, wusste Baird nicht zu sagen, dagegen bestätigt er, dass er in den letzten Jahren seinen Weg durch die Rocky-Mountains in die obern Ebenen Columbiens gefunden habe.

Schon einige Jahre früher äusserte Leidy in der Einleitung zu seiner bereits angeführten Abhandlung über die untergegangenen Ochsenarten Amerikas: «Man müsse den vor der Ansiedelung der Europäer fast über ganz Nordamerika verbreiteten Bison, wenn man ihn in grösserer Menge finden wolle, am Fusse der Rocky-Mountains suchen. Die Zeit seines völligen Verschwindens läge daher nicht mehr fern, falls ihn nicht die Republik ebenso in Schutz nähme, wie der Kaiser von Russland die Auerochsen in Lithauen.»

Werfen wir unter Zuziehung der Angaben über die Verbreitung der fossilen Reste und der aus der historischen Zeit, ja zum Theil aus der Gegenwart selbst, stammenden Aufzeichnungen über das Vorkommen des Bison in den Ländern dreier verschiedener Welttheile, einen Gesammtblick auf die Verbreitung des *Bison*, so erscheint er uns in den Blüthenperioden seiner Existenz als eine der Thierformen, deren Verbreitung eine circumpolare genannt werden kann, obgleich dieselbe sich wohl von jeher mehr auf die gemässigteren Breiten der nördlichen Erdhälfte beschränkte und den Polen selbst wie dem Aequator fern blieb. In Nordamerika, wo gegenwärtig noch die Bisonten häufig auf grösseren Gebieten vorkommen, erstreckt sich jetzt das nördliche Verbreitungsgebiet nicht über den 64° n. Br. hinaus. In Europa aber, wo die Auerochsen gehegt werden, fällt sie jetzt fast um

10° südlicher, obgleich sie früher viel weiter nach Norden ging. Wenn die am untern Jenisei gefundenen Reste einem Thiere angehörten, welches dort lebte, so mochte freilich der Bison (als *Bos priscus* und *latifrons auct.*) in jenen fernen Zeiten, als Nordasien wärmer war, den 70° n. Br. wohl überschreiten. Nordamerika könnte jedoch in fernen Zeiten gleichfalls ein ähnliches Verhältniss geboten haben. Als Anhaltungspunkt für die letztere Ansicht fehlen jedoch fossile, im höchsten Norden dieses Welttheiles gefundene Reste des Bison. Auch im nördlichsten Asien werden die Lagerungs-Verhältnisse der ,Reste desselben ebenso wie die Ueberbleibsel der früheren Floren, noch näher an verschiedenen Orten zu untersuchen sein um sicher nachzuweisen, ob die *Bisonten* an den nördlichsten der Fundorte ihrer Reste wirklich lebten oder ob die Letztern dahin geschwemmt waren. Gleichzeitig wird dabei aber auch das Alter der Absätze ermittelt werden müssen, in denen sie sich allein oder mit den Resten von andern Thieren oder von Pflanzen vorfinden.

Anhang.

Ueber das auf Südasien ausgedehnte Verbreitungsgebiet des *Bison*.

Bereits oben wurde erwähnt, dass vor 30 Jahren, zu einer Zeit als man die in Südindien lebenden wilden Rinderarten nur sehr wenig kannte, Hr. v. Baer (*Bull. sc. d. l'Acad. Imp. d. Sc. de St.-Pétersb. 1 sér. T. I. p. 155—56*), sich geneigt erklärte den *Gaur* und *Bison* für identisch zu nehmen und die Verbreitung des Letztern sehr weit östlich und südlich vom Kaukasus nach Südasien, sogar bis Koromandel und Tenasserim auszudehnen. Da es mir nicht gelang, in der spätern Literatur genügende Beweise für eine solche Ansicht zu finden, der sich übrigens früher auch Rütimeyer anschloss, so verwies ich auf nachstehende als Anhang mitzutheilende Bemerkungen.

In dem 1827 veröffentlichten vierten Bande des *Animal Kingdom* von Griffith, der zu einer Zeit erschien als der Gaur oder *Ga-our (Bos Gaurus)* noch überaus ungenügend bekannt war (p. 399) findet sich die Angabe: «indeed the *Gaur* may be no other than the true Bison, though from certain testimonies we are inclined to regard it as an intermediate species». Herr v. Baer, der im Jahre 1836 (*Bullet. scient. de l'Acad. Imp. de St.-Pétersb. (1 sér.) T. I. p. 155*) Bemerkungen über die Verbreitung des *Bison* mittheilte, schloss sich dieser Ansicht an. Neuere, genauere Mittheilungen über den Gaur, besonders die von Hodgson (*Journ. Ass. soc. Beng. 1837. VI. 223, 299, 745 tab. 3 und X. 911*), ferner von Gray (*Cat. mamm. brit. Mus. P. III. Ungulata p. 33*) und Rütimeyer (*Beitr. zur paläont. Gesch. der Wiederkauer S. 47 und 56*) widersprechen indessen derselben ganz entschieden. Hodgson und Gray, so wie neuerdings Rütimeyer betrachten sogar den *Gaur* nebst den *Gayal* als Typus einer eigenen Abtheilung (*Bibos*), welche der Letztere als *Bibovina* zwischen seinen *Bisontina* und *Taurina* bespricht. Man hat also wenigstens vorläufig keinen Grund das Vaterland des *Bos bison* auch auf Südindien auszudehnen.

Was die Vermuthung des Herrn v. Baer (*a. a. O. S. 155*) anlangt, dass der *Bison* vielleicht selbst jenseits des Ganges, in Tenasserim, vorkommen könne, so stützt sich dieselbe darauf, dass Capitain Low (*Journ. of the Roy. Asiat. Soc. of Great. Brit. Vol. III. p. 50*) eines Ochsen als *Bison* erwähnt, dessen ebendaselbst dargestellter Kopf Hörner besitzt, die denen des lithauischen Auerochsen ähnlich seien. Die eben erwähnte Hörnerähnlichkeit kann man durchaus nicht bestreiten. Die Gestalt und besonders die aus steifen, geraden (nicht wie beim Bison gekräuselten) Haaren bestehende Bedeckung des Kopfes, der in seiner Physignomie offenbar etwas büffelähnliches zeigt, lässt indessen die Identifizirung desselben mit dem des echten *Bison* mehr als zweifelhaft erscheinen. Der *Bison* Low's fehlt übrigens nicht nur unter den von Gray (*Catalog. of the brit. Mus. Mammal. P. III.*) gelieferten Synonymen des *Bison europaeus*, den er ausdrücklich nur in Polen und dem Kaukasus wohnen lässt, sondern unter den von ihm aufgeführten Rindersynonymen überhaupt. Offenbar hat indessen Gray ebenfalls übersehen, dass Helfer

(*Journ. Asiat. Soc. Bengal. VII. 1838, p. 860*) unter den Säugethieren Tenasserims zwei *Bisonten*, den grossen, selteneren *Gaurus* und den sehr gemeinen *Bison Guodus* aufführt. Es fragt sich nun, welcher von diesen beiden dem Bison Low's entsprechen könnte? Leider hat Helfer keine Abbildung, ja nicht einmal eine kurze Beschreibung oder selbst nur Diagnose gegeben. Der Umstand, dass er beide zu *Bisonten* macht, während *Bos Gaurus* zur Abtheilung *Bibos* gehört, macht es wahrscheinlich, dass dies auch mit seinem *Bison Guodus* der Fall ist. Dann wäre auch sein *Bison Guodus* sicher kein *Bos bison s. Bonasus*, sondern vermuthlich auch ein *Bibos*, vielleicht *Bibos frontalis* Gray (*Bos, Bison, Gavaeus*. H. Smith). — Rütimeyer's Mittheilung (*Untersuchungen ü. d. Faun. d. Pfahlbauten, S. 60*), dass der Zubr vom Kaukasus seine östlichen Vorposten vielleicht bis an die Küste von Koromandel und Tenasserim in das Land der Tiger und Elephanten aussende, fällt übrigens schon dadurch weg, dass er in seiner *Paläontol. Geschichte der Wiederkauer* den *Bison* und *Gaur* in ganz verschiedene Abtheilungen versetzt. Nach Maassgabe der in ganz Sibirien so weit verbreiteten Reste des Zubr und der vom Kaukasus und Sibirien aus weiter nach Süden ausgedehnten Nordasiatischen Fauna, mochte derselbe allerdings, besonders früher, weiter nach Süden gegangen, ja möglicherweise noch in der östlichen (in zoologischer Beziehung unbekannten) Hälfte Centralasiens, so wie im Kleinasien, im gebirgigen, feuchten, vegetationsreichen Gegenden vorhanden sein, wie dies oben bemerkt wurde. Ob er aber gerade in der Wüste Gobi selbst sich finde, wie in Griffith *(a. a. O. p. 398)* bemerkt wird, möchte, da er kein Steppenthier ist, sondern vielmehr Prärien oder wenigstens pflanzenreiche Orte liebt, mehr als zweifelhaft sein.

Inhalt.

Kapitel 1. Ueber die in verschiedenen Welttheilen (Europa, Asien und Amerika) und Ländern, namentlich in Italien, der Schweiz, Frankreich, Grossbritannien, Holland, Belgien, Deutschland, Dänemark, Schweden, Polen, Ungarn, Griechenland, das europäische Russland, das asiatische Russland und Nordamerika gefundenen fossilen Reste des Bison. S. 105.

Kapitel 2. Verbreitung des Bison während der historischen Zeit, namentlich in Griechenland und den nördlich von Griechenland gelegenen angrenzenden Ländern, ferner in Kaukasien, Klein-Asien, Inner-Asien, dem europäischen Russland, Polen, Preussen, Böhmen, Deutschland, Schweden, der Schweiz, Frankreich und Grossbritannien. S. 121.

Kapitel 3. Verbreitung des Bison in Nordamerika während der historischen Zeit. S. 145.

Anhang. Ueber das auch auf Südasien ausgedehnte Verbreigebiet des Bison. S. 149.

Dritte Abhandlung.

Die geographische Verbreitung des Ur oder wahren Auerochsen *(Bos primigenius seu Bos taurus sylvestris)*.

Einleitung.

Cuvier unterschied, wie bekannt, drei Arten fossiler Schädel, namentlich solche die dem Schädel des *Bison* (seinem *Auerochs*) dann andere die dem des Hausochsen und noch andere die dem des Moschusochsen ähnelten, ohne jedoch für die genannten einzelnen Schädel-Kategorien besondere Namen vorzuschlagen. Er vermied dies wohl, weil er sie den drei genannten lebenden Arten zu ähnlich fand. Die Schädel der ersten Kategorie wurden später anfangs éiner Art (*Bos priscus* Boj.), dann zwei (*B. priscus* Bojanus und *latifrons* Fischer) noch später sogar vier untergegangenen Arten vindizirt, indem Harlan einen *Bos latifrons* Leidy aber einen *Bos antiquus* hinzufügte. Wie wir bereits in der Geschichte der Verbreitung des Bison sehen, lassen sich aber die genannten Arten nebst ihren noch lebenden Abkömmlingen (dem *Bos bison*) *europaeus* und *americanus*, die man für zwei natürliche Racen, eine länger und eine kürzer geschwänzte ansehen könnte, auf eine gemeinsame Stammart zurückführen. Was die Schädel anlangt, welche der dritten cuvier'schen Kategorie angehören, so wurden sie in Europa von Fischer einem untergegangenen *Bos canaliculatus* in Amerika aber von De Kay einem *Bos Pallasii* zugeschrieben. Noch später vindizirte sogar Leidy die amerikanischen Reste einem eigenen, von *Ovibos* angeblich verschiedenen Subgenus *(Bootherium)*, obgleich sie sehr wohl auf *Ovibus moschatus* sich zurückführen lassen. Für die Schädel der zweiten Kategorie und die ihnen zugehörigen übrigen Skelettheile schlug Bojanus den Namen *Bos primigenius* vor, der allgemeine Annahme fand, obgleich schon *Bos urus priscus* Schloth. und *Taurus fossilis* v. Baer den fraglichen Gegenstand richtiger bezeichneten. In neueren Zeiten hat man mehrere, *Bos primigenius* im Schädelbau mehr oder weniger ähnliche, in denselben Ländern Europas mit seinen Resten gefundene, Formen von Rindern aufgestellt, die durch gewisse Kennzeichen von ihm abweichen. Es gehören dahin *Bos trochoceros* H. v. Meyer, *Bos frontosus* Nilss. und *brachyceros seu longifrons* Ow., denen Rütimeyer auch *Bos intermedius* Serr. hinzufügen möchte. Da wegen der nahen Verwandtschaft der genannten Formen mit *B. primigenius* die unvollständigen Reste derselben leicht mit den ihm angehörigen, von jüngern Individuen stammenden, verwechselt werden können, so lässt sich die Frage aufwerfen, ob es ohne zahlreiche, irrige Uebertragungen zur Zeit möglich sei die Verbreitung der Reste des *Bos primigenius* ganz exact festzustellen? Die Sache erscheint indessen weniger gewagt wenn man erwägt dass Rütimeyer, der über die Gattung *Bos* neuerdings sehr eingehende Studien gemacht hat, in seinen kürzlich erschienenen *Beiträgen zu einer paläontologischen Geschichte der Wiederkäuer Genus Bos p. 22 ff* den *Bos brachyceros* Ow. (*B. longifrons* Ow.) ferner den *Bos frontosus* Nilss. und den *Bos trochoceros* H. v. Meyer's als Abkömmlinge (Varietäten oder Racen) des *Bos primigenius* ansieht, welchen Letztern er freilich mit einer für jetzt als noch älter geltenden Form, den *Bos namadicus* Falckoner in Connex zu bringen geneigt ist, während er den so unvollkommen bekannten, von Gervais (*Paléont. p. 131*), ebenso wie selbst *Bos trochoceros* H. v. Meyer, als Synonym des *Bos primigenius* betrachteten *Bos intermedius* einstweilen, wegen des ihm aufgefallenen, bisher allein zur Untersuchung gekommenen, Gebisses, als Parallelform des *Bos primigenius* ansehen möchte; eine Ansicht, die aber noch anderer Beweise bedarf, da zu ihrer sicheren Begründung dass blosse Gebiss nicht ausreichen möchte. Erwägt man also, dass in den Ländern wo *Bos primigenius* heimisch war, sich von ihm entweder die oben genannten, mit den Namen von *B. trochoceros, frontosus* und *longifrons* bezeichneten, Formen als natürliche Racen oder Varietäten abgezweigt haben könnten, wie Rütimeyer meint, oder vielleicht als uralte, theilweis an ihre Fundorte, möglicherweise aus der Ferne gebrachte, Kulturracen sich betrachten lassen, so dürften die Bedenken gegen eine Erörterung der Verbreitung des (*Bos primigenius seu Urus*) wohl eben nicht erheblich erscheinen. Ich versuche es daher dieselbe auch in Bezug auf die seiner fossilen Reste zu erörtern und zwar um so mehr, da mir einerseits aus mehreren Ländern (Sibirien, Russland, Polen und Schottland) paläontologische Beweise vorliegen, andererseits aber von namhaften Paläontologen beglaubigte Angaben ein reiches, auf die verschiedensten Länder Europas bezügliches Material bieten. Der Erörterung des Vorkommens des *Ur* in der historischen Zeit, glaubte ich gleichfalls meine besondere Aufmerksamkeit schenken zu können, obgleich sie vom Herrn v. Baer bereits ausführlich besprochen wurde. Es galt namentlich dabei die von Pusch gemachten Einwürfe, die freilich, jedoch ohne durch eine eingehende Widerlegung beseitigt worden zu sein, sich der Zustimmung der meisten Naturforscher nicht zu erfreuen hatten, durch Gegenbeweise Punkt für Punkt, auch in Beziehung auf Linguistik (die bei der von Pusch versuchten Widerlegung eine Hauptrolle spielt) zu beseitigen. Die auf die Letztere bezüglichen speziellen Untersuchungen wurden indessen, um nicht die Erörterung des eigentlichen Gegenstandes zu unterbrechen, in einen Anhang verwiesen. Die Erörterung der Verbreitung des *Ur* während der historischen Zeiten, dürfte übrigens nicht nur in Folge der Anordnung der durch sehr zahlreiche Zusätze vermehrten früheren Angaben an Uebersichtlichkeit gewonnen haben, sondern auch manche Vervollständigung und neue Gesichtspunkte bieten.

Erstes Capitel.

Verbreitung der fossilen Reste des *Ur* (*Bos primigenius*) als Grundlage zur Bestimmung seiner früheren geographischen Verbreitung.

Ich beginne dieselbe mit der Verbreitung seiner Reste in Asien, weil dieselbe, so viel wir bis jetzt wissen, nicht, wie beim *Bison*, nach Amerika hinübergreift, wohl aber vermuthlich von Asien aus geschah und, wie es scheint, bis Nordafrika sich ausdehnte.

Verbreitung der fossilen Reste des *Ur* im asiatischen Russland.

Die östlichsten bisher bekannten, von Eichwald (*Leth. III. p. 372*) angegebenen Fundorte, beschränken sich auf das Altaigebiet und den Ural. Das Vorkommen im erstern Gebiet bekundet auch ein vom Hrn. P. v. Tschichatscheff dem Museum der Akademie geschenkter Schädeltheil mit den Hörnerzapfen. Begann übrigens die Zähmung desselben im Urlande der Arier, so liesse sich annehmen, dass er, wenigstens damals, als man ihn zum Hausthier machte, auch noch weit südlicher als im Altaigebiet sich aufhielt und möglicherweise im äussersten Osten des iranischen Hochlandes, dem Quellengebiet des Oxus, ferner den Westabhängen des Belur-Tag und Mustag, also unter solchen Breitegraden, unter denen er sich in Europa häufig fand, vorgekommen und dort schon sehr früh zum Hausthier gemacht worden sein mag. Die in der Verbreitungsgeschichte des Bison von mir erwähnten wilden Stiere Turkestans könnten selbst nicht blos *Bisonten*, sondern zum Theil auch *Ure* gewesen sein, falls nicht der Letztere, weil man ihn zähmte und deshalb ganz besonders aufsuchte, wie in den meisten Ländern Europas, so auch im Ursitze der Arier, sehr früh seinen Untergang fand.

Verbreitung der fossilen Reste des *Ur* im europäischen Russland.

Eichwald (a. a. O.) macht als Fundorte dieses grossen Länder-Complexes nur das Moskauer und Kiewer Gouvernement nebst Kurland namhaft. Als Beleg für das Vorkommen im Gouvernement Kiew dient ein im Museum der Akademie aufbewahrter Schädelrest. — Hr. v. Nordmann berichtet *(Paläontol. Südrussl. p. 192)*, dass er Knochen des Urochsen in Bessarabien entdeckt habe. Eichwald (*N. Act. Leop. XVII. p. 688*) erwähnt übrigens noch eines Fragmentes aus Russland, ohne das Gouvernement anzugeben, wo dasselbe gefunden wurde.

Verbreitung der fossilen Urreste in den Russischen Ostseeprovinzen.

Bereits Hr. v. Baer (*De fossilib. mammal. reliq. p. 31*) erwähnt, dass das von Büttner (*Jahresverhandl. der kurländischen Gesellsch. für Litteratur. T. I. p. 197*) beschriebene, am Flüsschen Abau beim Städchen Zabeln in Kurland gefundene Horn dem *Ur* (seinem *Bos taurus fossilis*) angehöre und bemerkt: man habe ebendaselbst den Stirntheil eines Individuums von enormer Grösse gefunden. — Nach Grewingk (*Geolog. Liv. u. Kurl. S. 111 und 112*) wurden bei Ropenhof in Mittellirland, aus dem Tammulasee bei Werro, dem See von Angern, am kurischen Strande bei Wensau (in einer Tiefe von 5 Faden) so wie im Bette des früheren Widelsees und der kurischen Aa, Reste des *Bos primigenius* theilweis mit denen des *Cervus elaphus* entdeckt.

Das unten im linguistischen Anhange erwähnte livländische Kirchspiel Tarwast, ferner der ebenfalls dort erwähnte Tarwameki (Auersberg) unfern Reval, nebst dem Tarwaupä (Auerkopf) im östlichen Ehstland, könnten übrigens auf das frühere Vorkommen des Ur in Liv- und Ehstland hindeuten, selbst wenn unter Tarw auch der Zubr, wenn auch nur theilweis, steckt.

Verbreitung der Urreste in Lithauen und Polen.

Es ist sonderbar, dass man aus Polen nur erst sechs Beispiele von dort gefundenen Resten des *Ur* kennt, da derselbe dort sogar nachweislich noch in historischen Zeiten lebte. — In Lithauen fand man in einem Sumpfe, wie schon Bojanus (*N. Act. Ac. Leop. XIII. S. 422*) berichtet, ein von ihm beschriebenes und (*Tab. 21 Fig. 7*) abgebildetes Schädelfragment. Eichwald (*N. Act. Acad. Leop. XVII. 2. p. 688*) erwähnt noch zweier anderer, in Lithauen gefundener Reste. — Ein bei Kalisch im Fluss Posnie entdecktes Schädelfragment ist im Besitze des Museums der Kaiserlichen Akademie der Wissenschaften zu St.-Petersburg, ebenso ein aus dem Flusse Wieprz bei Dranzkowie im Lublinschen 1819 gezogenes. — Zeuschner spricht *(Sitzungsbericht der Kais. Wiener Akad. der Wissensch. XVII. p. 288)* von den mit Knochen von *Elephas primigenius, Rhinoceros tichorhinus* und *Bos bison*, im Löss zwischen Krakau und den Karpathen, gefundenen Ueberresten des *Ur*.

Vorkommen der Urreste in Ungarn.

Bis jetzt kenne ich nur eine von Süss (*Leonh. u. Br. Neue Jahrb. 1859. S. 113*) gemachte Mittheilung, wodurch das Vorkommen von Urresten in Ungarn nachgewiesen wird. Sie bezieht sich auf einen Schädel, den man am untern Theil des Raab-Flusses, zwischen der Stadt Raab und Gürmat, aufgefunden hat. Das oben erwähnte Vorkommen von Ueberresten in Bessarabien und in der Nähe der Karpathen, dürfte übrigens darauf hinweisen, dass der *Ur* sich auch in dem dazwischen liegenden Ländergebiet gefunden haben dürfte.

Vorkommen der Urreste n Deutschland.

Deutschland gehört zu den reichsten Fundgruben der Reste des echten *Urstiers*. Man hat darin dieselben sowohl in Diluvium als auch in noch jüngeren Schichten und zwar nicht blos in den nördlichen, sondern auch in den südlichen Ländergebieten von

Ostpreussen und Schlesien an bis zum Rheinthal und von Würtemberg bis Mecklenburg entdeckt.

Als in Preussen im engsten Sinne des Wortes gefundene Reste kennen wir durch Hrn. v. Baer (*Fossil. an. reliq. p. 28—30*) einen Schädel, einen knöchernen Hornzapfen mit einem Schädelbruchstück und ein Schädelbruchstück.

In Oberschlesien fand man Reste des *Ur* nebst *Mammuthknochen* in der Galmeigrube bei Scharlei (*Jahresbericht d. schles. Gesellsch. für vaterländ. Cultur, 1854. S. 34*).

Bei Potsdam, also in der Mark Brandenburg, wurden aus einem Torfmoore des Hafel-Thales zwei knöcherne Hornzapfen ausgegraben. Auch erwähnt Cuvier man habe dem Berliner Museum einen beim Dorfe Plate, aus dem Uferschlamm des Flüsschens Stohr gezogenen Hornzapfen geschickt (H. v. Meyer. (*N. Act. Leop. XVII. 1. p. 149—50*).

Bei Aschersleben im Regierungsbezirk Magdeburg, wurde im Torfmoore eines ausgetrockneten Sumpfes, in einer Tiefe von 10—12 Fuss ein von Körte (Ballenst. *Urw. III. 326*) beschriebener Schädel aufgefunden.

Im Weimar'schen grub man bei Harsleben 1821 unter Göthe's Leitung (siehe Göthe, *Zur Naturwissensch. besonders zur Morphologie, Artikel: zweiter Urstier*) aus feuchtem Moorland ein, im Museum zu Jena aufgestelltes Skelet aus. Es ist dasselbe, welches Bojanus (*N. Act. Acad. Leop. XV. 2.*) näher beschrieb und abbilden liess.

Die Schlotheim'sche Sammlung (siehe v. Schlotheim *Petrefactenkunde. S. 11*) enthielt ein 2 Fuss langes Horn und die untere Hälfte eines dickern, aus Lehm und Torflagern bei Döllstaedt und Fahnern im Gotha'schen.

A. Wagner (*Abhdl. d. Münch. Akad. VI. 1. 1851*) erwähnt des Vorkommens von Resten des *Urstiers* in den Muggendorffer Höhlen.

Im Königreich Würtemberg kamen die Reste des *Urstiers* häufig zum Vorschein.

Bereits Cuvier (*Rech. VI. 306*) wurde die Abbildung eines schon 1738 bei Oberriexigen aus der Enz gezogenen Schädels voh **Autenrieth** mit der Bemerkung übersandt, dass in den drei Stunden von Stuttgart gelegenen Torfmooren von Sindelfingen, im Verein mit den Schaalen der gewöhnlichen Süsswasser-Mollusken häufig Hörnerzapfen gefunden wurden. Ein Schädelstück desselben Thieres lieferte ein bei Seeligenstadt gelegener Torfstich (Meyer, *a. a. O. S. 147*). — Auch bei Wildburg (8 Meilen von Stuttgart) entdeckte man 10 Fuss Tief in der Erde zwei knöcherne Hornzapfen.

Das ehemalige Königreich Hannover hat ebenfalls Reste des Urochsen aufzuweisen. Beim Dorfe Offleben im Lalenberg'schen entdeckte man nur 5 Fuss tief, in einem aus weissem und gelben Sande bestehenden Boden ein Skelet, welches **Blumenbach** untersuchte (Ballenst. *Urwelt. S. 83*). — Die *Hannover'sche Zeitung von 1832, n. 48. S. 243* berichtet über einen in der Leine, $^3/_4$ Stunden unterhalb Göttingen, gefundenen, colossalen Schädel des *Urstiers*.

Zähne des *Bos primigenius* entdeckte man (1858) in Mecklenburg beim Schloss Grubenhagen. — Ueber Reste desselben in Mecklenburg, siehe auch **Lisch** *L'Institut 1866. Sc. math. p. 176*.

Eine namhafte Zahl von Resten des *Urochsen* lieferte das Rheinthal, die meist in den Museen von Darmstadt, Mannheim, Frankfurt und Bonn aufbewahrt werden.

Hr. v. Meyer *(a. a. O. S. 145)* beschreibt eine hintere Schädelhälfte des Darmstädter Museums, die längere Zeit auf dem Wormser Rathhause hing und wahrscheinlich aus dem Rheine oder der Rheinthalebene stammte. — Unweit Neuss (sieben Stunden von Köln) entdeckte man 1810 bei der Ausgrabung, eines Kanals in einem sumpfigen Boden, einen Schädel des *Urochsen*. — Bei Bonn fand man in einer Tiefe von 12 Fuss, in einer Torfgrube, einen Hornzapfen, welcher demselben Thier angehörte (Crevelt. *Magaz. d. Gesellsch. natur. Freunde zu Berlin. Jahrg. IV. (1810) S. 314*). — **Hoeninghaus** (Ferussac, *Bull. d. sc. nat. Avril 1828*) berichtet von einem nebst dem Humerus und einer Rippe bei Crefeld entdeckten Schädel. Die Reste lagen, wie Hr. v. Meyer a. a. O. berichtet, in einer erdigen, diluvialen Mergelschicht, die aus Thon, Sand, Kalk und Fragmenten von *Lymnaeen* und *Paludinen* bestand. Derselbe ausgezeichnete

Paläontolog berichtet: es sei ein Schädel 7 Fuss tief im Torfgebilde bei dem Baue der Frankfurt-Hanauer Eisenbahn 1850 ausgegraben worden. Er ähnelte dem von *Bos longifrons*, der vielleicht nur ein Jugendzustand des *Bos primigenius* sei. (Leonh. u. Br. *N. Jahrb. d. Miner. 1850. S. 204*). — Reste des *Bos primigenius* nebst denen von *Elephas primigenius*, *Rhinoceros tichorhinus* und *Bos priscus* lieferte endlich der Löss des Rheinthales (Leonh. u. Br. *a. a. O. 1851, S. 730 und 1853, S. 534*).

Vorkommen der Reste des Urstiers in Dänemark.

Bereits Nilsson (*Ann. Mag. n. h. 2 ser. IV, 1849, S. 420*) bemerkt: Dänemark habe zahlreiche Reste desselben geliefert. Auch Steenstrup (*Oversigt ov. d. danske Videnskab. Selsk. Forh. 1848, p. 5 und 1853, p. 24*) spricht von den dort aufgefundenen Resten desselben, die er übrigens auch in den Kjoekkenmoeddings entdeckte. (Morlot, *Bullet. d. l. Société Vaudoise d. sc. nat. T. VI. n. 46. p. 280*).

Vorkommen der Reste des Urstiers in Schweden.

Nach Nilsson soll der *Urstier* den südlichsten Theil Schwedens (die Provinz Skanen) in nördlicher Richtung nicht überschritten haben. Für diese Ansicht macht er geltend, dass man nur erst dort seine Reste in Torfmooren gefunden habe. Dieselben waren so zahlreich und gut conservirt, dass mehrere vollständige Skelete zusammengebracht werden konnten, wovon zwei in Lund aufgestellt sind, denen ein Dutzend Schädel kleinerer und grösserer Individuen sich anreihen. Eins der genannten Skelete bietet, wie bekannt, einen durch einen Schuss verletzten Wirbel. Die Reste wurden besonders in den Distrikten Skytts, Bara und Wemmenhög ausgegraben. Einen Schädel erhielt Nilsson jedoch auch von Allerum im Distrikte Laggude (Nilsson, *Skand. Faun. Däggdj.* und *Ann. a. Magaz. nat. hist. sec. ser. IV, 1849, p. 258 ff. und p. 269*).

Vorkommen der Reste des Urstiers in Holland.

Auch aus Holland kennt man bereits mehrere Funde von Skeletresten des *Urstiers*. Ein Horn und Theil des Schädels desselben wurde im Februar 1825 bei Gelegenheit der grossen Ueberschwemmung in der Provinz Utrecht gefunden (Fremery, *Nieuwe Verhandelingen d. I. Kl. van het K. Nederlandsche Institut. Amsterd. 1831. Th. III. p. 13*). Ein noch grösserer Schädel desselben Thieres trat in der Gemeinde Genemuiden in Overijsel zu Tage (Fremery, *ebd. S. 82*). — Bereits 1809 spülte übrigens das Wasser bei einem Durchbruche des Waaldijk zu Loenen in Oberbetuwe ein ähnliches Schädelfragment los (Fremery, *a. a. O. S. 83*). Der Boden, worin die fraglichen Reste lagen, bestand aus Torf.

Vorkommen der Reste des Urstiers in Belgien.

Das Vorkommen der Reste des *Bos primigenius* in Holland, Deutschland und dem Norden Frankreichs, lässt auch dieselben in Belgien erwarten. In der That hat Van Beneden *(L'Institut sc. math. 1864. p. 231)* nicht blos in der Grotte Monfat bei Dinant Reste des *Bos primigenius* gefunden, sondern man darf vermuthen, das unter den unbestimmten Knochen der Gattung *Bos* der Höhlen Trou de Noutons und der des Lessethals auch Reste des *Urstiers* stecken mögen.

Vorkommen der Reste des Urstiers in Grossbritannien.

Der Urochse hat zahlreiche Reste sowohl in den pleistocenen (jüngern tertiären) Mergeln, als auch in den alluvialen, etwas torfartigen, Flussmergeln Englands und Schottlands hinterlassen. (Owen. *Brit. foss. mamm. p. 501* und *Paläontol. p. 370*).

Zwei in England gefundene Schädel, wovon der eine abgebildet ist, werden schon von Gesner *(De Quadr. p. 137)* erwähnt. Den Andern (nicht abgebildeten) sah Gesner's Freund Cajus im Schlosse Warwick. — Crow sandte die Abbildung eines in England gefundenen Schädels an Cuvier *(Rech. 4 éd. p. 310).*

Von Owen werden nachstehende Funde von Resten des *Bos primigenius* namhaft gemacht.

Einen ganzen Schädel lieferte Athol in Pertshire und den Stirntheil des Schädels mit den Hornzapfen Clacton an der Küste von Essex (Brown, *Mag. n. h. new. ser. 1838 p. 163*). Die meisten Knochen des Skelets wurden zu Herne Bay aufgefunden. Zu Brentford entdeckte man Reste des *Bos primigenius* mit denen von *Felis spelaea, Cervus elaphus, Tarandus* und *Rhinoceros tichorhinus* (Morris, *Geolog. Quart. Journ. 1850. VI p. 201—4).* — Woods erwähnt der Entdeckung eines Schädels in einem Tumulus zu Wiltshire Downs gleichzeitig mit andern Knochen und Ueberresten alter britischer Töpferarbeiten. — In Mergelgruben Schottlands, wo nach Owen der *Urochs*, ehe er seinen Untergang fand, länger als in vielen andern Ländern lebte, fand man häufig Skeletreste desselben. Von dort stammt auch der schöne Schädel den, nebst zahlreichen andern Knochen des Skelets, Hr. Akademiker v. Hamel dem Museum der Kaiserlichen Akademie der Wissenschaften zum Geschenk machte.

Auch in mehreren Höhlen Englands hat man Reste des *Urstiers* beobachtet, so in der Hyänenhöhle zu Wookey Hole bei Wells in Sommerset *(Lond. Edinb. Dubl. Philos. Magaz. 1862. XXIII. p. 332)*, dann im Avon-Thal in der Nähe von Salisbury (J. Evans, *Quart. geol. Journ. Vol. XX. (1864)*. — Unter den nicht näher bestimmten Resten der Gattung *Bos*, welche man in der Kentshöhle bei Torquay (Devonshire) und zu Brixham (Devonshire) fand, mögen übrigens gleichfalls Reste des *Urstiers* gewesen sein.

Vorkommen der fossilen Reste des Urstiers in Frankreich.

Reste des Urstiers hat man in Frankreich im Diluvium und Alluvium, dann in Torfmooren und Höhlen von den nördlichsten Departements bis zu den südlichsten in Menge angetroffen.

Die bereits von Serres, Dubrueil und Jeanjean (*Rech. s. l. ossem. humat. d. cavernes de Lunel-Viel. p. 209*) dem *Bos taurus*, und vielleicht selbst auch dem *B. intermedius*, vindizirten, in den Höhlen von Lunel-Viel (Hérault) gefundenen Knochen, dürfen wohl um so eher, wenigstens theilweis, auf *Bos primigenius* bezogen werden, da auch Gervais (*Ann. d. sc. nat. 1852. XV.* Leonh. u. Bronn, *N. Jahrb. d. Mineral. 1852. S. 998*) dort Knochen der letztgenannten Thierart entdeckte. — Die Höhlen des Aude-Departements lieferten gleichfalls Reste des fraglichen Thieres (Serres, *Notic. s. l. cavernes à ossements du département de l'Aude. Montpellier 1839. p. 92*). — Auch in der im Gard-Departement befindlichen Höhlen von St.-Julien d'Ecosse bei Alais und den bei Pondres gelegenen, fehlte es nicht an Knochen des Urstiers (Gervais, *Paléontol. p. 131*). — Von Resten desselben die im Departement Lot-et-Garonne vorkamen, sprechen Garrigon und Dupont (Garrigou, *Étude p. 24*. — J. L. Combes (*Étud. géol.*) erwähnt, dass in der Knochenbreccie von Pélénos auch die Reste des Urstiers beobachtet wurden. — In der Knochenbreccie von Vallières-les-Grand (Cher-et-Loire) sah man sie häufig (Bourgeois, *Bull. géol. 1850 b. VII. p. 795*). — Das Becken der Loire lieferte sie gleichfalls (Pomel, *Catal. méthod. d. vertebr. Paris 1854, p. 113*). — Von einem bei Saint-Vrain im Canton d'Arpajon (Seine-et-Oise), in einem Mooraste vorgekommenen Schädel spricht bereits Cuvier (*Rech. 4 éd. VI. p. 302*). Ausserdem erwähnt er aber auch (p. 303) zweier andern, die man aus Torfmooren des Somethals, den einen zwischen Amiens und Abbeville ausgrub, und erwähnt ausserdem eines beim Dorfe Buire, im Thale Caniselle unweit Peronne (Somme) gefundenen Horns. — Bei Moulin-Quignon entdeckten Garrigou, L. Martin und E. Trutat Reste des *Urstiers* (Lyell, *L'Antiq. de l'homme, p. 182*). — Bei Château-Thierry: dann unweit Athies zwischen Duai und Arras (Nord), wurden gleichfalls dergleichen gefunden (Gervais, *Paléont. p. 131*). — Die Orne lieferte bereits 1753 bei Moyeuvre ein Horn des *Urstiers* (Buff., *h. nat. T. XI. p. 424*). — Garrigou (*Etud. p. 40*) führt Reste desselben aus der Höhle von Bouicheta und den Torfmooren der

Suède an. — D'Archiac machte darauf aufmerksam, dass die alten quaternären Alluvionen der Thäler der Mosel, Meurthe, Seille und Sarre Reste des *Ursticres* enthalten (Garrigou, *Etud. p. 17, 18, 30*).

Die unbestimmten Reste der Gattung *Bos*, die man in mehreren nicht genannten Höhlen Frankreichs fand, mögen übrigens zum Theil gleichfalls dem *Urstier* angehören.

Vorkommen fossiler Reste des *Ur* in der Schweiz.

Nach Rütimeyer's trefflichen Untersuchungen lieferten die Pfahlbauten von Robenhausen, Wauwyl und Concise, und zwar die beiden erstern gleichzeitig mit denen des Bison, zahlreiche Reste des Ur (*Faun. d. Pfahlb. S. 70*). — In der Schieferkohle von Dürnten, im Canton Zürch liegen sehr vollständige Reste von *Rhinoceros leptorhinus* zusammen mit Zähnen vom *Urochsen* und *Edelhirsch* (Rütimeyer, *ebd. S. 71*). Bei Kandern (im Schwarzwald) gefundene Reste finden sich im Museum zu Basel (Rütimeyer, *Untersuchungen S. 61*). Der Canton Uri hiess früher «ad Uros» und im Simmenthal nannte man nach Stumpf (*Chronik*) noch lange die Stiere *Uren* (Rütimeyer *a. a. O.*).

Vorkommen fossiler Reste des *Ur* in Italien.

Der sichere Nachweis, dass der Bison in Italien vorkam, macht die Annahme wahrscheinlich, dass dies auch mit dem *Ur* der Fall war. Bereits Cuvier bezieht (*Rech. VI. p. 307*) die von Soldani (*Saggio orittoyr. Sienne 1780, p. 64 und 145*) beschriebenen und (*Pl. XXIV und XXV*) abgebildeten, im Bette des Flusses Maspini, zwei Meilen von Arezzo, gefundenen Schädelfragmente auf den *Urstier*. — Zwei in der Umgegend von Siena gefundene Schädel, die Cuvier in Florenz sah, vindizirt er ebenfalls demselben. Dasselbe thut er mit einem Schädel, welchen der Pater Jacquier beschrieb, den man bei Rom 1772 in einer Tiefe von mehr als zwanzig Fuss im Pouzzolan entdeckte.

H. v. Meyer (*N. Act. Leop. T. XVII. P. I. p. 154*) zieht

die oben erwähnten, von Soldani beschriebenen, Schädelreste zu seinem *Bos trochoceros*, ebd. p. 152, der auf einem im Gebiete von Siena gefundenen, aus Florenz stammenden Schädel beruht und einer von denen ist, welche Brocchi in seinen *Conchil. foss. subap. I. p. 193* aufführt. Wenn nun die genannte Art, wie Rütimeyer (*Beiträge z. e. paläont. Gesch. d. Wiederkauer, S. 52 ff.*) meint, schon früher aber Gervais (*Paléont. p. 131*) und Pictet (*Traité d. Puléontol. 2 éd. T. I. p. 365*) aussprachen, nur eine Varietät des *Bos primigenius* ist, wofür ich sie gleichfalls halten möchte, so darf auch er hieher gezogen werden. Ja selbst der zweite von Brocchi aufgeführte Schädel, da er mit dem erwähnten eine grosse Uebereinstimmung zeigt, wie Meyer angiebt, wird dann gleichfalls als Beleg für das Vorkommen des *Bos primigenius* in Italien gelten können.

Vorkommen der Reste des Urstiers in Nordafrika.

Lartet (*Ann. d. sc. nat. 1861, p. 247*) bemerkt: man habe die Reste des *Bos primigenius* mit denen von *Cervus elaphus* in Algerien gefunden.

Schlussfolgerungen in Bezug auf die Verbreitung der fossilen Reste des Urstiers.

Den aufgezählten Funden von Knochenresten zu Folge würde der Urstier früher von Grossbritannien und Frankreich bis zum Altaigebiet und vom südlichen Schweden und Dänemark bis Italien, ja wie es scheint, bis Nordafrika (Algier) verbreitet gewesen: im europäischen Russland aber mindestens von Kurland und dem Moskauer Gouvernement bis Bessarabien vorgekommen sein. Wenn nun, vorausgesetzt, dass nur er, nicht auch der *Zubr*, in sehr frühen Zeiten auch in Nordafrika lebte, seine Reste auf ein etwas südlicheres Vorkommen als die des *Bison* hinweisen, so lässt sich doch nicht mit Lartet (*Ann. d. sc. nat. 1861. Zool. XV. p. 230*) behaupten, das Verbreitungsgebiet seiner Reste sei ein grösseres als das des Bison gewesen, da die Reste des Letztern nicht nur einerseits bis zum Anadyr, dem nordöstlichsten Hauptstrom Asiens, andererseits bis Südfrankreich und Italien, sondern sogar, da der amerikanische Bison nur als eine Race des altweltlichen gelten möchte, über Nordamerika verbreitet sind.

Erwägen wir, dass bis jetzt erst Reste des *Ur* in Südsibirien und noch nicht im höhern Norden Russlands und fernern Osten Nordasiens, wie die des Bison gefunden wurden, während man deren in Algier entdeckte, so könnte man nach dem jetzigen Standpunkte unserer Kenntnisse der Ansicht zustimmen, er sei weniger nach Norden und Osten gegangen als der Bison, wie schon Rütimeyer meinte. Dass er aber, wie Nilsson glaubt (*Skandinav. Faun. p. 544*), im westlichen Europa häufiger vorkam als der *Bison*, möchte wohl mehr für einzelne Distrikte oder kleinere Ländergebiete, wie z. B. die Provinz Schonen gelten, wo der genannte, treffliche Naturforscher ein solches Verhältniss beobachtete. Auch in Bezug auf Würtemberg würde nach Jäger ein ähnliches Verhältniss stattgefunden haben. Ueberhaupt mag allerdings in grössern Walddistrikten je eine Art der fraglichen Stiere die andere ausgeschlossen haben, da wir durch Ostrorog wissen: man habe beide Arten nicht in ein und demselben Parke halten können, weil sie einander bekämpften.

Zweites Capitel.

Verbreitung des Urstiers in der historischen Zeit.

Wenn man der, schon von Aristoteles (*Hist. anim. I. 2*) ausgesprochenen, auch von Plinius (*H. N. VIII. LXXIX*) und fast allen neuern Naturforschern angenommenen Ansicht beitritt, dass alle gezähmten Thiere, wie die Pferde, Ochsen, Schweine, Schafe, Ziegen und Hunde von wilden Arten abstammen (eine Ansicht, die in Bezug auf die Schweine und Ziegen unwiderleglich feststeht), so wird man, wie billig, auch annehmen dürfen: es habe solche wilde Ochsen gegeben, denen die zahmen ihren Ursprung verdanken. Die ältesten schriftlichen Denkmäler dreier verschiedener, uralter Volksstämme (der Semiten, Arier und Chinesen), wie die *Bibel*, dann die *Veden*, nebst der *Zend-Avesta* und der *Chou-King*, erwähnen bereits gezähmter Rinder, jedoch geht nicht aus ihnen hervor, ob dieselben vom *Urstier*, dem *Zebu*, dem *Yak* oder dem *Büffel* abstammten. Wir finden indessen auf den theilweis auf eine noch viel ältere Zeit als die Veden und die Bibel hinweisenden egyptischen Denkmälern, ebenso wie auf den Assyrischen, eine Ochsenrace dargestellt*), die wie selbst der berühmte Apis, wovon ich einen von Ehrenberg mitgebrachten Schädel im Berliner Museum zu sehen Gelegenheit hatte, sehr wohl von *Bos primigenius* abstammen konnte. Die Egypter mochten übrigens, wenn sie aus Asien einwanderten, die Rinder von dort schon mitgebracht haben. Weniger wahrscheinlich ist es, dass sie dieselben erst später erhielten. Die Assyrer konnten sie entweder in frühen Zeiten im Norden ihres eigenen Landes eingefangen und gezähmt, oder mehr aus Osten von den Ariern erhalten haben, welches Letztere wohl weniger wahrscheinlich ist**). Für die Ansicht, dass die Zähmung des *Ur* in Asien begonnen habe, sprechen mehrere Thatsachen. Wir erinnern zunächst daran, dass Reste des fossilen *Bos primigenius* im Altaigebiet und im Ural aufgefunden wurden, so dass man an eine in frühern Zeiten, als Centralasien, wie man besonders durch die Reisen Lehmann's und Semenoff's weiss, weit wasser- und vegetationsreicher war, noch weiter gegen Süden bis zur Urheimath der Arier und Semiten fortgesetzte Verbreitung denken kann. Es erscheint eine

---

*) So sieht man bei Layard (*Ninive u. s. Ueberreste*, übers. v. Meissner. Taf. 25, Fig. 70) einen von Ochsen, die unsern Hausochsen gleichen, gezogenen Wagen dargestellt.

**) Hätte eine Angabe des Moses aus *Chorene*, die auf sehr alten Traditionen oder geschichtliche Ueberlieferungen sich zu stützen scheint, ihre Richtigkeit: der zu Folge Ninos in Assyrien bereits ein in der Civilisation, so wie in der Kenntniss der Künste und Wissenschaften schon weit vorgeschrittenes, selbst dem Namen nach unbekanntes, Volk vorfand, dessen Werke man zu zerstören bemüht war, dann ferner, dass der genannte Eroberer, ehe er Ninive gründete nach einer bei Stephanus von *Byzanz* erhaltenen Ueberlieferung in einer Stadt Namens Telanch residirte (Layard a. a. O. S. 337—38), so könnte man vermuthen jenes uralte, unbekannte Volk habe schon vor der Erbauung von Ninive gezähmte Rinder besessen, da die Zähmung von Thieren der höhern Kultur vorausgeht, ja diese nur ermöglicht.

solche Ansicht um so zulässiger, da wir das Vaterland seines
frühern Begleiters, des Bison, mit völliger Sicherheit mindestens
bis Mingrelien, ja in sehr frühen Zeiten noch weiter südlich,
vermuthlich auf Kleinasien und Medien, ja selbst auf Mesopotamien und Assyrien, nach Maassgabe der assyrischen Denkmäler
(s. meine Abhandlung über die Verbreitung des Bison, *S. 162*),
ausdehnen können. Dazu kommt, dass die (*ebd. S. 163.*) erwähnten wilden Ochsen Turkestans, worüber wir keine spezifische
Bestimmungen besitzen, möglicherweise zum Theil als *Bos primigenius* zu deuten wären. Der Umstand, dass die in Europa
seit den frühsten Zeiten im gezähmten Zustande vorgekommenen,
zum grossen Theil von den aus Asien in Europa eingewanderten
arischen Stämmen mitgebrachten Ochsen, selbst wenn wir *Bos
trochoceros, longifrons* und *frontosus* (die Rütimeyer nicht ohne
Grund für blosse Racen oder Varietäten des *Bos primigenius*
ansieht) mit H. v. Meyer, Owen und Nilsson für besondere
Arten halten wollen, sich in grosser Zahl ohne Zwang auf *Bos
primigenius* reduziren lassen, giebt ebenfalls einen Haltpunkt für
das frühere, in die Anfänge der Völkergeschichte zu versetzende
Vorkommen des wilden Urstiers in Centralasien, der grossen
Wiege vieler alter Kulturvölker. Für eine solche Anschauung
spricht endlich auch, dass die Namen*) des in Europa, Nord- und
Kleinasien gewöhnlich gezähmt vorkommenden *Bos taurus* durch
ihre Verwandtschaft auf einen gemeinsamen, semitisch-arischen
Ursprung hinweisen, wie schon Is. Geoffroy St.-Hilaire (*Hist.
nat. Génér. T. III. P. 91—95*) auf Grundlage der Untersuchungen A. Pictet's und Joly's theilweis bemerkt. Der Umstand, dass
wir zwar aus mongolischen Quellen Andeutungen (siehe eine Verbreitungsgeschichte des *Bison S. 163*) über das Vorkommen des
Bison in Centralasien, aber keine über das des wilden *Urstiers*
besitzen, kann es auf den ersten Blick als zweifelhaft erscheinen
lassen: ob auch der *Urstier* auf Centralasien sich verbreitet habe.
Bedenkt man aber, dass das Altaigebiet Reste des Letztern lieferte, dann dass der gemähnte, im vorgerückteren Alter mit einem

---

*) Man vergleiche hierüber meine synonymischen unten in einem besonderen
Abschnitte mitgetheilten Untersuchungen.

Buckel versehene, nach Moschus riechende, nicht gezähmte, ja wie es allen Anschein hat, mit Erfolg nicht zähmbare, *Zubr* mehr auffallen musste, als der den gezähmten Rindern ähnliche, mähnenlose *Ur*, so dürfte sich schon daraus erklären lassen, weshalb man über ihn schwieg. Es lassen sich übrigens zur Erklärung des Mangels von Nachrichten über den *Urstier*, noch andere Möglichkeiten denken. Der *Zubr* als die wildere Art, konnte den *Ur*, mit dem er, wie wir durch Ostrorog wissen, im Kampfe lebte, mehr nach Süden gedrängt und so den Völkern Centralasiens zugänglicher gemacht haben, die ihm vielleicht des wohlschmeckenderen Fleisches wegen, oder um ihn zu zähmen*) schon in einer sehr frühen Zeit mehr nachstellten, als dem wegen seiner Behaarung und seiner wilderen Natur mehr gefürchteten *Bison*, und daher den Erstern früher vernichteten. Die künftige paläontologische Untersuchung Kleinasiens, Assyriens, Mesopotamiens, so wie Centralasiens wird jedoch allein im Stande sein, das soeben vermuthete frühere Vorkommen und das Verhältniss der Zähmung des Urstiers in's Reine zu bringen. Bereits in meiner Verbreitungsgeschichte des Bison (*S. 165*), äusserte ich die Ansicht, dass die Volksagen der südsibirischen Tataren (W. Radloff: *Proben der Volksliteratur der südsibirischen Tataren. St. Petersburg 1866. 8.*) auf die frühere Gegenwart wilder Stiere, eines schwarzen und sogenannten blauen, in den Altaigegenden hindeuten, die nach Maassgabe der in Sibirien gefundenen, fossilen Reste nicht blos *Bisonten*, sondern auch *Ure* gewesen sein dürften.

In der Nordhälfte Ostasiens fehlt bis jetzt jeder Nachweis des wilden Urstieres. Knochenreste desselben hat man ebenso wenig wie lebende Individuen bis jetzt dort gefunden. Die erstern lassen sich indessen möglicherweise erwarten, da man deren wenigstens schon in den Altaigegenden fand. Gegen das Vorkommen lebender Individuen spricht aber, dass die drei bekannten Amurreisenden, die Hrn. v. Schrenck, Radde und Maack, weder selbst sie beobachteten, noch über ihr Vorkommen hörten und

---

*) Wie lange die Zähmung der wilden Stiere, selbst noch in Griechenland, fortgesetzt wurde, geht aus der unten näher zu besprechenden Stelle des Pausanias (*Phocic. X. 13*) hervor.

dass unter den Jagdthieren der Mandschurei, welche im Lobgedicht des Kaisers Kien-loung vorkommen (Plath, *Geschichte des östlichen Asiens. Th. I. Abth. 1. S. 11*), *wilde Ochsen* keineswegs erwähnt werden.

Der Umstand, dass Cäsar (*d. b. gallico*) in der später näher zu besprechenden Stelle, bei Gelegenheit der Beschreibung des *Urstieres* bemerkt, dass die Germanen sich der Hörner als Trinkgeschirre bedienten, während auch die griechischen Völkerschaften Ochenhörner zu demselben Zwecke gebrauchten, lässt vermuthen, dass ein Theil der wilden Ochsen Herodot's (*VII. 126*), welche zwischen den Flüssen Nestos und Achelaus lebten, deren grosse Hörner man nach Griechenland verhandelte, theilweis *Ure* waren. — Auf das frühere Vorkommen des *Ur* in den nördlich vom eigentlichen Griechenland gelegenen Ländern, dürfte aber namentlich nach meiner Ansicht, eine die obige Deutung der Mittheilungen Herodot's unterstützende Stelle des Pausanias (*Phocic. X. 13*) theilweis hinweisen, indem er darin vom Einfangen wilder Ochsen, obgleich er sie Βίσονες nennt, behufs der Zähmung spricht*), die sich also auf den niemals als Hausthier benutzten Bison (den *Bonasus*)**) nicht ganz, wie man bisher annahm, sondern nur zum Theil beziehen lassen. Nach Pausanias stellte man die Jagd auf folgende Weise an: Man bedeckte eine Höhe, vor der sich ein tiefer, künstlicher Graben hinzog, mit geölten und dadurch schlüpfrig gemachten Ochsenhäuten, nach-

---

*) Der Fang von Ochsen in Gräben, um sie zu zähmen, giebt einen, wie es scheint, intressanten Fingerzeig für die Art und Weise wie sich die Völker der Vorzeit ihre Hausthiere verschafften. Zur Zähmung mag man freilich hauptsächlich junge Thiere eingefangen haben.

**) Man hat zwar einmal in Russland das Project gemacht, die Zubr zu zähmen und zu diesem Zwecke im Bialowescher Walde mehrere ganz junge Kälber eingefangen, die allerdings keine grosse Wildheit zeigten (Dolmatow im *Journal Sowremennik*, 1848, Bd. II. S. 174 ff.); die Zähmungsversuche dauernten aber nur kurze Zeit. Zwei der eingefangenen Kälber, die in Zarskoje-Selo unterhalten wurden, zeigten als sie erwachsen waren, ihr bekanntes wildes Naturell. Hätten die alten Völker den *Zubr* zur Zähmung ebenso geeignet gefunden als den *Ur* (*Bos primigenius*), so hätten sie sicher auch ihn gezähmt. Nicht eine unserer Rindviehracen kann aber vom *Bison* hergeleitet werden, obgleich man ihn früher irrigerweise als Stammvater der zahmen Rinder betrachtete, was vielleicht auf Verwechselung mit den *Ur* und den später fälschlich auf den *Bison* übertragenen Namen *Ur* oder *Auerochse* beruht.

dem man auf jeder Seite des Grabens einen starken Zaun gezogen hatte. Dann trieb man auf Pferden sitzend die Ochsen auf die Häute, auf denen sie ausglitten und in den Graben rollten. Dort ermattete man sie durch vier- bis fünftägigen Hunger. Um sie dann weiter zur Zähmung vorzubereiten, brachte man ihnen, weil sie kein anderes Futter nahmen, anfangs Fichtenzapfen (?), (ob nicht eher junge Zweige von Nadelhölzern?). Endlich konnte man sie binden und fortführen. Die Wahrscheinlichkeit des frühern Vorkommens des *Ur* in den nördlich von Griechenland gelegenen Ländern, wird übrigens durch die oben erwähnten, von Nordmann in Bessarabien gefundenen Knochenreste unterstützt, die freilich auf eine noch viel ältere Zeit hinweisen und daher noch keinen ganz direkten Beweis liefern.

Die vorstehenden Bemerkungen beziehen sich nur auf die hohe Wahrscheinlichkeit des frühern Vorkommens des *Urochsen* in Nord- und Centralasien, wie im Norden von Griechenland. Es giebt indessen historische Thatsachen, die direkt darauf hinweisen, dass er noch vor mehreren Jahrhunderten im ungezähmten Zustande, wenigstens in Parken, gehegt wurde, ja in Grossbritannien noch jetzt als gehegtes, aber nach und nach verändertes, Thier in einem Parke (Chillingham) vorzukommen scheint.

Als in freiem Zustande lebende Thiere, fanden sich nach Cäsar (*De bell. gall. VI. cap. 28*) im Hercynerwalde wilde Ochsen, die er *uri* nennt. Er sagt von ihnen: «Tertium est genus eorum, qui uri appellantur. Hi sunt magnitudine paulo infra elephantos, specie et figura tauri. Magna vis eorum est et magna velocitas, neque homini, neque ferae, quam conspexerunt, parcunt. Hos studiose foveis captos interficiunt. Hoc se labore durant adolescentes atque hoc genere venationis exercent et qui plurimos ex his interfecerunt, relatis in publicum cornibus, quae sint testimonio, magnam ferunt laudem. Sed adsuescere ad homines et mansuefieri ne parvuli quidem excepti possunt. Amplitudo cornuum et figura et species multum a boum nostrorum cornibus differunt.»

Vergleicht man indessen die Stelle genauer, so findet sich, dass das Meiste, was Cäsar über seine *Uri* sagte, ebenso gut, ja sogar theilweis nur, auf den *Bison* bezogen werden könne. Daher meinte schon Pallas (*Act. Petropol, 1777. P. II. p. 232*) die fragliche Stelle passe nur auf den Bison. Linné (*Syst. nat. ed. 12*) so wie Cuvier (*Rech. VI. a. a. O.*), deuteten dagegen ohne Bedenken Cäsar's *Uri* auf eine vom Bison verschiedene Art; Linné zog sie namentlich zu seinen *Bos taurus*, wogegen Pusch (a. a. O.) und Weissenborn (Fror. *N. Not. Bd. XL. n. 9. 1847*) Einsprache erhoben, welchen Letztern Jäger (*Jahresber. d. naturw. Vereins in Würtemberg, III. 1847. S. 176*) zu widerlegen suchte. Inzwischen stellte Gervais (*Zool. et Paléontolog. française. 2 éd. p. 132*), ohne freilich Pallas, Pusch, Weissenborn und Jaeger anzuführen, ebenfalls die Ansicht auf, die *Uri* des Cäsar seien der nach Sarmatien zu verlegende *Bonasus* des Aristoteles, der Auerochs der Neuern. Offenbar versteht indessen Cäsar unter *Uri* zwei Arten Stiere. Die Worte *specie et figura tauri* und die von ihm nicht erwähnte Mähne, ebenso wie der Name *Ur*, deuten wenigstens auf den *Urus* des Plinius, Seneca und des Niebelungenliedes, den *bubalus* des Martial hin. Der Schluss der Stelle des Cäsar von den Worten an: «Sed adsuescere ad hominem» kann aber nicht auf den eigentlichen *urus*, der gezähm wurde, bezogen werden, sondern passt offenbar auf den Bison.

Plinius, der selbst in Deutschland ein Commando hatte und jedenfalls ein besserer Naturkundiger als Cäsar war, sagt: (*H. N. VIII. c. XV. 5.*) «Paucissima Scythia gignit inopia fruticum, pauca contermina Germania, insignia tamen boum ferorum genera, jubatos bisontes excellentique vi et velocitate *Uros*, quibus imperitum vulgus *bubalorum* nomen imponit.» Er unterscheidet also positiv die gemähnten *Bisonten* von den *Uren* oder *bubali*, die Cäsar zusammenwirft, so dass Cäsar's *Uri* als zwei Arten wilder Ochsen, nicht als eine einzige Art aufzufassen sind.

Seneca folgt offenbar Plinius, denn (*Hippol. act. I. v. 63*) heisst es:

«Tibi villosi terga bisontes
Latisque feri cornibus uri.»

Bei Martial, *Spect. ep. XXIII* lesen wir:

«Illi cessit atrox bubalus atque bison.»

Dass unter *bubalus* im eben mitgetheilten Verse des Martial der *Ur* gemeint sei, geht daraus hervor, dass Plinius, wie wir bereits sahen, den *bubalus* als Synonym des *Urus* ausdrücklich anführt. Auch lesen wir als Bestätigung dieser Angabe bei Solinus, *c. 23:* «In tractu saltus Hercynii et in omni septentrionali plaga bisontes frequentissimi sunt, bovis feris similes, setosi, collo jubis horridi. Sunt et uri, quos imperitum vulgus vocat bubalos».

Die jetzt als *bubalus* bezeichnete Rinderart kann auf keinen Fall darunter gemeint sein, wie Gervais glaubt, wenn sie auch Aristoteles bereits als arachosischen Ochsen beschreibt und die alten Assyrier, wie Layard (*Niniv. S. 404*) vermuthet, möglicherweise bereits auch zahme Büffel besessen haben könnten, da die Büffel erst im 7. Jahrhundert (693) in Italien eingeführt wurden. (Cuv. *Rech. VI. p. 248—49*). Wir dürfen also wohl annehmen, dass zur Zeit des Cäsar, Plinius, Seneca, Martial und Solinus es in Deutschland nicht blos noch *Bisonten*, sondern auch *Ure* gab. Dass die Letztern, ebenso wie die *Bisonten*, im römischen Circus erschienen, beweist die angeführte Stelle des Martial. Die *Ure* kamen übrigens selbst noch in viel späterer Zeit in Deutschland und andern Ländern vor, wie man aus den nachstehenden Angaben folgern darf. In den im sechsten oder siebenten Jahrhundert verfassten *Leges Allamanorum* (Heineccii *Corpus Jur. German. antiq. p. 238. Titul. 99. § 1.*) heisst es: «Si quis bisontem, bubalum (d. h. urum) vel cervum qui prurigit furaverit aut occiderit duodecim solidos componat.»

Wenn der wilde Stier, welcher Karl den Grossen in der Nähe von Aachen auf einer Jagd verwundete, wirklich ein *Ur* war, wie der ungenannte Abt von St. Gallen (*De gestis Caroli,* in Bouquet: *Recueil d'hist. des Gaules. T. V. p. 125*) berichtet, so wäre diese Angabe ein zweites Zeugniss, dass *Bos primigenius* noch zur Zeit des genannten mächtigen Kaisers, in den Rheingegenden lebte.

Die bekannten Verse des Niebelungenliedes (nach Lachmann's *Ausg. v. 880,* nach andern Ausg. *Stroph. 945, v. 1. u. 2*):

> Dar nach sluoc er schiere einen Wisent und einen Elch,
> Starker Ure viere und einen grimmen Schelch.

weisen unverkennbar darauf hin, dass nicht nur zur Zeit als die berühmte Jagd Siegfried's zwischen dem Rhein und dem Odenwalde stattfand, sondern vermuthlich selbst noch zur Zeit der ersten Redaktion des Niebelungenliedes, im zwölften Jahrhundert, in den genannten Gegenden noch *Ure* vorhanden waren. Zu den Zeiten Isidor's (im 7. Jahrhundert) mochte es deren auch wohl noch im Harzwalde geben, so dass die von ihm (*Origin. 12. 1. p. 1113*) erwähnten *Uri agrestes* auf lebende bezogen werden könnten, falls er nicht unter *Uri* theilweis auch *Bisontes* meint, für welche letztere Annahme jedoch kein Beweis vorliegt. In Böhmen fanden sich deren sogar noch viel später, denn Cantaprinus der im 13. Jahrhundert (1244) schrieb (*Verhandl. des vaterländ. Museums in Böhmen. Prag 1823. H. 2. p. 58*) sagt: «in Bohemia reperiuntur *Zubrones* et aliud genus, quod Polones *Thurones* vocant.» — Joh. v. Marignola führt in seiner böhmischen Chronik (1355) (*Verhandl. d. Ges. vaterländ. Gesch. in Böhmen. Heft 1. S. 64*) *Bubali* (= Uri) et *Bisontes* (= Zubri) an. Die letzte Stelle deutet also darauf hin, dass *Bos primigenius* selbst noch im 14. Jahrhundert in Böhmen vorhanden war. Er konnte indessen vielleicht um diese Zeit auch noch in manchen andern Theilen Deutschlands, wenn auch nur im geschonten Zustande, existiren. Aus einer Bemerkung Herberstain's (*Commentarii p. 119*) lässt sich aber der Schluss ziehen, dass er in Deutschland wenigstens, vermuthlich aber auch in dem von ihm dazu gerechneten Böhmen, im 16. Jahrhundert bereits fehlte. Hamilton Smith bei Griffith (*Anim. kingd. Vol. IV. p. 416*) berichtet zwar: er habe in Augsburg bei einem Händler das Gemälde eines wilden Ochsen gefunden, das nach Maassgabe seines Styls aus dem ersten Viertel des 16. Jahrhunderts datiren soll. Es ist dasselbe, wovon er eine Kopie unter dem Titel (*The wild Ox, Bos, Urus*) liefert. Dass das dargestellte Thier kein *Bison* sei, sondern eine bart-, mähnen- und buckellose, mit dem Hausrinde übereinstimmende Rinderform darstelle, ist klar. Auch spricht das in der Ecke des Gemäldes mit dem in goldenen Buchstaben in germanischen Charakteren geschriebenen slavischen Worte *Thur* angebrachte Wappen für das Alter des Gemäldes. Der slavische Name *Thur* könnte auf Böhmen oder Polen als das Land hinweisen, wo das fragliche Gemälde angefertigt wurde. Die germanischen Charaktere, worin das slavische Wort geschrieben ist, deuten jedoch auf einen deutschen Künstler. Stammte es indessen wirklich erst aus dem Anfange des 16. Jahrhunderts, so konnte es nicht wohl in Böhmen, sondern eher in Polen gemalt sein und möglicherweise aus der Zeit Herberstain's stammen. Wurde namentlich das Gemälde nach der Natur zu Anfange des 16. Jahrhunderts angefertigt, war es also nicht etwa eine Kopie, so ist es jedenfalls am wahrscheinlichsten, dass es in Polen gemalt wurde, wo nach Herberstain und Andern im 16. Jahrhundert die letzten Reste des wilden Ur auf dem Festlande Europas lebten; ja wo Herberstain nach einem Zeugnisse Gesner's (*De Quadrup. L. I. De Uro p. 145*) eine Abbildung des *Ur* nach der Natur anfertigen liess. Es ist Schade, dass H. Smith nicht eine genaue Kopie des Wappens beigefügt hat, da dieses möglicherweise einen Haltpunkt verschaffen könnte. Jedenfalls giebt das Gemälde keinen Grund zur Bestätigung der Herberstain widersprechenden Annahme, dass in Deutschland im 16. Jahrhundert noch *Bos primigenius* wild existirte. Wäre es übrigens wirklich im 16. Jahrhundert in Polen angefertigt, so spräche es für die Ansicht, dass dort damals noch wirklich *Ure* lebten und lieferte gegen Pusch zugleich einen neuen, wichtigen Beweis für die Richtigkeit der Angaben Herberstain's, Schneeberger's u. s. w.

Zu den Ländern, in welchen der *Urstier* noch lange nach der Römerzeit lebte, gehört Preussen; eine Annahme wofür nachstehende Zeugnisse sprechen.

Lucas David (*Preuss. Chronik. Bd. II. S. 121*) nennt unter dem Wilde, welches 1240 in Preussen sich fand, ausser wilden Pferden und Elenen, auch Auerochsen und Visonten.

Bei Erasmus Stella (*Antiquitat. Borussic. Lib. I. c, 20*) findet sich eine auf die erste Zeit der Ordensherrschaft in Preussen (das 13. Jahrhundert) hinweisende Stelle, worin noch *Uri* und *Bisontes* erwähnt werden.

Cramer (*Pommersch. Kirchen-Hist. 1603. 4. S. 64. Pom-*

mersche Provinzialbl. I. S. 323) erzählt, dass der Fürst Wladislaw V etwa um 1364 in Hinterpommern einen *Wisant*, grösser als einen *Urochs*, erlegte.

Hat die letztere Angabe ihre Richtigkeit, so wären möglicherweise sogar noch in Pommern, in der Mitte des 14. Jahrhunderts *Ure* vorhanden gewesen.

Ein Theil der wilden Stiere, welche nach Strabo (*Geogr. IV.* 6) die Alpen bewohnten, darf wohl um so eher als *Urstiere* angesehen werden, da man in neueren Zeiten noch häufiger Reste derselben in der Schweiz gefunden hat als vom *Bison*. Namentlich enthalten, wie wir bereits sahen, die Pfahlbauten nach Rütimeyer *(Faun. d. Pfahlb. S. 70—72)* zahlreiche Reste des *Urstiers*, so dass dieser im Steinalter der Schweiz weit reichlicher vertreten war als der *Bison*. «Wir sehen den *Urochs*, sagt Rütimeyer, ohne Brücke und ohne Sprung mit einer durchaus nicht culturlosen menschlichen Gesellschaft auftreten, die auf ihn Jagd macht; allein gleichfalls direkte, oder Mischungsabkömmlinge dieses Zeitgenossen des *Nashorns* und *Flusspferdes* im Stalle pflegt und melkt. In der Schieferkohle von Dürnten (die von einer bis 30 Fuss mächtigen Geröll- und Sandschicht überdeckt ist, worauf Findlinge lagern (Oswald Heer, *Urwelt S. 487*), fand man vollständige Reste des *Urochsen*, mit denen von *Rhinoceros leptorhinus* und des *Edelhirsches* (*Cervus elaphus*). Bei Robenhausen finden wir, mit Ausnahme des Nashorns, dieselben Thiere als Jagdbeute eines Volkes, das Lein zu spinnen und zu weben wusste und Heerden von Vieh hielt, welches nur etwas an Grösse hinter dem *Urochsen* zurückstand.» Auf S. 112 bemerkt er: «in einer vertikalen Höhe von 30 Fuss treffen wir den *Urochs* in Begleit des *Elephas antiquus* in der Kohle von Dürnten, später den *Urochs* mit dem *Mammuth* im Diluvium des Rheinthales, noch später das Renthier und Murmelthier. Noch höher liegt der Torf von Robenhausen, wo der *Urochs* mit dem *Wisent* und *Elen* in Menge auftritt. Der *Ur*, *Wisent* und *Elch* erscheinen in der berühmten (in der oben citirten Stelle des Niebelungenliedes geschilderten) Jagd zu Worms, im zwölften Jahrhundert mit dem bisher in den Pfahlbauten vermissten *Schelch*.»

Der Urochse soll übrigens nach Morlot (*Bull. d. l. soc. Vaud. 1860. T. VI. p. 297*) noch im 10. Jahrh. in der Schweiz gelebt haben. Der *Urstier* existirte aber nicht nur noch länger als die Bewohner der Pfahlbauten, sondern selbst noch länger als bis zum 10. Jahrhundert in der Schweiz, da der erst im letzten Drittel des 11. Jahrhunderts (1070) verstorbene Mönch Ekkehard (*Benedictiones ad mensas Ekkehardi monachi Sangallensis, Mém. d. l. soc. d. antiquaires de Zürich, T. III. und* Morlot, *Bullet. d. l. Soc. Vaudoise. 1860. T. VI. p. 279*) ihn noch in folgenden Versen unter den damaligen Fastenspeisen aufführt:

> Signet vesontem benedictio cornipotentem
> Dextra dei veri comes assit carnibus uri
> Sit bos sylvanus sub trino nomine sanus
> Sit feralis equi caro dulcis in hac cruce Christi.

Eine solche Annahme gewinnt an Wahrscheinlichkeit, wenn wir bedenken, dass er zur Zeit der, vielleicht etwas spätern, Redaktion des Niebelungenliedes noch in den Rheingegenden vorhanden war, in Böhmen noch im 14. Jahrhundert, in Polen aber sogar noch im 16. Jahrhundert lebte.

Auf das Vorkommen des *Urstiers*, während der historischen Zeit in Frankreich, deuten gleichfalls mehrere Angaben hin.

Die älteste, auf das damalige Vorhandensein der *Ure* in den Pyrenäen bezügliche, ist die zu dem Verse des Virgil (*Georg. Lib. II. v. 374*): «Sylvestres uri assidue capreaeque sequaces includunt» von Servius (im 5. Jahrhundert) gemachte Bemerkung: «boves sylvestres, qui in Pyrenaeo nascuntur monte.»

Der gewaltige *bubalus* (oder ταῦρος ὑλονόμος καὶ ὄρειος), welcher nach Agathias (*Hist. Lib. I. 4*) dem König Theodebert von Austrasien (547) mittelst eines Zweiges eines umgeworfenen Baumes eine tödliche Kopfverletzung beibrachte, könnte allerdings auch ein *Ur* gewesen sein; falls nicht der genannte Herrscher, wie Gregor von Tours berichtet, an einer Krankheit starb (Huguenin, *Hist. d. roy. Mérovingien d'Austrasie. Paris 1862, p. 88*), die freilich eine Folge jener Verletzung sein konnte.

Dass ein Gönner des Dichters Fortunatus, der Major Domus des Königs Sigebert von Austrasien (Gog), in den Ardennen und Vogesen den *bubalus* (d. h. nach dem unbekannten Verfasser des Martyriums der heiligen Genoveva, den *Ur* der Deutschen) (*etwa um 560 ff.*) jagte, beweisen folgende Verse des genannten Dichters (*Lib. VI. poem. IV*).

> Ardenna, au Vosagus, cervi, caprae, Helicis ursi
> Caede sagittifera silva fragore tonat,
> Seu validi bubali ferit inter cornua campum.

Nach Maasgabe des Namens *bubalus*, womit man schon den *Ur* bei den Römern, nach Plinius und Solinus fälschlich, bezeichnete und der obigen Mittheilungen, war der in den Vogesen in einem königlichen Walde unerlaubterweise getödtete wilde Stier, den König Guntram von Orleans und Burgund (um 590) fand, weshalb dieser grausame Herrscher die Personen, welche denselben erlegt hatten (seinen Kammerherrn, so wie den Neffen desselben, nebst dem Jägermeister) hinrichten liess, wohl ein *Urstier* (Gregor v. Tour, *geb. 544. Lib. X. c. X.*).

Beachtenswerth ist eine bisher keiner nähern Aufmerksamkeit gewürdigte Stelle bei Gesner (*De quadruped. p. 127*). Sie lautet: «Boves quidam sylvestres (boeuf brau(?) habentur in Gallia juxta mare mediterraneum prope Montempessulanum in parte loci, quem Paludem vocant, muris cincta. Mansuetis longe majores sunt, ut audio, et capiuntur a viris, qui celerrimis equis insident cum hastilibus, hi vel statim conficiunt boves vel in angustum quendam locum adactos includunt.»

Waren dies wirklich *Ure*, die man, wie in Schottland und Polen, in einem Parke noch zur Zeit Gesner's, im 16. Jahrh., hegte, oder Ochsen, die man für Stierkämpfe unterhielt? Mit der erstern Annahme steht der Umstand im Widerspruch, dass im Miroir des Gaston Phoebus keine Jagden wilder Ochsen mehr beschrieben werden. (S. meine Verbreitungsgesch. des *Bison* S. 174).

Dass es vor fünfhundert Jahren in den Wäldern Frankreichs überhaupt keine wilde Ochsen mehr gab, wurde schon bei der Verbreitung des Bison angedeutet. Wahrscheinlich gingen sie bereits viel früher unter, da sie schon, wie sich aus Guntram's grausamer Handlung zu ergeben scheint, zu seiner Zeit ein seltenes, hochgeachtetes Regale bildeten.

Hu der grossse Cymren-Beherrscher, fand Biber und wilde Stiere in Grossbritannien (Diefenbach, *Celtica II. S. 124*).

Nilsson *(Ann. mag. n. h. 2 ser. IV. 1849. p. 420)* ist zwar der Meinung, dass wohl in Britannien, als Cäsar dahin vordrang, keine wilden Stiere mehr vorgekommen seien, weil die Römer sie nicht erwähnten. Gegen eine solche Auffassung sprechen indessen nicht zu verachtende Thatsachen.

Nach Whitaker *(History of Manchester, p. 340)* waren wilde Kühe und Bullen im vierten Jahrhundert und einige Jahrhunderte nachher in England sehr häufig.

In der ersten Series der *Annal. u. Magaz. n. hist. (Vol. III. (1839) p. 356)* macht ein R. T. unterzeichneter Gelehrter aus Matthew Paris (*Vitae Sancti Albani Abbatum, p. 28*) eine Mittheilung, woraus hervorgeht, dass zur Zeit Eduard des Bekenners, also nach der Mitte des 10. Jahrhunderts, nicht nur in den Wäldern von Caledonien und des nördlichen Theiles von England, sondern auch in den mittlern Gebieten desselben Heerden wilder Ochsen existirten. Derselbe mit R. T. unterzeichnete Gelehrte theilt (*Ann. a. Mag. n. h. sec. ser. Vol. IV, p. 423*) eine Stelle aus Fitzstephen (*Descriptio nobilissimae civitatis Londoniae*) mit, die sich ungefähr auf das Jahr 1174 bezieht, worin die grossen, Hirsche, Rehe, wilde Schweine und wilde Stiere beherbergenden Wälder der Umgegenden Londons geschildert werden. Die wilden Stiere waren, wie Pegge in seiner Ausgabe vermuthet, wahrscheinlich *buffaloes*. (King Cnut's *Constitutiones de Foresta in* Spelman's *Glossary p. 241*, besonders aber Thorpe's *Ancient Laws of England. 8. Vol. I. p. 429. c. XXVII*). Ob nun aber der Ausdruck *buffaloes*, dessen sich Pegge bedient, blos auf *Ure*, nicht theilweis auch auf *Bisonten*, zu deuten wäre, möchte nicht sicher sein. Da, wie die fossilen Reste nachweisen, beide Arten früher in England, sogar in den damaligen grossen Wäldern, in der Nähe London's vorkamen (siehe meine Verbreitungsgeschichte des Wisent *S. 174* und die obige Angabe). Man darf daher wohl eher die *buffaloes* Pegge's, die im 12. Jahrhundert in England lebten, auf beide wilde Ochsenarten beziehen und mit A. Smith *(James. Journ. 1853. LIV)* als gewiss annehmen: es habe in frühster geschichtlicher Zeit in England, sowohl den *zottigen Bison*, als auch den mächtigen *langhörnigen Ur* gegeben.

Heinrich I. bestätigte (etwa um 1100) den Londonern das Recht, in den Wäldern von Chiltern, Middlesex und Surrey zu jagen. Zu jener Zeit existirten aber noch, wie die oben citirte Stelle Fitzstephen's bezeugt, dort wilde Ochsen. Der Wald von Middlesex wurde namentlich erst 1218 unter Heinrich III, also über 100 Jahre später, entforstet.

Der bereits oben erwähnte, nach einer Mittheilung von Woods, in einem Tumulus zu Wiltshire Downs nebst andern Knochen und Ueberresten alter britischer Töpferarbeit, entdeckte Schädel des Urstiers, könnte ebenfalls auf das Vorkommen desselben in Grossbritannien während der historischen Zeit hinweisen.

Beachtenswerth erscheint vielleicht hinsichtlich des frühern Vorkommens des *Ur*'s in Grossbritannien (?), nachstehende von Hamilton Smith zu seiner Kopie des Ur gemachte Bemerkung in Griffith An. Kingd. *IV. p. 417:* «This figure agrees with that on the stone of Clunia with a Celtiberian (?) inscription and representing a hunter facing a wild bull», ebenso wie seine Note ebd. p. 416, worin er sagt, der Ursprung der spanischen Stiergefechte sei wohl von den Stierjagden herzuleiten*). Eine celtiberische Vase mit einer noch nicht entzifferten celtiberischen Inschrift, stelle namentlich einen Ochsen nebst dem Jäger dar. Die letzterwähnte Note dürfte sich übrigens, wenn die Inschrift wirklich eine celtiberische ist, vielleicht eher, oder ebenso gut, auf Frankreich beziehen können.

Was die von Boethius (*Historia Scotorum. Paris 1526 und 1574 fol. 6. lin. 63*) und 52 Jahre später von Bischof Leslie (*De Origine, Moribus et Rebus Gestis Scotorum. Romae 1578* und *ed. 1675 p. 18*) gemachten Mittheilungen über wilde Ochsen in Schottland anlangt, so datiren sie aus einer um mehr als 350 Jahre spätern Zeit als die vorher erwähnten von Fitzstephen.

---

*) Ich denke sie dürften eher Nachahmungen der Vorstellungen im römischen Circus sein.

Die ausgedehnten caledonischen Wälder gelten ihnen daher auch schon als eine frühere Erscheinung. Beide sprechen indessen von weissen gemähnten Ochsen, die den zahmen ähnelten, aber sehr wild und ungezähmt seien. Ihren meist übereinstimmenden Angaben*) zu Folge, waren dieselben früher im ganzen, grossen Caledonischen Walde verbreitet, wurden aber durch die menschliche Fressgier in so weit vertilgt, dass sie nach Boethius nur in Cummernald, nach Leslie aber ausserdem noch zu Striviling und Kinkarn sich fanden. Es mögen dies die Orte Schottlands gewesen sein, wo in den Bergwäldern nach Sibbald (*Scot. illustr. 1684 Hist. anim. p. 7*) noch wilde Ochsen vorkamen und wovon nach Pennant (*Arct. Zool. I. 2, 6*) im Jahre 1468 sechs Stück zu einem Festmahle erlegt wurden.

In den weissen Rindern des Boethius und Leslie erkennt man sogleich die des Chillingham-Parkes**) in Northumberland; dieselben, welche Walter Scott in seiner Ballade *Cadyon Castle* als Nachkommen der frühern Bewohner der Caledonischen Wälder besingt. Hindmarsh, nebst dem Earl of Tankerwille, dem Besitzer des Chillingham-Parkes, denen wir interessante Mittheilungen über die fragliche, *Wild with Cattle* genannte, Rinderform des genannten Parkes verdanken (*Ann. a. Magaz. n. h. 1 ser. Vol. II. p. 274*), gestehen indessen selbst zu: es liege kein stricter Beweis vor, dass die fraglichen Rinder wirklich direkte Nachkommen des Ur's seien, da schon vor 200 Jahren ihr Alter sich in ein vorzeitiges Dunkel verlor. Sie halten es jedoch für an-

---

*) Die Uebereinstimmung möchte dadurch zu erklären sein, dass Leslie meist aus Boethius seine Mittheilungen entlehnte, die auch Gesner (*De quadruped. Lib. I. p. 130*) zur Beschreibung und Darstellung seines *Bison albus scoticus* benutzte, dem er einen eigenen Abschnitt widmete.

**) Es soll zum Prunk des schottischen Adels in früheren Zeiten gehört haben, einen Theil der in den Caledonischen Wäldern lebenden wilden Ochsen in ihren Parken einzuhegen (Bujack, *Provinzialbl, Bd. XV. S. 433*). Ausser dem Parke von Chillingham werden auch noch die Parke von Charley, Burton Constable, Hamilton, Lynn (in Cheshire) und Duncanring (Dumfries-shire) als solche genannt, worin wilde Ochsen gehegt wurden. Im Jahre 1839 fanden sich deren nur noch in Chartley und Chillingham-Park. In Letzterem waren deren im Jahre 1838 80 Stück vorhanden (Hindmarsh, *Brit. Assoc, Newcastle 1838*; v. Froriep *N. Not. X. n. 6. 1839. p. 81*). Die zu Drumlanrig früher vorhandenen sollen 1780 weggetrieben worden sein.

nehmbar (*wahrscheinlich?*), sie seien Nachkommen der Stammrace der Insel.

Wenn nun aber Boethius und Leslie dem *Wild with Cattle* eine löwenartige Mähne zuschreiben, die vielleicht dem damit verwechselten Bison entlehnt wurde, so kann man ihnen hierin nicht beistimmen. Auch lässt sich nicht läugnen, dass die weissen Rinder, selbst wenn man zugiebt, dass sie direkt von Uren abstammen, nicht bereits im Verlaufe mehrerer Jahrhunderte durch die Hegung manche morphologische Veränderungen erlitten haben können, da derartige Erscheinungen auch bei andern gehegten Thieren eintreten. Namentlich ist ihre weisse Färbung im Gegensatz zur schwarzen, von Herberstain angegebenen, des *Urstiers*, ebenso wie die schlanken Hörner etwas verdächtig; um so mehr da Hindmarsh erwähnt (p. 283), dass vierzig Jahre früher der Aufseher des Parkes die schwarzöhrigen Exemplare vernichtete. Konnten nicht frühere Aufseher aus Liebhaberei ähnliche Veränderungen gemacht haben? Könnte also nicht selbst die weisse Farbe durch bereits in sehr früher Zeit (noch vor Boethius und Leslie) getroffene und beliebte Zuchtauswahl entstanden sein? Selbst wenn man also auch annimmt, dass sich in Chillingham-Park bis auf unsere Zeit direkte Nachkommen des Urstieres erhalten haben, so möchte sich doch wohl nicht behaupten lassen: sie wären reine Race-Repräsentanten ihrer Stammältern. Bereits Nilsson (*Ann. a. Mag. nat. hist. sec. ser. IV. (1849) p. 267*) meinte: die wilden Ochsen Schottlands, wovon er ein ausgestopftes Exemplar im britischen Museum sah, seien wohl nicht die letzten Ueberreste des *Urus* im wilden Zustande.

Nach A. Smith (*James. Journ. 1853 LIV. p. 122;* Leonh. n. Bronn, *Jahrb. 1853. p. 767*) wäre der *Wild with Cattle*, der in englischen Parks sich erhielt, schon im 10. Jahrhundert eine geschätzte Race gewesen, die vielleicht einen Abkömmling des *Bos longifrons*, oder eine Zwischenform zwischen den jetzigen Racen darstelle.

Rütimeyer (*Beitr. z. e. paläont. Gesch. der Wiederkauer* Linné's *Genus Bos p. 54*) ist geneigt, ihn für eine am meisten der primitiven Primigenius-Race ähnliche Rinderform zu erklären.

Gray (*Catal. of mammal. of'the brit. Mus. P. III* (*Ungulata*) *p. 7*) führt ihn unter *Bos taurus* auf.

Als strikter Beweis des Vorkommens des echten (unveränderten, ursprünglichen, typischen) *Bos primigenius* in der Gegenwart, kann also zu Folge der vorstehenden Mittheilungen, die fragliche Form wohl nicht angesehen werden.

Adam von Bremen (*Chorographia Scandinaviae ed.* Messenius, *p. 32*) lässt lebende Ure noch in Schweden vorkommen, wogegen Nilsson auftritt, indem er behauptet: dieselben seien dort schon in vorhistorischen Zeiten untergegangen (*Ann. a. Mag. N. H. sec. ser. IV* (*1849*) *p. 419*). Bedenkt man, dass in Schweden Reste des *Ur* in einer Tiefe von nur 10 Fuss, also in solchen Schichten der Torfmoore vorkamen, die möglicherweise erst vor etwa nur 1000 oder 1100 Jahren sich gebildet haben könnten, und dass es im zwölften Jahrhundert, ja sogar später noch, *Ure* in England, Deutschland und Polen gab, so konnten sie damals wohl auch noch zur Zeit Adam's in Skandinavien existiren, wenn sie auch nicht sehr weit nach Norden (bis Lappland) gingen, worauf Adam mit Unrecht hindeutet. — Eichwald (*Lethaea III. p. 373*) meinte sogar, dass der *Ur* in Deutschland bereits ausgerottet war als er noch in Schweden und Norwegen lebte, wofür ich indessen keinen Beweis kenne. In Christiania will derselbe übrigens aus Urhörnern angefertigte Trinkgefässe gesehen haben.

Cuvier (*Recherch. s. l. oss. foss. éd. 8. V.*) war der erste, welcher die Ansicht zu begründen bemüht war, dass der *Ur* noch im 16. Jahrhundert in Polen gelebt habe. Er stützte sich in dieser Beziehung hauptsächlich auf den Bericht des deutschen Kaiserlichen Gesandten Freiherrn von Herberstain (*Rerum moscovit. Comment. Basil. 1571. fol. p. 109—110*) und die Abbildungen des *Urus* und *Bison* desselben (p. 111 und 112). Cuvier's Ansicht, die bereits Pallas nicht getheilt hatte*), fand

---

*) Pallas hielt nämlich (*Act. Petrop. 1777. P. 2. p. 233* und *Neue Nord. Beitr. I. S. 3*) den *Thur* oder *Ur* Herberstain's mit Unrecht für einen verwilderten *Büffel*.

Widerspruch bei Bojanus (*Nov. Act. Academ. Caes. Leop. N. Cur. T. XIII. P. 2*), Jarocki (*Der Zubr oder lithauische Auerochse. Hamburg 1830. 8.*, so wie *Pisma rozmaite, II. p. 277*) und ganz besonders bei Pusch (*Polens Paläontologie. Stuttgart 1837. 4. p. 197*), während Brincken (*Mémoire descr. de la forêt du Bielawieza en Lithuanie. Varsovie 1828. 4.*), Eichwald (*Nov. Act. Acad. Caes. Leop. N. Cur. T. XVII. P. 1. p. 759*), Herrmann v. Meyer (1832) (*Nov. Act. Acad. Caes. Leop. Nat. Cur. T. XVII. P. 1. p. 101 ff.*) und Andr. Wagner Schreb. (*Säugethiere (Fortsetzung) V. 2. S. 1837*) Cuvier beistimmten. Ihren namhaftesten und gründlichsten Vertheidiger fand indessen die Cuvier'sche Ansicht an Herrn v. Baer, der dieselbe besonders gegen Pusch durch neue Thatsachen zu stützen bemüht war (s. *Bullet. sc. d. l'Acad. Imp. d. St.-Pétersb. 1 sér. T. IV. n. 8.* und Wiegm. *Arch. 1839. Bd. I. S. 62*). Dessenungeachtet aber blieb Pusch nicht nur bei seiner Meinung, sondern veröffentlichte sogar in Wiegmann's *Archiv (Jahrgang 1840. Bd. I. S. 47—137)* unter dem Titel *Neue Beiträge zur Erläuterung der Streitfrage über d. Tur u. Zubr (Urus und Bison)* eine Entgegnung, deren Bedeutung bisher nicht näher erörtert wurde, denn Bell (*Brit. quadr. p. 414*), Nilsson (*Skandin. Faun.*), Owen (*Brit. foss. mam.*), Pictet (*Paläont. I. p. 365*) Rütimeyer (*Untersuchung d. Thierreste aus d. Pfahlbauten. S. 61*) u. A. huldigten der Ansicht Cuvier's ohne weitere Bedenken. Man muss indessen nicht nur A. Wagner (Schreb. *Säugeth. Suppl. IV. 2. p. 515*) zugeben, dass die Arbeit Pusch's mit staunenswerther Gelehrsamkeit geschrieben sei, sondern auch sich eingestehen, dass sie näher zu besprechen sein wird, wenn man die dadurch mindestens verdächtigte Annahme Cuvier's noch ferner festhalten will *).

---

*) Auf die von Jarocki und Bojanus gegen Cuvier vorgebrachten wenigen und unbedeutenden Einwürfe brauche ich nicht näher einzugehen, da sie bereits durch Andr. Wagner (Schreb. *Säugeth. V. 2. S. 1492—93*) auf eine so genügende Weise widerlegt wurden, dass es unnütz sein würde, darauf zurückzukommen.

Olaus Magnus, Albertus Magnus und Jonston können bei unserer Frage nicht in Betracht kommen, da sie keine Thatsachen zur Entscheidung derselben liefern.

Pusch (*a. a. O. S. 53*) beginnt damit, dass er zunächst gegen Hrn. v. Baer den Werth der Zeugnisse Herberstain's zu entkräften sucht. Zuerst bemerkt er: Herberstain habe nur einmal wilde Ochsen 1516 bis 1517 zu Troiki, bei Wilna, in einem Parke gesehen, welche Bisonten waren, was indessen wohl nicht der Fall sein dürfte, da wir wohl annehmen können, er habe die Ture, wovon der König Sigismund von Polen ihm ein Exemplar schenkte, ebenfalls lebend in ihrem Parke beobachtet. Herberstain, so fährt er weiter fort, widerspräche sich selbst an zwei Stellen: an einer sage er: «Feras habet Lithuania, praeter eas, quae in Germania reperiuntur, *Bisontes*, *Uros*, *Alces*, *Equos sylvestres* etc.;» an einer andern dagegen: «*Uros* sola Masowia, Lithuaniae contermina, habet, quos ibi patruo nomine *Thur* vocant, nos Germani vero proprie *Urox* dicimus.» Der Widerspruch der ersten Stelle mit der zweiten lässt sich sehr gut erklären, wenn wir bedenken Herberstain habe bei ihrer Abfassung, die alte von Brincken (*Mém. descr. p. 69*) angeführte Sage im Auge gehabt, der zu Folge in früheren Zeiten der grosse, schwarze, wilde Ochse (*Tur*) mit dem *Zubr* die slavonischen Wälder bewohnte. Wir dürfen dies wohl um so eher annehmen, da Herberstain (p. 409) nicht nur den *Tur* und *Ur* für identisch erklärte, dann den *Tur* (Ur) und *Zubr* (Bison)

Olaus Magnus sagt blos: boves feri (*Auerochsen*) quos aliqui *uros*, alii *bisontes* vocant. Er zeigt also dadurch, dass er keinen Begriff von der Verschiedenheit der *uri* und *bisontes* hatte. — Albertus Magnus (*Lib.* 22 *de an. und II. c. 2*) wirft, wie schon Gesner (*De quadrup. p. 128*) und Aldrovand (*De quadr. bis. I. p. 350*) meinten, den *Bison* (*Visent*, *Vrisent* oder *Voesent*) gleichfalls mit dem *Urus* zusammen.

Johnston (*Hist. nat. 1657 p. 36 sqq.*) enthält zwar eigene Abschnitte über den *Urus*, *Bison*, *Donasus* und *Bubalus*. Jeder dieser Abschnitte ist jedoch nur eine unkritische Zusammenhäufung von Citaten, meist aus Gesner und Aldrovandi, worunter manche wichtige Angaben, wie die von Herberstain, Bonarus Schneeberger u. s. w. fehlen. Specielle, eigene, aus seinem Vaterlande (Polen) über den *Urus* und *Bison* mitgetheilte Nachrichten werden bei ihm ganz vermisst. Man kann daher, was Jouston anlangt, nur dem ungünstigem Urtheile beistimmen, welches Hr. v. Baer (Wiegm. *Arch. a. a. O. S. 68*) im Widerspruche mit der Ansicht von Pusch, gefällt hat.

Nieremberg's Angabe (*Hist. anim. Lib. V*): Septentrionalis regiones alunt *Tragelaphum* ex genere cervorum, *Urum* et *Bisontem*, hat gleichfalls keine Bedeutung.

nicht blos als zwei besondere Arten aufführt, sondern sogar für den *Tur* unterscheidende Kennzeichen angiebt, wie aus seinen nachstehenden Worten hervorgeht: «*Bisontem* Lithuani lingua patria vocant *Suber*, Germani improprie *Aurox* vel *Urox*, quod nominis *Uro* convenit, qui plane bovinam habet formam, cum *Bisontes* specie sint dissimillimi. Sunt enim (fährt er p. 110 fort) *Uri Boves sylvestres* nihil a domesticis bobus distantes, nisi quod omnes nigri sunt et ductum quendam instar lineae ex albo mixtam per dorsum habent. Non est magna eorum copia suntque pagi certi, quibus cura et custodia eorum incumbit; nec fere aliter quam in vivariis servantur. Miscentur vaccis domesticis et ejusmodi mixtione nascuntur vituli non natales. Sigismundus rex exenteratum mihi donavit, recisa tamen pelle, quae frontem tegit.» Endlich setzte Herberstain ohne irgend ein Bedenken über seinen Holzschnitt des *Wisent* (*p. 112*), *Bisons* sum, Polonis *Suber*, Germanis *Bisont*, Ignari *Uri* nomen dederunt und über seine ebenfalls xylographirte Figur des Tur, p. 110: *Urus* sum, Polonis Tur, Germanis *Aurox*, Ignari *Bisontis* nomen dederunt. Die beiden Figuren stellen aber ganz entschieden zwei verschiedene Arten dar, den *Bison* (*Bos priscus s. Bison*) und den *Ur*. Dass sie nach dem Leben angefertigt wurden (wogegen Pusch *p. 63* Einwendungen machte), berichtet uns Gesner (*De Quadr. Lib. I. ed. Francof. p. 145*). Er sagt nämlich: «Haec *Uri* icon et *Bisonis* (Copien der Herberstain'schen) ad vivum redditae sunt, ut Vuolfgangius Lazius nobis asseruit, cura Liberi Baronis in Herberstain.» — Herberstain's Mittheilungen und Abbildungen liefern also sonder Zweifel ein beachtenswerthes Material für die Entscheidung der Frage. Allerdings enthalten auch die eben aus Herberstain entlehnten Mittheilungen, genauer betrachtet, einzelne von Pusch gerügte Irrthümer, welche indessen durch die damalige Zeit und den Umstand entschuldigt werden können, dass Herberstain weder Naturforscher noch Sprachkenner war. So heisst der *Bison* im Lithauischen nicht, wie er meinte, *Zubr*, sondern *stumbras*. Ferner erregt die von ihm dem Rückenstreifen beigelegte Farbe Bedenken, die Schneeberger bei Gesner *p. 141* richtiger als Schwarz bezeichnet, während er gleichzeitig auch angiebt, die Hörner des Tur seien nach vorn gerichtet, wodurch er einerseits Herberstain berichtigt, andererseits den *Ur*, in Bezug auf die so wesentliche Hörnerbildung, besser als Herberstain kennzeichnet und daher vom *Bison* unterscheidet. Pusch hebt zu Gunsten der von ihm angenommenen Identität des Herberstain'schen *Ur* oder *Tur* mit dem *Zubr* auch hervor, Herberstain's Angabe, die vom ersteren mit den gewöhnlichen Kühen erzeugten Kälber stürben, passe auf den Bison. Herberstain konnte darin allerdings nicht gut berichtet sein. Dagegen lässt sich mit Pusch nicht behaupten, dass man blos aus der Haut des Zubr Gürtel anfertigte, welche zur Erleichterung der Geburt umgelegt wurden, da Bonarus (Gesner, *De anim. p. 142*) dies positiv auch hinsichtlich der Haut des *Tur* behauptet.

Alle eben genannte kleine Irrthümer, selbst nicht einmal die von Herberstain aufgeführten Jägermärchen, die Pusch zur Verdächtigung der Angaben desselben benutzt, vermögen jedoch nach meiner Meinung keineswegs die Ansicht zu widerlegen, dass, als Herberstain auf seiner zweiten Gesandtschaftsreise in Polen (etwa 1553) verweilte, der *Urus (Bos primigenius)*, welchen er positiv vom *Bison* unterscheidet, allerdings nur im gehegten Zustande (in *vivariis*) dort noch gelebt habe, wie er dies ganz entschieden behauptet. Die Thatsache, dass das 1529 abgefasste lithauisch-polnische Jagdstatut, worauf Pusch besonders Gewicht legt, nur den *Zubr* erwähnt, spricht allerdings scheinbar gegen Herberstain; erwägt man indessen, dass das genannte Statut zu einer Zeit erschien als der *Tur* nicht mehr wild, sondern bereits nur in Parken, ja selbst wohl nur noch in jenem einzigen, worin ihn Herberstain sah, existirte, also nicht mehr zu den allgemeinen Jagdthieren zählte, so hat Pusch's auf die lithauisch-polnischen Jagdgesetze gestützter dritter Beweis für die Identität des Urus (*Tur*) und Bison (S. 136) gleichfalls keine solche Geltung, wie man sie ihm, ohne diese Erwägung, zuerkennen möchte.

Auch Herberstain's Zeitgenosse Paulus Jovius, der (*De legatione Basilii M. D. Mosc. ad Clementem VII. p. 161*) allerdings nur *Bisonten* erwähnt, kann nicht als Zeuge gegen den Freiherrn auftreten, da Jovius nicht von den wilden Ochsen Polens, sondern des Preussen benachbarten Russlands spricht. Für die Ansicht, dass um Herberstain's Zeit (etwa 1553) noch zwei Arten wilder Ochsen in Polen (nicht Preussen) existirten, spricht auch Gratian de Burgo (*Vita Cardinalis Comedoni 1669. 4*), wenn er sagt: «Ex omnibus maxime differunt a nostris (feris) *Uri* ac *Bisontes*, sylvester uterque bos, sed species diversae». Da er indessen keine unterscheidenden Kennzeichen anführt, sondern nur den Bison beschreibt, überdies ihn fälschlich *Büffel* nennt, und besonders ein Thier aus Preussen im Auge hat, wo es damals wohl keine *Ure* mehr gab, so lässt sich auf seine Mittheilung weniger als auf Herberstain geben.

Paul Mucante, der 1596 mit dem Cardinal Gaetano den Thiergarten Sigismund's II. bei Warschau besuchte, sah darin, wie er ausdrücklich berichtet, *Zubry* und *Uri* (Pusch *a.a. O. S. 76*). Pusch hatte also kein Recht (*S. 137 und 6*) zu sagen: Mucante habe nur *Bisonten* und Bisontenjagden gekannt.

Der Abt Ruggieri erwähnt in seiner Relation über den Zustand Polens ebenfalls der Zubry und Turi.

Wenn man auch zugestehen muss, dass Gesner (*De Quadr. I. p. 126 sqq.*) den *Ur* und *Bison* nicht gehörig unterschied, namentlich den *Urus* und *Tur* einerseits, dann den *Bison* und *Bonasus* andererseits, ja selbst seinen *Bison Scoticus* als verschiedene Thiere ansieht, so sind doch die von ihm mitgetheilten Angaben des Baron Bonarus (p. 129 und 142), woraus hervorgeht, dass der genannte Correspondent Gesner's den *Bison* (*Zubr*) vom *Urus* (*Thur*) positiv unterscheidet, und besonders die von Schneeberger beachtenswerth. Der Letztere bemerkt (*Gesn. l.l.p. 141*), (im Jahre 1557): «die polnischen Jäger bezeichneten fälschlich die *Ure* (*Tur*) als *Bison* und *Bubalus*.» Wir erfahren ferner von ihm, dass der *Ur* nach vorn gerichtete Hörner besass und sich nur noch fünf Meilen von Warschau, in den bei den Dörfern Sochazova und Koszkami befindlichen Wäldern aufhielt.

Eine Stelle von Joh. Dlugosz (*Hist. Pol. Lib. IV. ad ann. 1107*) berichtet über den *Zubro* und *Turus* in der Gegend von Stettin, eine Andere über *Thuri* allein ad annum 1422 in Masovien. Auch in diesen Stellen soll nach Pusch nur der *Zubr* gemeint sein. Eine dritte Stelle bei Dlugosz, die auf die Jahre 1409—11, namentlich auf Preussen, Bezug hat (*Lib. X. p. 675*), lässt sich allerdings nur auf den Zubr deuten. Es liefern indessen wenigstens die beiden ersten Stellen keinen Beweis für die Identität des *Turus* und *Zubro*.

Die von Mathias v. Miechow (*Descr. Sarmatior. Lib. II. c. 3*) erwähnten *Uri* et *boves sylvestres*, quos lingua ipsorum *Thuros* et *Zumbrones* vocant darf man gleichfalls als Zeugniss für die Ansicht ansprechen, dass im 15. Jahrhundert in Lithauen noch zwei Arten wilder Ochsen lebten.

Sarnicki, ein Zeitgenosse Herberstain's sagt, nachdem er weitläufig vom *Zubr* geredet: Ceterum *Uri*, hoc est boves sylvestres, quos *Thuros* dicimus, in solis Masoviticis sylvis apud Vyskitcos extant. Kann man klarer und übereinstimmender mit Herberstain sprechen? Ebenso wenig wie Mucante kann er also blosse Bisonjagden gekannt haben, wie Pusch S. 137 behauptet.

Hinsichtlich der Existenz der Uri und Bisontes in Polen während des 16. Jahrhunderts bemerkt Laurentius Surius (*Comment. rerum in orbe gest. Coloniae 1702*, nach der Vorrede 1564): «Errant quidam, dum *Uros* vocant *Bisontes*, cum tamen *Bisontes* multum ab *Uris* differant etc.»

Der Woywode Ostrorog, der im 16. Jahrhundert Werke über Jagd und Landwirthschaft schrieb und ausserdem eins über die Einrichtung von Wildparken verfasste, wovon das Manuskript in der Bibliothek des Grafen Krasinski in Warschau sich befand, unterschied mit Bestimmtheit *Bison's* und *Ure*, denn er widerräth ausdrücklich, dass man beide in demselben Parke halte, da sie sich aus Antipathie bekämpfen würden. (Brincken *a. a. O. p. 69*). Cromer († 1589, *Descript. Polon.*) sah gleichfalls den *Zubr* und *Tur*.

Ich schliesse die Liste der mir bekannten auf Polen bezüglichen Schriftsteller, deren die wilden Urochsen angehende Mittheilungen auf das 15. oder 16. Jahrhundert sich beziehen, mit einer Stelle aus Andreas Swiecicki's *Topogr. Ducat. Masoviae.* die in Micleri *Collect. T. I. p. 484* sich findet. Dieselbe lautet: «Venatio multiplex, sed *Cervi*, *Alces*, *Bisontes* nonnisi in Sequana sylva (am Flusse Skwa, der in den Narew fällt) reperiuntur, in Hectorea vero sylva (dem Jakturowska pusza oder Wald von Wiskitki) *Urorum* ingentium greges inerrant, eos enim a quopiam alio occidi proposita capitis poena fas non est. Auch in ihr werden also *Bisontes* und *Uri* als besondere Thiere und Bewohner zweier besonderer Waldgebiete aufgeführt Dessenungeachtet behauptet aber Pusch (*a. a. O. S. 105*) Swiecicki's Mittheilungen bewiesen klar, dass innerhalb der polnisch sprechenden Provinzen Polens der Name *Thur* nur ein im westlichen Massovien damals gebräuchlicher für *Zubr* war, während Brincken (*Mém. descr. p. 69*) sagt: «die polnische Sprache unterscheide mit Bestimmtheit die Namen *Tur* und *Zubr* und keinem würde es einfallen, den *Zubr* von Bialowieza als *Tur* zu bezeichnen.»

Wirft man nun einen Rückblick auf die Angaben der eben angeführten Schriftsteller von Herberstain bis A. Swiecicki, so ergiebt sich, dass sie alle darauf hinweisen: es habe theils noch im fünften, theils auch im sechsten Jahrhundert in Polen zwei wilde Rinderarten gegeben, deren eine sie *Uri seu Thuri*, die Andere dagegen *Bisontes*, *Zubri* oder *Zumbrones* nennen. Es wird daher gestattet sein, dem angefochtenen Zeugnisse Herberstain's den ihm gebürenden Platz einzuräumen; um so mehr, da er, wie dies die meisten andern der oben angeführten Schriftsteller allerdings nur thun, auf die Verschiedenheit des *Urus* und *Bison* nicht blos hinweist, sondern theils durch Worte, theils durch Abbildungen auf die Abweichungen derselben ausdrücklich aufmerksam macht, was auch später durch Gesner geschah, der zwei neue Zeugen (Bonarus und Schneeberger) und ein neues, wichtiges Kennzeichen (die abweichende Hörnergestalt) hinzufügte. Man kann daher mit Pusch (S. 136) nicht behaupten: kein Topograph und Naturforscher des Mittelalters sei eine wirkliche spezifische Verschiedenheit des *Bison* und Urus zu erweisen im Stande gewesen. Gleichzeitig aber wird man (aus den angeführten Gründen) Pusch darin nicht zustimmen können, wenn er S. 137 unter n. 6 behauptet, die *Uri* und *Bisontes* mehrerer Zeugnisse aus dem 16. Jahrhundert, wie die von Gratiani, Mucante, Sarnicki, Cromer, Herberstain und Swiecicki wären nur Synonyme einer Art, des *Bos bison*.

Die Synonymik bildet überhaupt Pusch's Hauptstützpunkt gegen die von Baer umständlicher begründete Ansicht Cuvier's; denn er stellt als wesentlichen Gegenbeweis zum Schlusse seiner Entgegnung (S. 136) den Satz auf: die Namen *Urus* und *Bison*, *Tur* und *Zubr* in den slavisch-lettischen, dann *Ur*, *Urochs*, *Auer*, *Wisent* und selbst *Büffel* in den altdeutschen Mundarten und Schriften bezeichneten nicht zwei verschiedene, nebeneinander lebende, wilde Stierarten, sondern nur eine, den noch lebenden *Bos urus* Linn.

Es würde zu weitläufig sein, Herrn Pusch's synonymische Behauptungen hier in der Verbreitungsgeschichte des *Ur* selbst zu widerlegen. Ich verweise daher auf den Anhang I, worin der Ursprung und die Bedeutung der Worte *Ur*, *Urochs*, *Auer*, *Wisent* und *Büffel* näher besprochen werden. Im Allgemeinen dürften die fraglichen synonymischen Untersuchungen den Nachweis liefern, dass Pusch's Annahme: die Namen *Tur*, *Auer*, *Ur*, *Bison*, *Zubr*, *Wisent* und *Büffel* bezeichneten immer nur eine Art, seinen *Bos Urus* Linn. (soll heissen *Bos bison* und *bonasus* Linn. d. h. die *Wisent*, *Bison* und *Zubr* benannte Art, die fälschlich von Spätern als *Auerochse* bezeichnet wurde), nebst seinen am Ende seines Aufsatzes unter n. 1, 2, 3, 5, 6 angeführten Beweisen, sich als unzulässig herausstellen. Volksnamen von Thieren vermögen überhaupt kein sehr beweiskräftiges Material für die Beantwortung naturhistorischer Fragen zu bieten, da das Volk, wie jeder weiss, die Arten nicht immer richtig auffasst, sondern häufig verschiedenen Thieren dieselben, oder umgekehrt völlig identischen sehr verschiedene Namen beilegt und ausserdem ein und dasselbe Thier verschiedene Namen besitzen kann. Auch werden nicht selten die Namen gewisser Arten auf verwandte übertragen. Namentlich fand eine solche Uebertragung des Namens Ur nach seinem Aussterben auf den Bison nachweislich statt. Pusch führt indessen noch zwei andere Sätze an, welche seine Ansicht gleichfalls stützen sollen und die desshalb hier nicht mit Stillschweigen übergangen werden können.

Er sagt (137 n. 4): der Pole Kojalowicz, der im 16. Jahrhundert lebte, so wie ein polnischer Dichter des 17. Jahrhunderts, gebrauchten *Tur* in Lithauen und *Turzatko* in Polen als Bezeichnung des *Zubrs* und *Zubr-Kalbes*, womit auch Czacki und unter den neuern Naturforschern Jundziłł, Jarocki und Andere einverstanden sind.» Weder Kajalowicz und Turzatko, noch der unbekannte Dichter lieferten indessen naturhistorische Beweise, dass sie Recht haben. Selbst wenn man aber auch sowohl die Namen *Tur* als auch *Zubr* auf den *Bison* anwandte, so schliesst dies noch nicht die in der Synonymik nachgewiesene Thatsache aus, dass das Wort *Tur* speziell auch auf *Bos primigenius*, zum Unterschied vom *Zubr* Anwendung fand. Was Czacki anlangt, so übertrug er das oben erwähnte polnisch-lithauische Jagdstatut aus dem Russinischen ins Polnische. Es konnten indessen, wie schon oben bemerkt, darin sicher nur die in Wäldern frei lebenden Thiere in Betracht kommen, nicht die damals nur in Parken gehegten *Ure*. Dass der Ur des Cäsar kein reiner Bison war, wie dies Pusch meinte, wurde oben S. 173 gezeigt. Der vierte Einwand Pusch's hat daher gleichfalls keine zu seinen Gunsten entscheidende Bedeutung.

Endlich spricht Pusch (*S. 137*) auf die von ihm S. 131 ff. gemachten Erörterungen gestützt den Satz aus: «die deutschen Namen *Ur* und *Wisent* im Niebelungenliede bezeichneten nur die beiden Geschlechter des Zubr.» Er meint nämlich *Ur* und *Wisent* seien in der genannten Dichtung ebenso zu nehmen, wie *Hirsch* und *Hindin*, *Rehbock* und *Geiss* und führt als Beweis die von Bujack (*Preuss. Provinzialblätter XVII, Febr. 1837*) behauptete Identität des *Elch* mit dem *Schelch* an, der er nach Maassgabe einer Stelle seinen Beifall schenkt, die sich in einer im Jahre 943 dem Bischofe Baldrich von Utrecht vom Kaiser Otto ausgestellten Urkunde (Heda *Episc. Ultraj. p. 84*) findet:

Die Stelle lautet: «Nemo sine venia Balderici episcopi etc. *Cervos, Ursos, Capreas, Apros*, bestias insuper, quae teutonica lingua *Elo* vel *Schelo* appellantur, venari praesumat.» Soll die Stelle aber wirklich den Sinn haben, den ihr Pusch giebt, so müsste statt *bestias bestiam* und statt appellantur *appellatur* stehen. Der Meinung Bujack's widersprechen übrigens die neuern Untersuchungen Pfeiffer's (*Germania VI. S. 225*), denen zu Folge der *Schelch* entschieden auf *Cervus euryceros* zu beziehen ist. Der *Ur* und *Wisent*, die schon Plinius, und nach ihm viele Andere, als getrennte Arten bezeichnen, werden also fortan auch im Niebelungenliede als solche zu betrachten sein.

Allgemeine Ergebnisse aus den vorstehenden Untersuchungen über das Vorkommen des Ur während der historischen Zeit.

Der Umstand, dass der Ur (*Bos Urus seu primigenius*) noch in historischen Zeiten in Europa, namentlich in Deutschland, mit Einschluss Preussens und Böhmens, ferner in der Schweiz, England, Frankreich und Polen, vermuthlich aber auch in Russland, Skandinavien und Griechenland lebte, in Polen selbst noch im 16. Jahrhundert sich fand, ja sogar in einem Parke Britanniens (dem Chillingham-Park), wie es allen Anschein hat, noch jetzt direkte, wenn auch durch Hegung (ja vielleichtige Inzucht, vermuthlich veränderte Nachkommen aufzuweisen haben dürfte, lässt, im Betracht der mitgetheilten Angaben, ohne Frage wohl den sichern Schluss ziehen: der *Ur* gehöre nicht, wie die *Mammuthe* und *büschelhaarigen Nashörner*, zu den Thieren, welche bereits in vorhistorischen Zeiten verschwanden, sondern sei erst in historischen Zeiten zu Grunde gegangen. Für eine solche Annahme sprechen auch noch einige andere Thatsachen. Man hat Knochen desselben mit Resten noch lebender, mit ihm zur selbigen Fauna, gehöriger Thiere gefunden. Die Skelettheile desselben lagen zuweilen in solchen Torfmoorschichten, deren muthmaassliche Ablagerung, nach Maassgabe des Mediums, wie selbst des Minimums, des Absatzes der einzelnen Schichten des Torfes in gewissen Zeiträumen, in die historische Zeit zu versetzen sein dürfte*), selbst wenn wir den Anfang der Ablagerung vieler sehr alter Torfmoorschichten in die vorgeschichtliche Zeit Europas zu verweisen haben dürften. Auch deutet die gute Conservation mancher seiner fossilen Ueberreste darauf hin, dass sie nicht vor gar zu langer Zeit abgesetzt worden seien. — Im Allgemeinen stellt sich die Verbreitung des *Ur* während der historischen Zeiten, wenigstens hinsichtlich der beigebrachten historischen Nachweise, als eine viel beschränktere heraus, als wir sie durch die fossilen Reste kennen lernten. Namentlich gilt dies in Bezug auf die Verbreitung in einzelnen Gebietstheilen grosser Länder. In manchen Ländern mochte er als die Geschichte begann, theils vertilgt, theils in den Zustand der Zähmung übergeführt worden sein.

Ueber die Zeit der vermuthlichen allmähligen Einwanderung des Ur aus Nordasien, dem muthmaasslichen Lande seiner Heimath, nach Europa besitzen wir bis jetzt keine Andeutungen. Ging er, worauf die bisher bekannte Verbreitungsgrenze in Sibirien hindeutet, in Nordasien in der That weniger nach Norden und Osten als der Zubr, so könnte man vielleicht annehmen: er hätte etwas wärmere Landstriche geliebt und bewohnt als die letztgenannte Art, und sei, möglicherweise, als der allmählig erkaltende Norden Asiens die Rinder, wie die Mammuthe, Nashörner u. s. w. mehr nach Süden und Westen sich zu wenden zwang, in Europa noch vor dem Bison aufgetreten.

---

*) Zur nähern Begründung dieser Ansicht habe ich in einem kurzen Anhange Bemerkungen über die Resultate der bisherigen Untersuchungen über die Mächtigkeit der Torfabsätze in gewissen Zeiträumen, nebst einigen Notizen über das muthmassliche Alter mancher Torfmoore, hinzugefügt.

Anhang I.

Ueber den Ursprung und die Bedeutung der Worte *Tur* oder *Thur (Ur)*, *Bisont*, *Wisent*, *Zubr* und *Bubalus*.

Bereits oben S. 192 wurde angedeutet, dass Pusch besonders auf die angeblich nach ihm allgemeine Verwechselung der eben genannten Namen, seinen Hauptbeweis gegen die Thatsache stützt, dass der echte *Ur* des Plinius der *Bos primigenius* von Bojanus noch zu historischen Zeiten in Polen gelebt habe. Namentlich stellt er (Wiegm. *Arch. a. a. O. S. 136*) als Schlussbeweis den Satz auf: «Die Namen *Urus* und *Bison* — *Tur* und *Zubr* in den slavisch-lettischen, dann *Ur*, *Urochs*, *Auer*, *Wisent* und selbst *Büffel* in altdeutschen Mundarten und Schriften bezeichneten nicht zwei verschiedene, neben einander lebende, Stierarten, sondern nur eine, den noch lebenden *Bos urus* Linné's.»

Es werden daher zur besseren Würdigung dieses Schlusssatzes über den Ursprung und die Bedeutung dieser Namen nähere Untersuchungen mitzutheilen sein, wobei mir meine gelehrten Freunde, die Herren Akademiker Kunik, und Schiefner so wie Herr Oberbibliothekar Hehn sehr wesentliche Hülfe leisteten, wofür ich ihnen meinen verbindlichsten Dank abstatte.

Ehe wir indessen zur Erörterung der in der Ueberschrift angeführten Namen selbst übergehen, ist zuvor zu bemerken, dass ein *Bos Urus* Linné's im Sinne von Pusch gar nicht existirte. Linné bezeichnete in seiner letzten Ausgabe des Natursystems das Thier, welches Pusch meint (den *Zubr*, *Bison* oder *Wisent*), auf welchen die Neueren fälschlich den Namen *Auerochse* übertrugen, irrigerweise mit zwei Namen: *Bos bison* und *Bonasus*, die er beide (*Syst. nat. ed. 12, I, p. 99*) vom *Urus* des Cäsar unterscheidet, den er (allerdings nicht ganz richtig, wie wir oben S. 173 sahen) blos zu *Bos taurus* zieht. Als *Bos urus* wurde der *Bison* fälschlich von Schreber, Cuvier u. A. aufgeführt. Pusch beging also in der systematischen Bezeichnung des *Zubr* oder *Wisent* ohne Frage einen synonymischen Irrthum, der leicht zu vermeiden war und daher schon an sich Zweifel im Betreff seiner Ansichten über die Anwendung der viel schwieriger zu deutenden Worte *Zubr*, *Tur* u. s. w. erregen muss.

Ueber den Ursprung und die Bedeutung des Namens *Tur* oder *Thur*.

Den Namen *Tur* haben die slavischen Völker, wie längst dargethan ist (s. G. Curtius *Grundzüge der griechisch. Etymologie, 2. Aufl., n. 232*) mit andern indogermanischen Völkern gemein, seit der Zeit wo sie mit ihnen noch ein ungetheiltes Ganzes in der asiatischen Urheimath bildeten. *Tur* klingt im Slowakischen *Ur*, so wie im Slavonischen *Ur*, im Wendischen *Turin*, im Altnordischen *Thior*, im Schwedischen *Tjur*, im Dänischen *Tyr*, im Gothischen *Stiur*, im Niederhochdeutschen *Stier*. — Die griechische Form, welche *Varinus* durch *bos sylvestris* interpretirt, lautet ταῦρος, die Lateinische *taurus*, die Umbrische *turu*. Im Russischen wurde der Name *Tur* nach Wostokow (*Lexicon*) theils für Rind im Allgemeinen, aber auch, wie das ältere russische *Lexicon* der St. Petersburger Akademie angiebt, zur Bezeichnung wilder Ochsen (дикій волъ) gebraucht. — Mikuzki (Извѣстія 2-го Отдѣл. Имп. Акад. Наукъ, III (1854), стр. 173) erklärt туръ (*tur*) = *tauras* im Lithauischen, durch wilder Stier und bemerkt noch Folgendes: Im Gouvernement Kowno, im Kreise von Telschi, ist ein Dorf Tauraj d. h. Turii. Der Flecken Tauroggen heisst Lithauisch Tauraragai, d. h. Turji roga (туры pora) d. h. Turhörner. Ein Trinkgeschirr (Pokal oder Becher) heisst auf Lithauisch Taure, d. h. zum Tur gehöriger = Turhorn. Folglich hatten die Lithauer für den wilden Stier (er hätte sagen sollen die wilden Stiere Br.) zwei Benennungen: *tauras* und *stumbras* oder *stumbris*. Bei den Slaven finden sich gleichfalls zwei: *Tur*, woher der Name *Turowo* und *Zubr* (зѫбръ), welcher letztere Name identisch mit dem Lithauischen *stumbras*, dem Lettischen *sumbrs* ist, daher die Namen *Zambrowo*, *Zambrzyce* u. s. w.»

Bei der Deutung des Wortes *Tur* oder *Thur* als wilder Stier ist aber zu erwägen, worauf die Linguisten bisher nicht gehörig achteten, dass es in den von Lithauern und Slawen bewohnten Ländern, wie die dort gefundenen fossilen Reste, ja theilweise noch alte historische Nachrichten nachweisen, früher zwei sehr kenntliche Arten wilder Stiere, den *Ur* und den *Bison* oder *Zubr* gab, die man wohl durch eigene Namen unterschied. Der Name *Tur* erhielt namentlich, wenn man ihn auf wilde Ochsen bezog, so im alten Masovien, eine beschränktere Bedeutung und wurde demgemäss auf die wilde Stammart des Rindviehes (*Bos primigenius* Bojan. = *Urus* Plinii) angewendet. Es geschah dies namentlich von Herberstain, Schneeberger, Bonarus, J. Długosz, Matth. v. Miechow, Sarnicki und Cromer, denen das Vorkommen zweier wilder Stiere in Polen bekannt war. Dem *Tur* (*Ur*) setzten sie als zweite Art den *Zubr*, oder *Bison* entgegen, wie dies bereits Plinius und andere Römer thaten. (Siehe meine Angaben über das Vorkommen des *Tur* in den historischen Zeiten S. 173).

Der oben erwähnte Gebrauch entging indessen einzelnen Lexikographen keineswegs, denn, wie schon Cuvier (*Rech. éd. 4. VI, p. 234*) bemerkt, unterschied Cnapius (*Thesaurus polono-latino-graecus*) die Bedeutung der Worte *Zubr* und *Thur*.

In einigen indogermanischen Sprachen lautet der letztgenannte Name noch mit *s* an, in Andern ist dasselbe, wie die Linguisten annehmen, abgefallen; oder das anlautende *s* ist nur, wie in vielen andern Fällen, ein blosser Vorschlag — Sanskritisch (in den Veden) lautet er *sthûra-s*, in der Bedeutung von *taurus*, im Zend finden wir *çtaora* (= *Parsi çtôra*) in der Bedeutung von Zugvieh, im Sanskrit *sthaurin* oder *sthorin*.

Die älteste celtische Form des Wortes *Tur* (= *Taurus*) *Tarvos* ist leicht durch Combination zu erschliessen und findet sich ausserdem auf dem berühmten Basrelief, welches zu Anfange des vorigen Jahrhunderts unter dem Boden der Notre-Dame-Kirche in Paris gefunden wurde und auf dem unter Anderm ein Stier zu sehen ist mit der Ueberschrift *Tarvos*. Die aus Tiberius's Zeit stammende Inschrift ist oft behandelt worden, zuletzt bei Diefenbach, *Origines*, *n. 309* (*1861*) und in Kuhn's und Schleicher's *Beiträgen* *Bd. III* (*1863*), *S. 168* und *343*. Abbildungen sind bei Muratori (*Novus thesaurus veter. inscriptionum*, *1066*, *V.*) und noch besser in den *Mémoires de la société des antiquaires de France*, *T. IV* (*1823*), *p. 500.* So viel ich sehen kann, hat der Stier keine Hörner. Da unter ihm ein gallischer Gott gedacht ist, so könnte man meinen, dass er in besonders alterthümlicher Gestalt abgebildet, also nicht einer der gewöhnlichen zahmen Stiere wäre,- wie sie so oft in Werken antiker Plastik vorkommen, wenn man nicht daran zu denken hätte, dass es schon damals zahme, ungehörnte Stiere, wenn auch als Seltenheiten gegeben hat. In den jüngern Dialekten lautet das Wort *tarv* (s. Diefenbach *a. a. O.*). (Hehn.)

Bemerkenswerth erscheint es, dass, wie mir mein College Schiefner mittheilt, in alten finnischen Liedern, namentlich in dem Epos Kalewala, Rune 3, Vers 170, der zweiten Ausgabe, der Name *tarvas* für ein Thier vorkommt, mit dem Takalappi d. h. Hinterlappland pflügen soll. Ausserdem findet sich das Wort noch in einer Zauberrune, wo das Thier auch nach dem Norden verlegt wird. S. seinen Aufsatz über das Thier *Tarvas* im finnischen Epos, im Bull. hist. philol. T. V, n. 7, p. 97 und die Nachträge dazu T. VI, n. 18, p. 285 und n. 24, p. 379. Schiefner hat an den genannten Stellen vermuthet, es könne damit der *Stier* gemeint sein, glaubt aber nun die Sache nur halbgetroffen zu haben. Seitdem es bekannt ist, dass im Lithauischen die Form *tauras* für den Auerochsen (und wilde Ochsen überhaupt s. oben) vorgekommen ist und noch Spuren in Ortsnamen wie Taurlaukei, Taurkalnei (= Auersfeld und Auersberg) u. a. vorliegen, so möchte er in *tarvas* nur eine Umgestaltung von *tauras* sehen. Schiefner meint ferner, es sei hier nicht der Ort dazu, die mehrfachen lithauischen Einflüsse auf das Finnische nachzuweisen, es müsse aber bemerkt werden, dass *tarvas* sich zu *tauras* verhielte, wie das finnische *järwi*, See zum lappischen *jaure*. Ist auch in Finnland bisher keine Spur des Worts in dortigen Ortsnamen nachgewiesen worden, so bietet doch der Liber Census Daniae aus der zweiten Hälfte des 13. Jahrhunderts im Sprengel von Kegel (unfern Reval in Ehstland, ein Tarvameki, d. h. Auersberg und in den Origines Livoniae wird unter dem Jahre 1,224 Tarwaupe (v. l. Tarwaripe), d. h. wohl Tarvanpä, Auerkopf in Wierland, d. h. im östlichen Ehstland genannt. Noch jetzt haben wir in Livland ein Gut und Kirchspiel Tarwast.

Das neueste finnische Wörterbuch von Eurén, p. 404, giebt für *tarvas* die Bedeutung «grosses Thier» (Elephant, Mammuth?). Der neueste schwedische Uebersetzer der *Kalevala*, K. Collan, sieht im *Tarvas* das Elen, während Castrén in seiner Uebersetzung den Elephanten, mit einem Fragezeichen versehen, darbot; die dritte, so eben erschienene Ausgabe des Originaltextes aber, erklärt im Wörterverzeichniss das Wort durch *Elenochsé*.

Bei Kuhn und Schleicher (*Beitr. zur vergl. Sprachformation, Bd. I, p. 238*) stehen aus Nesselmann's Wörterbuch die Dorfnamen Taurlaukei, Taurkalnei (aus *tauras* und *laukas*, Flur, *kalnas* Berg (also Stierfluren, Stierberge). (Schiefner).

Da übrigens in der Bedeutung des Wortes *Thur*, im Chaldäischen das Wort *Thor*, im Arabischen das Wort *Thaur*, im Hebräischen das Wort *Schor* auftritt, so könnte man wohl auf die Vermuthung kommen, dass schon in uralten Zeiten durch einen innigen Verkehr zwischen Semiten und Ariern dasselbe Wort zur Bezeichnung des Stiers aufgenommen sei.

Wenden wir uns nun zur Ermittelung der Bedeutung des Wortes *Tur*, welches bei vielen Völkern arischen Stammes, wie wir oben sahen, in veränderter Gestalt auftritt, so finden wir, dass man dasselbe in sehr verschiedenem Sinne gebrauchte. In der ältesten Zeit als die Arier noch Jäger waren, dürften sie ein ähnliches, stammverwandtes zur Bezeichnung wilder Ochsen gebraucht haben. Als sie nun aber die eine der wilden Ochsenarten (den *Ur*, *Bos primigenius* Boj.) zähmten, ging es auch auf die gezähmten Thiere (wenigstens theilweise) über, in welchem engern Sinne es noch jetzt in Kleinrussland in Anwendung kommt, wie Eichwald (*Leth. III, p. 377*) bemerkt. Gleichzeitig behielten sie es theilweise auch für die wilde Stammrace des Hausviehes bei. Indessen scheint das Letztere nicht constant gewesen zu sein, da das Wort (wie die Worte ταῦρος und *taurus*) auch für wilde Ochsen im Allgemeinen gebraucht wurde. In Gegenden, wo der *Ur* ausgestorben und der *Bison* nur allein vorhanden war, übertrug man auch das Wort *Tur* auf diesen. Namentlich soll nach Pusch der Name *Tur* auf den Bison in Kleinrussland allgemeine Anwendung gefunden haben. Indessen reicht natürlich, wie oben gezeigt wurde, der Umstand, dass das Wort *Tur* unter andern auch häufig auf den *Bison* (den Zubr) überging, nicht hin, dasselbe mit Pusch für ein constantes Synonym der letztgenannten Ochsenart zu erklären. Selbst auf Pusch's S. 137 unter n. 5 angeführten, den erwähnten kleinrussischen, alleinigen Gebrauch hervorhebenden, Einwurf, ist daher kein Gewicht zu legen. Ueberhaupt können wir, wie schon Herr v. Baer meinte (Wiegm. *Arch. 1839, I, p. 69*) den Gegnern Cuvier's nur darin Recht geben, dass das Wort *Tur* (wie ich hinzusetzen möchte) im Allgemeinen — keine ganz bestimmte Anwendung haben. Indessen gilt das Letztere nicht für alle Fälle. Man darf vielmehr nach Maassgabe der oben mitgetheilten Angaben seine Anwendung auf drei Bedeutungen reduziren. In der ältesten scheint man wilde Stiere im Allgemeinen; in der zweiten gezähmte Stiere mit der Nebenanwendung auf ihren wilden Stammvater (*Bos primigenius*) darunter verstanden zu haben. Später ging es auch hie und da (so in Kleinrussland) auf den *Bison* oder *Zubr* über.

Schliesslich mögen hier noch einige, zum Theil durch Kunik controllirte Stellen aus der alten russischen Literatur anhangsweise einen Platz finden, die Eichwald (*Lethaea Rossic. T. III. p. 37*) zwar ohne Bedenken auf den wilden *Tur* im engern Sinne, den *Bos primigenius* bezieht, die indessen, weil sie nur den Namen *Tur* enthalten und von in der Naturgeschichte unbewanderten Leuten stammen, möglicherweise, wenn auch nur theilweise, auf den *Zubr* sich beziehen können.

Der Grossfürst von Kiew Wladimir Monomach, in seinem sogenannten (im Originaltext Поучение genannten) Testamente (das sich nur in dem sogenannten lawrentischen Codex der Nestor'schen Chronik befindet), erzählt unter andern seinen Söhnen, was er für Jagden getrieben habe zur Zeit als er in Tschernigow (1078—1094) regierte. Es hätten namentlich ihn und sein Pferd zwei *Ture* mit den Hörnern gepackt (тура мя два метала на розѣхъ (д. h. рогахъ) и съ конемъ). — In der sogenannten Nikon'schen *Chronik* ist unter dem Jahre 1476 nur die Rede von mit Gold eingefassten *Turhörnern*, die auch an andern Stellen und in andern Schriften als Trinkgefässe erwähnt werden, wozu man aber auch die Hörner des *Zubr* verwandte. — In dem von Eichwald gleichfalls citirten, bald nach dem Jahre 1185 verfassten Liede, welches die Heereszüge Igors (Igor's Swjatoslawitsch, Fürsten von Nowgorod-Sewerskoi) zum Gegenstande hat, dessen Dichter, obgleich er sich im Allgemeinen des grossrussischen Dialektes bediente, mit den Verhältnissen des südwestlichen Russlands sehr bekannt war, wird dem genannten Fürsten das Prädikat *Buj-Tur* beigelegt. Ein ähnliches Prädikat erhielt, wie mir Kunik mittheilt, in der *Wolhynischen Chronik* (*p. 155*) auch der im Jahre 1205 gefallene Fürst Roman von Galizien, denn man bezeichnete ihn als muthig gleich einem *Tur*.

Auch hinsichtlich der zahlreichen polnischen oder russischen von Eichwald (*Leth. III, p. 375*) aufgeführten, mit dem Worte *Tur* zusammengesetzten Orte, welche in den Gouvernements St. Petersburg, Nowgorod, Pskow, Twer, Jaroslaw, Kostroma, Wologda, Wjätka, Witebsk, Tambow, Perm, Poltawa, Charkow, Kiew, Woronesch, Rjäsan, Wolhynien und Minsk liegen, lässt sich nicht sicher behaupten, dass sie gerade auf das frühere Vorhandensein des *Bos primigenius* sich beziehen.

Ueber den Ursprung und die Bedeutung des Wortes *Ur*.

Der Name *Ur*, *Ure*, althochdeutsch *urosho*, verändert Auer (so in Auerhahn oder Urhahn, Auerochs oder Urochs), ist nach allgemeiner Annahme der Sprachforscher kein deutsches Wort, sondern ging erst später, namentlich während des Mittelalters, in's Deutsche über. Grimm (*Grammat. I, S. 302*) führt ihn unter den althochdeutschen Fremdwörtern auf, und (*Gramm. II, S. 790*) sagt er: «Auerhahn und Auerochs, welche aus dem Mittellatein (*urogallus* und *urus*) herrühren, folglich die deutsche Partikel *ur* mit kurzem, jetzt fälschlich gedehntem Vokal in Ursprung, Urlaub, Urtheil u. s. w. nichts angehen.» *Urus* kommt schon bei Virgil (s. oben S. 178) und zwar als ein keineswegs ungewöhnliches Wort vor. Es kann folglich nicht von den Deutschen entlehnt sein, mit denen in so früher Zeit kein näherer Verkehr stattfand. Cäsar sagt bloss: «qui Uri appellantur.» Plinius (*VIII, 15*) braucht *bisontis et uros*. Macrobius (*Saturnal. VI, 4*) nennt das Wort *Urus* ausdrücklich ein Gallisches; denn er sagt: Uri gallica vox est, qua feri boves significantur. — Die nicht zahlreichen Ortsnamen und persönlichen Eigennamen im Deutschen, die mit *Ur* gebildet sind (z. B. Auerbach, Auerswald, Aueralp u. s. w.) können, wie in vielen Fällen auf das Lateinische zurückgehen. Da Servius zu Virgil (*Georg. II. 374*) sagt: «uri in Pyrenaeo nascuntur», was dadurch bestätigt wird, dass man im südlichen Frankreich, namentlich in den Pyrenäen-Departements nicht selten Reste des *Bos primigenius* (*Urus* des Plinius) fand, die auf das frühere Vorkommen des *Urus* im alten Gallien hinweisen, da ferner das Wort *urus* weder celtisch noch germanisch sich erklären lässt und auch den Lithauern und Slawen fehlt, die es zuallererst in ihrer Sprache erhalten hätten, so darf man wohl annehmen, die celtischen Gallier entlehnten vielleicht den Namen von ihren Vorgängern auf gallischem Boden, den Ligurern oder Iberern. Aus dem Baskischen (worin der Stier *cecena* heisst) ist freilich eine solche Form nicht bekannt.

Mit den vorstehenden Mittheilungen, die ich meist dem Hrn. Oberbibliothekar Hehn verdanke, stehen folgende Bemerkungen Nilsson's (*Skandin. Faun. ed. 2. Däggd.* und *Ann. a. Mag. n. hist. sec. ser. T. IV, p. 257*) nicht im Einklange. Der eben erwähnte ausgezeichnete, schwedische Naturforscher hält nämlich das Wort *Ur* für ein allgemein Germanisches und bemerkt, es bedeute Wald. Es wäre, wie er weiter sagt, im Norden in *or*, *ore* und *ora* verwandelt und man brauche es noch jetzt in Schweden, Norwegen und Island. In Schonen spreche man von *orhorns* und in manchen Gegenden Norwegens von *Urhöns*. Das Wort *Urahorn* komme in alten Sagen vor und in manchen Provinzen hiessen die wilden Bullen *Ure*. In Schonen gäbe es alte Wälder die *Ora* heissen. Die Römer hätten nach ihm das Wort in *urus* verwandelt. Die oben angeführte Annahme des Macrobius wäre demnach zweifelhaft. Jedenfalls dürfte wohl die Ansicht Nilsson's eine nähere Beachtung verdienen.

Herm. v. Meyer (*Nov. Act. Acad. Caes. Leop. T. XVII, P. 14, p. 11 ff.*) meint: der Name *Urus* und *Taurus* so wie *Thur*, habe mit *Taurus* denselben Stamm, *Ur* sei ein alter Wortstamm, nicht allein der Deutschen, sondern auch vieler andern Sprachen, der wild und gross bezeichne. Das Dänische *Tiur*, das Schwedische *Tjur*, das Isländische *Tyr* sei dieselbe Bezeichnung. Der Kanton Uri habe seinen Namen vom *Urus* und in einigen Gegenden der Schweiz hiessen die Stiere *Uren*. Die Namen *Thur*, *Thurgau*, *Thüringen* stammten von *Ur* ab.

Bemerkenswerth ist noch, dass in Griffith *anim. Kingd. IV, p. 399* eine Note steht, worin bemerkt ist, dass ein, eine eigenthümliche, südindische Ochsenart bezeichnendes Wort, *Gaur = Gaour* oder *Ghau-ur*, existire.

Mag nun das Wort *Ur* ein von den alten Bewohnern Galliens herstammendes, oder dennoch ein arisches (germanisches) sein, so wurde dasselbe doch jedenfalls in der Form *Urus* von den Römern speziell auf den *Bos primigenius* bezogen, wie aus Plinius deutlich hervorgeht. Dieselbe Bedeutung hatte es auch im frühern Mittelalter. Erst nach dem Aussterben des echten *Ur*, des wahren *Auerochsen*, ging es auf den ihn überlebenden Bison oder *Zubr* über. Es kann also mit Pusch keineswegs für ein constantes Synonym der letztgenannten Art genommen werden.

Ueber den Ursprung und die Bedeutung der Worte Bison und Wisent.

Der Name *Bison, Bisontis*, βίσων, βίσωνος, woraus wohl *Wisent* entstand, ist weder ein römischer, noch ein deutscher, wiewohl er bei Plinius, Martial u. s. w. vorkommt. Ein deutsches Wort würde um diese Zeit in der römischen Literatur gewiss in mehr fremdartiger Gestalt und nicht ohne Ursprungszeugniss auftreten. Da das Wort Bisam in der deutschen Sprache jünger als Wisent und ein ausländisches ist, so kann das letztere in keinem Zusammenhange mit dem erstern stehen, obgleich Pallas und Cuvier einen solchen annahmen. Eben so kann man es nicht mit nur einiger Sicherheit, wie v. d. Hagen (*Niebelungenlied*, S. *629*) wollte, vom alten Worte bisen (wüthen) herleiten. Schon Diefenbach *Orig. s. v. Bison* hat vermuthet, das Wort stecke in dem Namen Vesontio bei Cäsar und den Spätern (Besançon. Auch im celtischen Pannonien gab es einen Ort Οὐισόντιον; *ont* ist eine celtische Ableitungssilbe, das folgende *i* ein gewöhnliches Derivationsmittel, s. Zeuss, *Gramm. Celt., p. 760*). Dieselbe Stadt heisst aber bei Ammian. Marc. (*20, 10, 3*) Besantio und das Volk (*15, 11, 11*) Bisontii. Es ist ganz im Geist der ältesten Zeit, dass ein Volk sich nach dem starken Waldthier benannte. Ist aber der Anlaut *b* oder *v* in dem Namen des Volkes und des Thieres der ältere? Alle Analogie spricht für ein Herabsinken des *b* zu *v*, nicht umgekehrt. Die Römer haben ihr *bison* aus celtischem Munde und von ihnen scheint es auch, wie das Wort *Ur* ins Deutsche als *Bison* und *Wisent* übergegangen zu sein, so häufig und scheinbar alt das Wort auch in den germanischen Sprachen ist. Die gothische Form würde *visands* lauten und in der That kommt bei Procopius an mehreren Stellen der Name eines Herulers Οὐίσανδος vor (= der jüngeren mhd. Form *Wirnt* z. B. Wirnt von Grafenberg). Aber zu der Zeit, von welcher Procopius spricht, konnte das Wort längst zu den Germanen übergegangen sein und zwar in der erweichten Form mit *w*. Auch dass es sich in allen deutschen Mundarten und in vielen Ortsnamen findet (*Gr. Gr. II, 343*), bildet keine Instanz gegen ausländischen Ursprung. Wäre das Wort urdeutsch, so würde es slawisch und lithauisch nicht fehlen, weil bei Gegenständen des primitiven Lebens beide Sprachen zusammenzustimmen pflegen (Hehn).

Beachtenswerth erscheint indessen, dass in Forcellini (*Lexicon*), nach dem Vorgange von Vossius im *Etymologicum Magnum* unter *Bison* steht: Oppianus (*Cyneget. II, 159*) auctor est bisones nomen traxisse a Thracia Bistonide und dass Pausanias (*Phocic.* X, *13*) unter Βίσωνες auf zwei wilde Ochsenarten hindeutet, indem er erzählt, dass man die *Bisons* auch einfinge um sie zu zähmen, was nur mit dem *Ur*, nicht mit dem echten *Bison*, geschah. Dessen ungeachtet aber leidet es keinen Zweifel, dass der *Bison* des Plinius, Seneca und Martial der *Zubr* oder sogenannte lithauische, noch lebende, sogenannte *Auerochse* der Neuern war, den sie zum Unterschiede vom *Ur* als *jubatus* bezeichneten. Der Name *Bison* kann daher mit Pusch keineswegs für ein constantes Synonym des *Ur* oder *Thur* erklärt werden.

Ueber den Ursprung und die Bedeutung des Wortes *Zubr* (Зубръ).

Der Name *Zubr* (Зубръ) oder *Zumbr* scheint auf den ersten Blick slawischen Ursprungs zu sein. Im alt-kirchenslawischen (altbulgarischen) lautet die Form Зѫбръ, was dem polnischen Ząbr entsprechen würde; welche Form die Polen nicht gehabt oder längst verloren haben, denn ihr jetziges *Zubr* ist eine russische Form, die statt des polnischen ą ein *u* bietet. Den Namen Зѫбръ interpretirt Miklosich durch *bos jubatus*. In einer alt-kirchenslavischen Handschrift serbischer Redaction fand Miklosich: Зебрь, рекше (genannt) идропось. Aus dem Slawischen ist in das Walachische зѫмбру (*bos jubatus*) übergegangen, was also zunächst an die altbulgarische Form anklingt, die in den byzantinischen Denkmälern bereits als ζόμπρος und ζοῦμπρος auftritt. Es existirt auch eine (thracische?) Form ζόμβρος (*Arica scripsit* Paulus Boetticher. *Halae 1850. Glossae thracicae*). Im Böhmischen lautet das Wort *Zubr*. Im Lithauischen kommt das Wort *stumbras*, im Lettischen *sumbrs* als Bezeichnung des Bison vor. In der Moldau soll er *Zimbr* oder nach Kantemir *Zimbro* geheissen haben. Es fragt sich nun, ob die Slawen aus Asien eine auf Зубръ (Зѫбръ) reduzirbare Form mitbrachten, oder erst in Europa annahmen? Das Letztere möchte wahrscheinlicher sein. In Thracien kannten, wie oben bemerkt, schon die alten Griechen den Wisent. Existirte am Ende nicht dort eine alte Form womit ζόμβρος und Зѫбръ zusammenhingen, oder davon herstammten? Thracisch ist aber vielleicht auch noch eine andere Benennung (βόνασος Aristot.)*), in dessen erster Sylbe aber vielleicht βοῦς steckt. Der fragliche Name hat also natürlich mit ζόμβρος und Зѫбръ nichts zu thun. — Pusch will freilich die Namen *Zumpr* oder *Zubr* zu lithauischen stempeln, womit jedoch die obigen Mittheilungen nicht im Einklange stehen. Die beiden eben genannten Namen griffen vielleicht erst nach dem Worte *Stumbras* dort Platz. — Dass der Name *Zubr* schon in sehr alter Zeit zur Bezeichnung einer andern wilden Rinderart von den Slawen gebraucht wurde als der Name *Tur*, geht aus folgenden zwei Stellen hervor. In der kirchenslawischen, altbulgarischen Uebersetzung des 5. Buch Moses, c. 14, v. 5, werden die Worte βούβαλος καὶ τραγέλαφος καὶ πύγαργος durch буволица, туръ (tur) und зубръ (zubr) wiedergegeben. Eine alte lithauische Chronik (*Codex Pozan.*) meldet (nach Kunik), dass die lithauischen Fürsten bei ihrer (angeblichen) Einwanderung Thiere verschiedener Art, d. h. туровъ (*Ture*), зубровъ (*Zuber*), лосей (*Elenthiere*), оленей (*Hirsche*), сарнъ (*Rehe*) u. s. w. vorgefunden hätten.

So viel mir bekannt, ist der Name *Zubr* vorzugsweise auf den gemähnten, gewölbtstirnigen, mit einem Widerrüst versehenen, noch lebenden, europäisch-asiatischen wilden Stier oder jetzigen lithauischen Auerochsen, den Bison oder Wisent, bezogen worden**), den bereits Brisson (*Regn. an. p. 84*) treffend als *Bos bonasus* bezeichnete, während Spätere, wie Gmelin, Schreber, Desmarest, Cuvier u. A. ihn irrigerweise als *Bos urus* und nach Maassgabe von Mascovius, Henneberger und Hartknoch fälschlich *Auerochs* nannten; ein Irrthum, der leider nicht nur eine sehr allgemeine Verbreitung und Annahme sogar

---

*) Bei Aristoteles kommen ausser *Bonasus*. auch die Namen *Bolinthus*, *Monapos* oder *Monops* zur Bezeichnung wilder Stiere vor, deren Ursprung und Bedeutung dunkel ist; ein Umstand, der aber bei unseren gegenwärtigen Untersuchungen nicht in Betracht kommt.

**) In einem im Jahre 1846, in Wilna, in polnischer Sprache erschienenen Buche über Litwa, theilt zwar der Verfasser Ludwik z Pokiewia, wie mir Kunik berichtet, folgendes mit: *Zubr* führt in Lithauen verschiedene Namen, im Grodnoschen nennt man ihn *zubris*, in Samogitien *ziobris*, im Trozkischen, Wilnaschen und Kownoschen *turas*, im preussischen Lithauen aber *turis*. Die beiden letzten Benennungen könnten aber entweder auf Verwechselung mit dem *Ur* oder auf Uebertragung der Namen *Turas* und *Turis* (= *Tur*) auf den ihn überlebenden *Zubr* beruhen.

bei den ausgezeichnetesten Naturforschern, wie selbst Cuvier, fand, sondern auch vielfache synonymische Verwirrung anrichtete.

Ueber den Ursprung und die Bedeutung der Namen *Bubalus*, *Bubulus* und *Büffel*.

Der Name *Bubalus* oder *Bubulus* ist offenbar das griechische βούβαλος als Femininum βούβαλις, welcher im *Thesaur.* v. Stephanus durch *Urus*, *Bos sylvestris* in Uebereinstimmung mit Plinius erklärt wird, der von jubatos bisontes et uros, quibus imperitum vulgus bubalorum nomen imponit, spricht. Die Angabe des Plinius bestätigt Solinus *cap. 23* wenn er sagt: «In tractu saltus Hercynii in omni septentrionali plaga *bisontes* frequentissimi sunt, boves feris similes, setosi, collo jubis horridi. Sunt et uri, quos imperitum vulgus vocat bubalos.» Martial nennt neben dem *Bison* den *Bubalus*, womit er also, wie das unwissende Volk, den *Urus* bezeichnet. Als Synonym des Letztern erscheint der *Bubalus* offenbar auch in spätern Schriften, so in den *Leges Alamanorum*, wo *Bison* und *Bubalos* als zwei verschiedene Jagdthiere bezeichnet sind. Das Slawische *byvoly*, im heutigen Russischen *buivol* (буйволъ), im Albanesischen *bual*, kann nur von *bubalus* entlehnt sein. Dasselbe gilt vom böhmischen *buwol* und *wole* und dem polnischen bawoł und woł. Das Deutsche *Büffel* oder *Püffel* hängt natürlich auch mit *buivolu* zusammen. *Bubalus buivol* u. s. w., ebenso wie die deutsche Form *Büffel* oder *Püffel*, kommt aber auch theils als Synonym von Ochse im Allgemeinen vor, theils wird es, und zwar constant, in neuerer Zeit für eine besondere erst im 6. Jahrhundert nach Italien gebrachte (Cuv. *Rech. VI, 248—49*) und von da weiter verbreitete, obgleich schon von Aristoteles als arachosischer Ochse erwähnte Ochsenart, *Bos bubalus*, gebraucht, nachdem man es wie Martial, wie oben erwähnt, noch früher als gleichbedeutend mit *Urus* im Gegensatz zum *Bison* in Anwendung gebracht hatte; obgleich auch nicht zu läugnen ist, dass es auch auf wilde Ochsen überhaupt, also zuweilen auch auf den *Bison* fälschlich übertragen wurde. Es reicht indessen, nach Maassgabe der obigen widerstreitenden Mittheilungen, der eben bezeichnete Umstand keineswegs hin, dasselbe mit Pusch für ein constantes Synonym des *Bison* zu erklären.

Schlussfolgerungen.

Aus den vorstehenden Bemerkungen über die mannichfache Anwendung und verschiedene Bedeutung der Wörter *Tur*, *Ur*, (*Urochs*, *Auer*, *Auerochs*), *Bison* (*Wisent*) und *Bubalus* (*Büffel*, *Püffel*) ergiebt sich also, dass alle zwar von vielen Unkundigen zur Bezeichnung des fälschlich *Urus*, *Ur* und *Auerochse* genannten *Bison* oder *Zubr* (*Bos bonasus seu Bison*) gebraucht wurden, ja, wie der Name *Tur* in den kleinrussischen Dialekten, noch jetzt gebraucht werden. Manche davon, wie *Tur* und *Büffel*, fanden indessen theils auf zahme und wilde Rinder im Allgemeinen, theils auch nur auf eine bestimmte zahme oder wilde Rinderform Anwendung. Der Name *Tur*, *Ur* und *Auer* dienten namentlich, nebst *Bubalus*, zur Römerzeit und im Mittelalter, als *Bos primigenius*, die wilde Stammrace des gezähmten Rindes, noch lebte, ganz entschieden zur Bezeichnung derselben. Erst nach ihrem Verschwinden, namentlich als sich die Kunde von ihrer Existenz verloren hatte, übertrug man den Namen *Ur*, *Auer* und *Ur*- oder *Auerochse* auf den *Bison*. Der Name *bubalus* wurde gleichfalls erst später dem *Bos bubalus* zugetheilt, behielt aber seine allgemeine Bedeutung. Das Wort *Zubr* bezieht sich, so weit ich es verfolgen konnte, allerdings stets auf den *Bison* oder sogenannten lithauischen Auerochsen, den *Bonasus* des Aristoteles. Das Wort *Bison* diente jedoch, nach meiner Ansicht, mit Ausnahme der angeführten Stelle des Pausanias, worin derselbe unter seinen *Bisones* theilweis *Ure* meint, was namentlich von denen gilt, die man zur Zähmung einfing, gleichfalls nur zur Bezeichnung des sogenannten Auerochsen der Neuern.

Pusch's Annahme, dass die Namen Tur, Ur, Auer, Bison, Zubr, Wisent und Büffel nur eine Art, seinen vermeintlichen *Bos urus* Linn. (er wollte sagen *Bos bonasus* Linn.) bezeichnen, ist demnach nebst seinen unter n. 1, 2, 3, 5 und 6 (*Wiegm. Arch. 1840. I. S. 136*) angeführten Beweisen nicht zulässig.

Anhang II.

Einige Worte über die Zeitdauer der Torfbildung.

Im Allgemeinen lässt sich, wie bekannt, bemerken, dass die Bildung der Torfschichten langsamer oder schneller, je nach den einzelnen Lokalitäten und den die Vegetation hemmenden oder fördernden Umständen vor sich gehen kann. Dessenungeachtet hat man es in mehreren Ländern an mehreren Orten unternommen, einzelne Torflager zu studiren, um die zur Ablagerung einzelner Schichten erforderliche Zeit zu ermitteln. Die Ungleichheit der Dicke der Schichten, welche in einzelnen Zeiträumen an gewissen Orten sich bilden, der nicht genau zu berechnende, nach Maassgabe von Nebenumständen modifizirte Druck, welchen die obern Schichten auf die untern ausüben oder ausübten, die grössere oder geringere Dichtigkeit der einzelnen Torflager und die Beschaffenheit ihrer Bestandtheile, die grössere oder geringere Feuchtigkeit, wovon sie durchdrungen sind oder waren, dann endlich der Umstand: ob ihre Bildung noch fortdauert oder vor längerer oder kürzerer Zeit ihren Abschluss fand, sind indessen Factoren, die der genaueren Bestimmung des Alters der Torfablagerungen grosse Schwierigkeiten entgegensetzen. Die Bestimmung des Alters der Torfschichten und einzelner Torfmoore wird deshalb nur ein annäherndes Zeitmaass abzugeben vermögen, wobei Schwankungen und Unterschiede von Hundert, ja selbst einiger oder mehrerer Hunderte von Jahren stattfinden können. Wir dürfen daher wohl keineswegs uns der Hoffnung hingeben, ganz sichere, in positiven Jahreszahlen ausgedrückte Zeitwerthe, selbst aus dem genausten Studium der einzelnen Torflager zu erzielen. Dessenungeachtet werden aber, selbst um einige Jahrhunderte differirende Berechnungen, der Wahrheit sich nähernde, daher nicht zu verschmähende, Anhaltungspunkte im Betreff ihres Alters zu verschaffen im Stande sein, wenn wir bedenken, dass man bei geologischen Verhältnissen nicht, wie die Historiker, nach einzelnen Jahren, sondern nur nach grössern Zeiträumen rechnen kann. Da nun die Torflager nur eine annähernde Bestimmung ihres Alters gestatten, so gilt dies natürlich auch hinsichtlich der in ihnen enthaltenen Reste von Menschen oder Thieren, oder menschlichen Utensilien. Selbst eine annähernde Bestimmung wird indessen, besonders wenn sich dabei noch andere Nebenumstände in Betracht ziehen lassen, keineswegs eine belangloose sein. Was die Zunahme der Torfabsätze in gewissen Zeiträumen anlangt, so soll sie nach Hoffmann in 50 Jahren 8 Fuss, nach De Luc in 30 Jahren 6 Fuss, nach Lesquereux (in den Mooren von Ponts) in 70 Jahren 6 Fuss, in andern Fällen als Minimum 2 Fuss in 100 Jahren (Ruprecht, *Bullet. sc. d. l'Acad. Imp. sc. d. St. Pétersb. 3 sér. T. VII. p. 148*), nach Leonhard (*Geologie III. S. 554*) in 130 Jahren 12 Fuss, in Hannover aber in 30 Jahren 4—6 Fuss betragen haben. Andererseits soll eine in den Niederlanden im Drenthe-Departement gefundene, hölzerne (dem Germanicus vindizirte) Brücke nur von einer 2—4 Fuss; eine in Schottland entdeckte römische Strasse nach Rennie von einer nur 8 Fuss, und eine bei Kempten gefundene, beschotterte, alte Strasse von einer gar nur $1\frac{1}{2}$ Fuss mächtigen Torflage bedeckt gewesen sein (Bronn, *Gesch. d. Natur II. S. 384.* Ruprecht a. a. O.). In Britannien sieht man gegenwärtig an Orten, wo Cäsar Wälder antraf, nur in Torfmooren versunkene Baumstämme. (Leonh. *a. a. O. S. 547*). — Das Alter manches 40 Fuss mächtigen Torflagers mag sich nur auf 200—250 Jahre berechnen lassen, während andere 20—30 Fuss, ja noch viel weniger, mächtige, einen viel längeren Zeitraum zu ihrer Bildung gebrauchten. In Betracht der oben angeführten Daten, könnte man vielleicht jenes Minimum Lesquereux's, d. h. die Ablagerung einer zwei Fuss dicken Schicht in Hundert Jahren als Mittel annehmen, das Alter mancher oder selbst vieler, wenn auch nicht aller, bis 40 Fuss mächtigen Torflager, würde dann wohl auf etwa 2000 Jahre, das der weniger mächtigen aber auf eine geringere Zahl von Jahren sich anschlagen lassen. — O. Heer (*Urwelt S. 26.* s. auch Rütimeyer, *Fauna d. Pfahlbaut. S. 241*) meint: da die Pfahlbauten von Robenhausen dem Steinalter angehörten, so hätte die Bildung des die Reste der Pfahlbauten bedeckenden Torflagers wohl schon vor 2000 Jahren begonnen. Man muss jedoch hierbei erwägen, dass der letztgenannte Naturforscher bemerkt, das Wachsthum der Torflager in den Alpen der Schweiz sei ein sehr schwaches. Ein so schwaches Wachsthum kann aber wohl nicht als ein für alle Lokalitäten und alle Zeiten der Torfbildung gültiges angesehen werden. Auch darf man wohl annehmen, dass die Bildung der alljährlich sich absetzenden Torfschichten überall hinsichtlich der Dicke keine gleiche sei, und dass bei den ältern Schichten, selbst in der Schweiz, die Bildung eine kräftigere gewesen sein könnte. Wenn wir daher auch dem genannten schweizer Torflager, das von Heer und Rütimeyer zuerkannte Alter vindiziren, so können wir doch, nach Maassgabe der oben angeführten sonstigen Daten, kaum für viele andere, alte, mächtige Torflager dieselbe Bildungszeit und geringe Mächtigkeit ihrer alljährlichen Absätze annehmen. Man wird daher wohl kaum fehlgreifen, wenn man die Zeit der Entstehung so mancher, ja selbst vieler, Schichten mächtiger Torflager anderer Länder in eine jüngere, z. B. nach der Zeit von Cäsar und Plinius erfolgte, ja in eine noch viel jüngere, nur nach Jahrhunderten zählende, Periode versetzt. Wir werden freilich hierbei auch den Umstand in Betracht zu ziehen haben, dass viele Torflager aus Mangel an Feuchtigkeit schon seit längerer Zeit keinen Zuwachs erhielten, worüber die kaum anzustellenden Berechnungen fehlen. Erwägen wir indessen, dass solche Torflager während ihrer kräftigen Bildung sehr viel rascher gewachsen sein mögen als das angenommene Mittel für ihre Zunahme beträgt, so dürfte vielleicht die Zeit des Trockenliegens durch das früher viel raschere Wachsthum sich nahe zu mehr oder weniger ausgleichen lassen. Gegenstände, die 10 Fuss tief im Torfe begraben lagen, konnten demnach möglicherweise, wenn jenes Mittel nahe zu richtig ist, vor etwa 500 Jahren, aber auch vor noch kürzerer oder etwas längerer Zeit an ihrem Fundorte abgelagert worden sein, besonders wenn es schwerere, in tiefere Schichten mehr oder weniger leicht sich einsenkende, Körper (z. B. ganze Thiere, Steingeräthe u. s. w.) waren. Es könnten daher z. B. die oben S. 164 erwähnten, in Torfmoorschichten des Somethals entdeckten Schädel des *Ur*, besonders wenn man die Angaben Lesquereux's über die so schnell erfolgte, bereits erwähnte, Torfbildung in dem Moore von Ponts berücksichtigt, aus nicht gar alter (historischer) Zeit herrühren. Der bei Aschersleben im Regierungsbezirk Magdeburg aus einem Torfmoore 10—12 Fuss tief ausgegrabene Urschädel, so wie die im Würtemberg'schen, im Torf nur 10 Fuss tief und bei Bonn 12 Fuss tief, ebenfalls im Torf, gefundenen Hornzapfen, und besonders der in einem Torfgebilde gar nur aus einer Tiefe von 7 Fuss, beim Bau der Frankfurt-Hanauer Eisenbahn, gezogene Schädel desselben Thieres, dürften gleichfalls kein hohes, vorhistorisches Alter beanspruchen können. Ein Gleiches möchte von manchen Urresten gelten, welche die Torfmoore des südlichen Schwedens lieferten (*s. oben S. 161*). Namentlich könnte das in einer Tiefe von nur 10 Fuss 1840 entdeckte, durch die am ersten Lendenwirbel deutlich wahrnehmbaren Merkmale einer frühern, vermittelst eines spitzen Instrumentes ihm beigebrachten, Wunde berühmt gewordene Skelet erst vor mehreren Jahrhunderten in den Torf gerathen sein. Nehmen wir nämlich selbst an, die Bildung des Torfmoores, worin man dasselbe fand, sei seit dem Absatze jenes Skelets so langsam erfolgt, dass es in je 100 Jahren nur eine 1 Fuss dicke Lage absetzte, so würde der Tod des Thieres dem dasselbe angehörte, auf etwa 1000 Jahre zurückdatirt werden können. Wäre aber jener mittlere Satz (2 Fuss Zunahme während Hundert Jahre) in Anwendung zu bringen, so liesse sich die Zeit, welche seit der Ablagerung des Thieres verfloss, auf etwa nur 500—600 Jahre ansetzen, so dass dasselbe etwa im 12. oder selbst 13. Jahrhundert, also zu einer Zeit gelebt haben könnte, wo in Pommern, Preussen, Böhmen und Polen nachweislich noch wilde Urochsen vorhanden waren, die übrigens nach Adam von Brehmen (*Chorographia Scandinaviae, p. 32*) um 1062, also im 11. Jahrhundert, wirklich noch Skandinavien bewohnten.

Inhalt.

Einleitung. — Ueber die systematische Stellung und morphologische Begrenzung des *Ur*, nebst Angabe des Zweckes dieser Abhandlung. S. 153.

Kapitel I. Ueber das Vorkommen der fossilen Reste des *Ur* (*Bos primigenius*) in verschiedenen Ländern, als Grundlage für die Bestimmung seiner frühern geographischen Verbreitung.

Verbreitung desselben im asiatischen Russland, im europäischen Russland, in den russischen Ostseeprovinzen, in Polen, Ungarn, Deutschland, Dänemark, Schweden, Holland, Belgien, Grossbritannien, Frankreich, der Schweiz, Italien und Nordafrika. S. 156 bis 166.

Schlussfolgerungen in Bezug auf die Verbreitung der fossilen Reste des Urstiers. S. 166.

Kapitel II. Verbreitung des Urstieres während der historischen Zeit. S. 167.

Bemerkungen über das muthmaassliche frühere Vorkommen des *Ur* in Nord-, Mittel- und Westasien, so wie in den im Norden von Griechenland gelegenen Ländern und seine vermuthlich in den erstgenannten Ländern (namentlich in Mittel- und Westasien) begonnene, im letztgenannten Lande, nach Pausanias, noch fortgesetzte Zähmung. Zeitheriger Mangel eines Nachweises des *Ur* in Ostasien. Früheres Vorkommen desselben in den nördlich von Griechenland gelegenen Ländern. Existenz desselben in Deutschland (nach Cäsar, Plinius, Seneca, Martial und Solinus, dem Corpus Juris Allamanorum, Cantaprinus, Marignola, Ham. Smith, Luc. David, Erasm. Stella, Cramer, einem Abt von St. Gallen und dem Niebelungenliede) im 14. Jahrhundert. Vorkommen desselben in der Schweiz noch im 11. Jahrhundert (Strabo, Ekkehard), in Frankreich mindestens noch im sechsten (Servius, Gregor von Tour, Fortunatus, Gesner und Agathias?), in England noch im zwölften oder dreizehnten (Whitaker, Mathew Paris, Fitzstephen, Pegge, Woods, Ham. Smith). In Schottland existirt er sehr wahrscheinlich, jedoch im bereits veränderten, gehegten Zustande, noch jetzt in einem Parke seit sehr alten, nicht nachweisbaren Zeiten. (Boethius, Lessli, Sibbald, Gesner, Pennant, Hindmarsh, Earl of Tankerville, Nilsson, A. Smith, Rütimeyer). In Schweden war er im 11. Jahrh., ja selbst wohl noch später zu finden (Adam von Bremen, Eichwald). — Ausführliche Vertheidigung der Ansicht Cuvier's und v. Baer's, dass der echte *Ur* noch im sechzehnten Jahrhundert in Polen gelebt habe, gegen Pusch's, besonders auf die vermeintliche synonymische Identität der Worte *Tur*, *Ur*, *Bubalus*, *Bison* und *Wisent* gestützte Einwände. S. 184.

Allgemeine Ergebnisse aus den vorstehenden Untersuchungen. S. 194.

Anhang I. Ueber den Ursprung und die Bedeutung der Worte *Tur oder Thur*, *Ur*, *Bison* und *Wisent*, *Zubr* und *Bubalus*. S. 191.

Schlussfolgerungen. S. 209.

Anhang II. Einige Worte über die Zeitdauer der Torfablagerung als Mittel zur Bestimmung des Alters der in gewissen Schichten der Torfmoore abgelagerten thierischen oder menschlichen Reste oder menschlichen Kunsterzeugnisse. S. 210.

Vierte Abhandlung.

Bemerkungen über Lartet's Thieralter und Garrigou's Faunen der quaternären Periode, nebst einer kurzen Mittheilung der Ansichten des Verfassers über die Entwickelungsstadien der nordasiatisch-europäischen Säugethierfauna.

In der ersten der vorstehenden Abhandlungen wurde die frühere und gegenwärtige geographische Verbreitung des Renthiers und sein Verhältniss zu seinen andern Faunengliedern, so wie die Zeit seiner vermuthlichen, allmähligen Einwanderung aus Asien nach Europa und die muthmassliche Dauer seiner Lebensepoche erörtert. Die zweite Abhandlung hat die Verbreitung des Bison (*Bos bison s. priscus* des sogenannten Auerochsen) und die dritte die des Ur (*Bos primigenius*, des eigentlichen Auerochsen oder Urochsen der Alten) zum Gegenstande. Im Betracht des Connexes, in welchen neuerdings die genannten Thierarten mit der Frage über das Alter und die Lebensepoche gewisser Thierarten und mancher Stämme des Menschengeschlechts der Vorzeit gebracht wurden, dürfte es nicht überflüssig erscheinen auch die auf den fraglichen Zusammenhang bezüglichen Daten zu besprechen. Wir werden demnach unsere Aufmerksamkeit auf die Würdigung der von Lartet (*Annal. d. sc. nat. 1861*, T. XV, p. 226) vorgeschlagenen Renthierperiode und Auerochsenperiode, oder das Renthier- und Auerochsenalter desselben zu werfen haben. Die fraglichen Perioden können jedoch nicht wohl ganz allein eingehender besprochen werden, sondern müssen im Zusammenhange mit seinen beiden andern paläontologischen Zeitaltern oder Perioden auftreten. Wir werden daher unsere Mittheilungen auch auf sein *Zeitalter* des *Höhlenbären*, des *Mammuth* so wie das des *Auerochsen* auszudehnen haben. Dass Lartet selbst den fraglichen Thierperioden nur eine mehr lokale Bedeutung zugesteht (Lyell, Append. p. 246) und ganz neuerdings Garrigou (*Étude comparative des Alluvions quaternaires anciennes et des Cavernes à ossements à Paris. 1865. 8. p. 33*) sie wesentlich umgestaltete, kann uns nicht abhalten sie zu erörtern. Der letztere Umstand wird uns im Gegentheil veranlassen auch Garrigou's Ansichten zu besprechen.

Schliesslich muss ich noch erwähnen, dass meine Bemerkungen nur dazu beitragen sollen unzulässige Verallgemeinerungen der Lartet'schen paläontologisch-chronologischen Perioden zu verhüten. Es konnte mir dagegen nicht in den Sinn kommen völlige Einsprache gegen Lartet's Ansicht zu erheben: dass das nicht gleichzeitig erfolgte Erscheinen, ganz besonders aber das während verschiedener Zeiträume erfolgte Verschwinden, bestimmter, der letzten geologischen Epoche angehöriger, früher mit dem Menschen zusammenlebender, also mit ihm in Beziehung gestandener, Thierarten, Anknüpfungspunkte von lokaler Bedeutung für die Bestimmung des Alters menschlicher, fossiler Reste oder Utensilien geben könne.

1. Ueber das von Lartet aufgestellte Zeitalter oder die Periode des Höhlenbären (*Ursus spelaeus*).

Lartet (*ebd. 217*) meinte, wie bekannt, der *Höhlenbär* sei noch früher als manche, schon in vorhistorischer Zeit ausgestorbene, Thiere, wie das *Mammuth* und büschelhaarige Nashorn (*Rhinoceros tichorhinus*) untergegangen, und bezeichnete daher die Zeit seines Zusammenlebens mit den andern Gliedern der quaternären Periode als das Zeitalter des *Höhlenbären*. Gegen diese Ansicht des um die Paläontologie vielfach verdienten, französischen Naturforschers, hat schon Lubbock (*Natur. hist. rew. 1864, p. 408 — 12* und *Prehistoric times p. 243*) Bedenken erhoben und der Höhlenbär-Periode einen zweifelhaften Werth zuerkannt. Garrigou (*Étud. p. 12*) betrachtet den *Ursus spelaeus* nebst den *Mamonten*, *Rhinoceros tichorhinus* u. s. w. als Glieder ein und derselben Fauna; wiewohl er (*p. 33*) *Ursus spelaeus* als das älteste Säugethier der quaternären Epoche ansieht. Gegen die allgemeine Gültigkeit der letztern Annahme spricht aber, dass bei Owen (*Brit. foss. mam. Tabelle zu p. XLVI*) *Ursus spelaeus* unter den Thieren der ältern Pliocänformation nicht erwähnt ist, wohl aber, jedoch freilich noch mit einigem Bedenken, *Elephas primigenius*, *Rhinoceros tichorhinus* und *Cervus elaphus* als Glieder derselben aufgeführt werden.

Lubbock sagt zur Begründung seiner Ansicht, dass wenn in dem von Lartet so genau untersuchten Somethal sich keine Reste des Höhlenbären fanden, so könnte dieser Umstand eher vom Mangel geeigneter Aufenthaltsorte, als von seinem frühern Untergange herzuleiten sein. Er fügt ferner hinzu, dass die meist im zerbrochenem Zustande aufgefundenen Knochen des *Höhlenbären* sich schwer von denen des *Ursus Arctos* unterscheiden lassen. Indem ich dem Urtheil des trefflichen, englischen Geologen im Betreff seiner Einwürfe beistimme erlaube ich mir folgende Bemerkungen hinzuzufügen. Es scheint nicht erweisbar, dass der Höhlenbär sich nothwendig immer in Höhlen aufhalten musste, wiewohl seine Ueberreste meist aus Knochenhöhlen bekannt sind. Die von Nordmann in und bei Odessa entdeckten, und zur Herausgabe seiner *Paläontologie Südrusslands* benutzten, später von mir selbst ebenfalls besuchten und theilweis ausgebeuteten Knochenlager, welche zahllose Reste der fraglichen Thierart enthalten, bestehen keineswegs aus Höhlen, die als frühere Wohnplätze von Höhlenbären anzusehen wären. Dass übrigens auch der braune Bär in Höhlen sich aufhält, wenn er solche findet, beweisen mehrere Bärenskelete, die man in der Schweiz in einer Höhle entdeckte (C. Vogt, *Vorles. ü. d. Menschen. Bd. II. S. 12*). Die Reste des *Höhlenbären*, wie die der *Höhlenhyäne* und des *Höhlentigers*, finden sich nicht blos mit denen des *Mamont* und des *büschelhaarigen Nashorns*, also mit denen ausgestorbener, sondern auch mit denen noch lebender Thiere, wie *Cervus tarandus*, *Cervus elaphus* und *Cervus alces* u. s. w. Bei Owen (*Brit. foss. mamm. Tabelle zu p. XLVI*) erscheint namentlich der Höhlenbär als Glied der jüngeren pliocänen Fauna nicht blos mit *Elephas primigenius*, *Rhinoceros tichorhinus*, *Bos urus*, *Bos primigenius* und *Cervus euryceros*, sondern auch mit vielen andern noch jetzt lebenden Thieren, wie *Meles* und *Putorius vulgaris*, *Canis lupus*, *Vulpes*, *Felis catus*, *Lepus timidus*, *Cervus elaphus* u. s. w. Es fehlt selbst nicht an Beispielen, dass Skelettheile vom Höhlenbären nur mit denen noch jetzt lebender Thiere, wie *Cervus elaphus* und *Alces* angetroffen wurden (Osc. Schmidt. *Sitzgsb. der Wien. Akad. 1859. Bd. XXXVII. p. 249*). Sogar Lartet und Christy selbst fanden in der Grotte *du Pey de l'Azé* (*Dordogne*) Reste des *Höhlenbären* nur mit denen von *Tarandus*, *Bos*, *Cervus elaphus*, *Ibex*, *Sus* und *Lepus*, ohne Fragmente von *Elephas* und *Rhinoceros* (s. oben S. 17). Garrigou entdeckte auf einem Steine die Darstellung eines sogenannten Höhlenbären in einer dem Renthieralter vindizirten Schicht der untern Grotte von Massat (Ariége) D'Archiac, *Compt. rend. d. l'Acad. d. Paris. 1866. T. LXII. n. 25. p. 1345*. Der sogenannte Höhlenbär ging also diesen Mittheilungen zu Folge nicht früher unter als *Elephas mamonteus* und *Rhinoceros tichorhinus*, sondern gehörte vielmehr noch nach dem Untergange dieser Pachydermen derjenigen Fauna an, die natürlich nach Einbusse mehrerer Glieder (der *Mamonte*, *Nashörner*, *Riesenhirsche* u. s. w.) noch jetzt in Nordasien und Europa vorhanden ist, und nährte sich von verschiedenen Arten derselben. Dass er indessen an manchen Orten früher als manche seiner Schlachtopfer verschwunden sein mag, lässt sich allerdings nicht in Abrede stellen. Dasselbe Schicksal hatte ja auch bereits in sehr vielen Ländern Europas, wie bekannt, *Ursus arctos* und *Canis lupus*. Der Annahme des völligen, vor dem der *Mamonte* und *büschelhaarigen Nashörner* erfolgten, nach Lartet Epoche machenden, Aussterbens des *Höhlenbären* möchte aber meines Erachtens, ausser den bereits oben angeführten Einwänden, noch ein anderer Zweifel entgegen stehen. Wenn man nämlich auch eine so grosse Umwandlung der Arten, wie sie Darwin anzunehmen geneigt ist, für jetzt-wenigstens, noch nicht als erwiesen ansieht, so kann man doch nach Maassgabe der überaus nahen Verwandtschaft vieler in der Jetztzeit angenommener Arten und nachweislichen Abänderungen einiger derselben, auch nach meiner Ansicht nicht wohl umhin an eine solche periodische Veränderung derselben zu denken, wie sie neuerdings Rütimeyer in seinen schönen Untersuchungen über *Bos* (*Mittheilungen der naturwissensch. Gesellsch. in Basel. Th. IV. Heft II. 1865*) nachzuweisen sich bemühte. Es kann also, wie mir scheint, sehr wohl die Frage aufgeworfen werden: ob nicht der dem *Ursus arctos* so nahe verwandte *Ursus spelaeus* und die andern der aufgestellten, ihm verwandten, sogenannten vorweltlichen, europäischen Bärenarten einem gemeinsamen Urtypus angehören? Schon C. Vogt (*Vorlesungen ü. d. Menschen. Bd. II. S. 266 u. 269*) spricht von den, allerdings sehr seltenen, Uebergangsformen zwischen dem *Höhlenbär* und *braunen Bär*, während Herr v. Vibraye (Lyell, *L'ancienneté de l'homme. Appendice p. 126*) zeigte, dass einer der vermeintlichen, wesentlichsten Charaktere des *Höhlenbären*, der Mangel des ersten (oder zweiten) falschen Backenzahns, an mehreren von ihm der Pariser Akademie am 14. März 1864 vorgezeigten Kiefern, sich nicht bestätigen liesse. Beachtenswerth dürfte es auch sein, dass Garrigou, in der untern Grotte von Massat im Ariegedepartement, auf einem feinkörnigen Steine die eingravirte (bereits oben erwähnte, aus der Renthierperiode stammende) Darstellung eines angeblichen Höhlenbären fand, die nicht merklich vom gewöhnlichen Bären abwich. (D'Archiac a. a. O.). Es möchte daher wohl wünschenswerth erscheinen nach sehr umfassenden Materialien, die freilich nicht an einem Orte zusammengefunden werden können, sorgfältige, neue Vergleichungen über die fraglichen Bärenarten anzustellen. Dass solche, die oft beträchtlichen Variationen des Skeletes, namentlich des Schädels, der Hauptgrundlage der *fossilen Bärenarten*, darlegende Untersuchungen nicht überflüssig wären, geht aus den Variationen hervor, die vom Hrn. v. Middendorff (*Reise Zoologie*) am Schädel von *Ursus arctos* und von mir an dem des *Rhinoceros tichorhinus* (*Mém. d. l'Acad. Imp. d. St.-Pétersb. VI sér. scienc. nat. T. V. p. 161*), so wie an dem von Castor (*ebend. T. VII*) nachgewiesen wurden.

Gray (*Annals a. Magaz. nat. hist. 3 ser. Vol. XV. (1865) p. 138*) macht ein beachtenswerthe Bemerkung über die Schwierigkeit *Ursus tibetanus*, *syriacus*, *arctos* und *cinereus* nach dem Schädelbau zu unterscheiden: die Schwierigkeit der Unterscheidung nähme also zu wenn man mehr oder weniger unvollständige, fossile Reste vor sich habe. Auch G. de Mortillet (*Matériaux p. l'hist. de l'homme sec. ann. Nov. 1865. p. 118*) hält es für nöthig den *Höhlenbär* mit dem braunen (*Urs. arctos*) in Bezug auf seine spezifische Differenz oder Identität von neuem zu vergleichen. Zu einer solchen Vergleichung fordert übrigens nicht blos die nahe Verwandtschaft der fraglichen Arten, sondern auch ganz besonders noch der Umstand auf, dass *Ursus arctos*, da er noch jetzt mit solchen zahlreichen Gliedern der europäisch-asiatischen Fauna (*Edelhirschen*, *Bisonten*, *Elenen* u. s. w.) zusammenlebt, die mit bereits untergangenen Arten (*Mammuthen*, *büschelhaarigen Nashörnern*, *Riesenhirschen* u. s. w.) vorkamen, wahrscheinlich auch schon in den frühsten Zeiten, wenn auch in einer etwas andern Form (etwa mit den Racecharakteren der *Höhlenbären?*) existirte. Wie verschieden erscheinen nicht die Schädel des *Bos priscus* von denen des noch lebenden *Bison* (des sogenannten *Bos urus*). Dessenungeachtet lassen sich mit Hülfe fossiler Schädel die Uebergänge nachweisen und die Differenzen als periodische Phasen der Art ansehen. Auch dürfte es sehr unwahrscheinlich sein, dass ein Raubthier früher oder viel später als die Schlachtopfer seiner Fauna aufgetreten wäre. Selbst wenn indessen auch der *Höhlenbär* als selbstständige Art festzuhalten wäre, so würden doch zur Begründung einer eigenen Bärenperiode, für paläontologisch-chronologische Zwecke, trifftigere Gründe als die bisherigen beizubringen sein, wie dies der bereits oben gemachten Bemerkung zu Folge auch schon aus Garrigou hervorgeht. Ich möchte übrigens mit Letzterem, wegen der noch unsichern Bestimmung der fossilen Bärenarten, die dem noch lebenden *Ursus arctos* im Knochenbaue so überaus nahe stehen, ebenso wie aus andern, bereits angeführten, Gründen, den Höhlenbären keineswegs als die für die älteste Phase der quaternären Fauna charakteristische Form in den Vordergrund stellen, sondern als solche lieber das Mammuth oder büschelhaarige Nashorn (*Rhinoceros tichorhinus*) wählen.

2. Bemerkungen über Lartet's Zeitalter des Mamont oder Mammuth (*Elephas primigenius*).

Die Lebensepoche des *Mamont* und seines constanten Begleiters, des *büschelhaarigen Nashorns* (*Rhinoceros tichorhinus*), wird von Lartet (*ib. p. 221*), wie bekannt, gleichfalls für ein besonderes paläontologisch-archäologisches Zeitalter der quaternären geologischen Epoche erklärt, dem er den zweiten Platz hinter seinem Zeitalter des *Höhlenbären*, als Zeitalter des Mammuth, einräumt, indem er es einer gleichzeitigen Fauna vindizirt. Mit Recht legt er in seinen Mittheilungen über dieses Zeitalter darauf einigen Werth, dass man in der Literatur (wobei er wohl die alten Griechen und Römer im Auge hat), nicht einmal eine Tradition gefunden habe, die auch selbst nur dunkel an das frühere Vorkommen lebender *Mammuthe* und *büschelhaarigen Nashörner* im Westen und Norden Europas erinnerte. Meine früher auf das *büschelhaarige Nashorn* bezüglichen, wie bekannt, bereits in den *Mém. d. l'Acad. Imp. d. sc. VI sér. Scienc. nat. T. V. p. 161* veröffentlichten, später auf das *Mamont*, für monographische Zwecke gerichteten Studien der europäischen Literatur bestätigen diese Ansicht. Namentlich habe ich (*Bullet. sc. d. l'Acad. Imp. d. sc. d. St.-Pétersb. 3 sér. T. III. p. 335; Mél. biol. T. III. p. 483*) nachgewiesen, dass auch der ὀδοντοτύραννος der alten Griechen kein *Mamont* war, wie dies mein verstorbener College v. Graefe vermuthet hatte.

Anders verhält sich aber die Sache in Bezug auf das Vorkommen des *Mamont* in Nordasien. Von dorther sind mehrere auf seine Existenz bezügliche Sagen bekannt geworden.

Die ältesten chinesischen Schriftsteller schildern bereits das

Mamont, ganz im Einklange mit einer bei manchen Völkern des asiatischen Nordens herrschenden, offenbar von den zu Zeiten noch jetzt aus dem gefrornen Boden durch Loosspülung oder Erdfälle zu Tage kommenden, nicht wie man meist fälschlich glaubt, in reinen Eismassen steckenden, *Mamontleichen* abgeleiteten, nach China gedrungenen Sage, als ein unter (nicht über) der Erde oder unter Schnee und Eis hausendes, grosses, mäuseartiges Thier. (v. Olfers, *Abhandl. d. Berliner Akademie aus d. Jahre 1839. S. 67*).

Die Bewohner der Baraba kennen nach J. Bell (*Travels from St. Petersb. in Russia to Asia. Glasgow 1763. T. II. p. 148, c. XIV*) eine Sage, wornach dass am hellen Tage niemals sichtbare *Mamont* beim Anbruche desselben an Seen und Flüssen gesehen worden sein soll.

Isbrand Ides (*Dreijährige Reise nach China, cap. 6*) berichtet, in Sibirien gäbe es eine Sage, dass die Mamonte in der Erde lebten, und darin hin und her gingen.

Nach Erman (*Reise, Abth. I. Bd. 1. S. 711*) besitzen die Jukagiren eine alte Ueberlieferung, der zu Folge ihre Vorfahren wunderbare Kämpfe mit grossen Thieren um den Besitz ihres Landes zu bestehen hatten. Es sollen dies zwar riesenhafte Vögel gewesen sein, deren Köpfe und Krallen sich noch in der Erde fänden. Als die Köpfe derselben werden namentlich die Schädel, als Krallen aber die Hörner des *Rhinoceros tichorhinus* von ihnen angesehen. (Man vergl. hierüber G. Fischer: *Sur le Gryphus antiquitatis, Moscou 1836* und Brandt, *De rhinocerot. tichorh. Mém. d. l'Acad. Impér. d. sc. d. St.-Pétersb. VI sér. sc. nat. T. V.*). Wir dürfen indessen wohl die Sage als eine in Folge ihres Alters, und durch die falsche Deutung der fraglichen Nashornreste, entstellte ansehen und dieselbe auf grosse Thiere im Allgemeinen, also auch auf Mamonte und Nashörner beziehen; um so mehr weil Reste eines Riesenvogels in Sibirien noch nicht gefunden wurden. Uebrigens möchte diese Sage im Verein mit der von Isbrand-Ides und Bell angeführten, als entstellte Klänge, aus einer alten Zeit darauf hindeuten, dass in Nordasien, freilich wohl vor einigen Jahrtausenden, *Mamonte* von Menschen gejagt wurden*). Einen Anhalt für die Meinung, dass diese Jagden wohl so weit zurück zu versetzen seien, dürfte einerseits die alte chinesische Literatur, andererseits die bekannte Sage liefern, dass in Nordasien Greife (grosse Vögel) das Gold bewachen sollen, welche wohl mit jener Jukagirensage zusammenhängen könnte. In den dortigen Goldwäschen werden nämlich noch heut zu Tage Hörner und Schädel von Nashörnern ausgegraben.

Da die neuerdings von Lartet (*Compte rend. de l'Acad. de Paris. T. LXI. 21 d'août 1865. Annal. d. scienc. nat. 1865. T. IV. p. 353. Pl. XVI*) im Knochenlager von Périgord entdeckte, auf einer Elfenbeinplatte befindliche Darstellung eines Elephanten, ebenso wie der ebendaselbst von Hrn. v. Vibraye (*Ann. d. sc. nat. 1865. T. IV. p. 356*) gefundene, auf einem Stück Renthiergeweih gravirte Elephantenkopf, wie mit Recht mehrere ausgezeichnete Naturforscher (Lartet, Falconer, Milne-Edwards u. s. w.) annehmen, sich offenbar auf das Mamont beziehen**), so deuten sie, im Verein mit andern am genannten Orte und in andern Gegenden Frankreichs, so wie in England gefundenen menschlichen Knochen oder von Menschen angefertigten Geräthen, auf früher in Frankreich und England

---

*) Brandt, Verbreitung des Tigers. Mém. d. l'Acad. d. St.-Pétersb. VI sér. Sc. nat. T. VIII, p. 181. — Ob die neuerdings den Giläken unbekannten, der St. Petersburger Akademie der Wissenschaften übersandten, Steingeräthe (Lanzen, Peilspitzen u. s. w.,) die nebst Scherben von Töpferwaaren und Kohlen zehn Werst von Nikolajew, etwa 60 Werst von der Amurmündung, in viereckigen Gruben, in einer Tiefe von 6 Fuss, entdeckt wurden (Russische St. Petersb. Zeitung vom 28. September 1866 n 256. S. 2) möglicherweise auf ein früher dort heimisches, rohes Volk, namentlich ein solches hindeuten könnten, das noch mit dem Mamuthen lebte, muss die Zukunft entscheiden. — Mehr Wahrscheinlichkeit, dass Menschen in Russland mit Mamuthen existirten, bietet vielleicht für jetzt die in der Umgegend von Zagorien, bei Moskau, im aufgeschwemmten Lande, gemachte Entdeckung des Unterkiefers eines Bibers mit Mamuthresten und menschlichen (aus einem kupfernen Beil und Pfeilen aus Obsidian und Feuerstein bestehenden Utensilien (G. Fischer: *Notice s. l. fossil. d. Gouvernem. d. Moscou Livr. 1. p. 6*).

**) Da hinsichtlich der Richtung der Hauer und der Ohrgestalt des *Mamont* bisher noch Zweifel herrschten, die ich mit Hülfe der Materialien der St. Petersburger Sammlung beseitigen konnte, so sahe ich mich veranlasst Herrn Milne-Edwards in Bezug auf die Deutung der fraglichen Reste ein Sendschreiben zugehen zu lassen, welches derselbe im Auszuge in *Compt. rend. d. l'Acad. d. Paris. 1866. n. 11* ausführlich aber in den *Ann. d. sc. nat. 5 sér. T. V. p. 280* veröffentlichte, vergl. a. *Ann. a. Mag. of nat. hist. 3 sér. Vol. 18, p. 136*.

lebende Menschen hin, welche die *Mamonte*)* als lebende Thiere kannten, was auch von Irland gelten möchte, wo man in Torfmooren Reste vom *Mamuth* und *Riesenhirsch* mit menschlichen Resten gefunden hat (Owen, *Paläont. p. 401*) Da indessen Mamontreste sehr selten in ganz jungen Formationen, z. B. Torfmooren, sondern gewöhnlich in ältern quaternären, nach Owen (*Brit foss. mamm. p. XLVI. Conspectus*) bereits in den ältern englischen pliocänen Bildungen, vorkommen, so fällt die Existenz der Mamonte in Frankreich und England (wohl in Europa überhaupt) in eine Zeit, während welcher (wenigstens so viel wir wissen), im westlichen Europa, noch keine schriftlichen Denkmäler, wohl aber schon im Süden Frankreichs Darstellungen der fraglichen Thierart existirten, deren Entstehung jedoch wohl in die letzte Epoche ihrer Existenz zu versetzen sein möchte**), eine Epoche, die freilich möglicherweise, noch mit der frühern, ja selbst späteren Blüthezeit egyptischer und assyrischer Cultur zusammenfallen könnte.

Wenn Lyell (*Alter des Menschengeschlechts, deutsche Uebers. S. 130*) hervorhebt: man habe in den Celtengräbern keine Mamontreste entdeckt, so könnte dieser Umstand allerdings darauf hindeuten, dass zur Zeit der Einwanderung der Celten in Westeuropa keine Mamonte mehr dort existirt hätten. Die Einwanderung der Celten erfolgte indessen allerdings im Verhältniss erst spät. Gingen übrigens auch die Mamonte und büschelhaarigen Nashörner bereits vor der Ankunft des genannten

---

*) Zweifelhaft bleibt es noch, ob die auf in Schottland gefundenen Steinen nebst Fischen und anderen Symbolen dargestellten *Elephanten*, worüber John Stuart im Jahre 1859 in der britischen Naturforscherversammlung sprach (siehe *Rep. of th. brit. Assoc. Trans. of Scienc. p. 198*), auf das Mamont zu beziehen sind. Der Umstand, dass Mill eine daselbst gefundene Inschrift für eine phönizische erklärte, macht namentlich die Deutung der fraglichen Elephanten als Mammuth unsicher. Die Ohrgestalt des dargestellten Elephanten könnte allein darüber entscheiden. Wäre es ein Mammuth, so müssten die Ohren viel kleiner als beim asiatischen Elephanten dargestellt sein, auch dürfte wohl dann eine Andentung der Behaarung nicht fehlen.

**) Owen (*Ann. Magaz. nat. hist. 1856, XVIII. p. 65*) spricht vom Blute, dass noch in irgend einer der englischen Rinderracen (namentlich der nach ihm von *Bos longifrons* abstammenden), bereits zu Cäsar's Zeit in Britannien (bei den Celten) vorhandenen, aus der *Zeit des Mammuths* herstammen könne.

Volkes zu Grunde, wofür jedoch die schlagenden Beweise fehlen, so könnten sie möglicherweise doch noch von den iberischen und ligurischen oder andern noch ältern Stämmen, die lange vor den Celten Frankreich bewohnten, dort noch gesehen, bildlich dargestellt und gejagt worden sein, während sie in England gleichfalls den Urbewohnern desselben zur Beute fallen mochten. Die Bedenken, dass die Erlegung so grosser Thiere, wie der Mamonte, ja ihre schliessliche Vertilgung durch den Menschen sehr grosse Schwierigkeiten bieten dürfte, bemühte ich mich bereits in meinen Mittheilungen über das Mammuth zu beseitigen. Erwägen wir nämlich, dass man die Mammuthe in Gruben*) fangen, dann durch Feuer auf schlammige Flussufer oder Moore jagen konnte, um sie zum Einsinken zu bringen, und dass die Stellung der Hauer der *Mamonte* eine solche ist, dass sie in dichten Wäldern, wenn man sie lebhaft verfolgte, sich leicht zwischen den Bäumen verwirren konnten, dass sie ferner möglicherweise, wie die *Nashörner*, sehr dumme Thiere sein mochten, so dürfte ihre Erlegung, wenn auch keine geringen, jedoch keineswegs unüberwindlichen Schwierigkeiten gemacht haben. Die Letztern wurden aber wohl um so weniger gescheut, da ihre Ueberwindung eine Menge von Nahrungsstoff verschaffte.

Das Zeitalter der *Mamonte* und *büschelhaarigen Nashörner* von dem freilich der Zeit nach ganz unbekannten Auftreten derselben an, bis zu ihrem Verschwinden, kann demnach den gemachten Mittheilungen zu Folge sehr passend als ein besonderer, für jetzt, wie mir scheint, ältester, haltbarer, allgemeiner und durchgreifender, in sich abgeschlossener, grosser Abschnitt der Entwickelungsphasen der Fauna der Quaternär-Zeit betrachtet wer-

---

*) Dass man die grossen Thiere, wie Mammuthe und Nashörner, in Gruben gefangen haben mochte, erscheint um so wahrscheinlicher, da wir wissen, dass man die wilden Ochsen im Norden von Griechenland (Pausan. *Phoc, X. 13*) so wie in Germanien (Caes. *d. bell. gall. VI. 28*) in Gräben oder Gruben fing. Uebrigens fängt man, wie Reisende berichten, in Indien, auf Ceylon und im Lande der Hottentotten Elephanten noch jetzt in Gruben (Oken, *Naturg. Zool. IV. 2. S. 1172*). Auch umkreist man sie wohl mit Hülfe von Feuern. — In Kanada sollen die Indianer die Elene in's Wasser treiben um sie zu erlegen (Leonh. *Geolog. III. 56*). — Die Urbewohner Europas und Nordasiens konnten möglicherweise also auch schon die genannten Fangmethoden kennen.

den, namentlich was Europa anlangt; eine Auffassung, die wir genau genommen bereits bei Garrigou (*Étud. comp.*) vertreten sehen, obgleich er den genannten Abschnitt nach dem Höhlenbär bezeichnen will, wogegen bereits oben Einwände erhoben wurden. Die eben für zweckmässig erklärte Annahme einer Mamont- oder Mammuth-Epoche oder Mammont-Fauna vermag indessen die schon vor zehn Jahren (siehe meine Abhandlung (*Ueber die Verbreit. des Tigers, Mém. de l'Acad. Imp. d. sc. de St.-Pétersb. VI sér. Scienc. nat. T. VIII. 1856. p. 180—181*), also zwei Jahre vor Lartet's Aufsatz (*Migrations ancien. d. Mammif. Comp. rend. d. l'Acad. d. Paris. 1858. T. XLVII*) von mir ausgesprochene Ansicht keineswegs zu beeinträchtigen, dass die gleichzeitig mit dem Menschen*) vorhandenen *Mamonte* und *büschelhaarigen Nashörner* (ebenso wie *Bos moschatus, Urus, primigenius* und *Cervus euryceros*) als frühere, untergegangene, Glieder der grossen nordasiatisch-europäischen Fauna zu betrachten seien und wohl schon in alten Zeiten dem Tiger (dem vielleichtigen, im Laufe der Zeit modifizirten, Nachkommen des *Felis spelaea*) zur Beute fielen. Schliesslich erlaube ich mir hinsichtlich der näheren Kenntniss des Mammuth auf meine Mittheilungen im *Bullet. d. l'Acad. Impér. d. sc. d. St.-Pétersb. T. X. 1866. p. 93., Mélang. biol. T. V. p. 567 ff.* und auf einen interessanten Aufsatz meines hochverehrten Collegen v. Baer (*Bull. ib. p. 230* und *Mél. biol. ib. p. 645 ff,*) aufmerksam zu machen.

3. Ueber Lartet's Renthierperiode oder Renthieralter.

Zu Gunsten der von Lartet (*Ann. d. sc. nat. 1861. T. XV. p. 226 ff. ebend. 1864. T. I.*) aufgestellten, auch von andern trefflichen Naturforschern angenommenen, Renthierperiode hat

---

*) Haltbare Gründe für die von P. Cazalis de Fondouse (Lyell, *l'Ancienneté App. p. 178*) ausgesprochene Ansicht, dass der Mensch vielleicht erst erschienen sei, als die grossen Pachydermen schon seltener geworden waren, weiss ich durchaus nicht zu finden. Ich meine im Gegentheil, dass er zur Vertilgung derselben wesentlich beitrug, ja dieselbe, wie die der Dronte, der nordischen Seekuh, des grossen Alk (*Alca impennis*) u. s. w. schliesslich wohl vollendete.

man nachstehende Thatsachen oder Schlussfolgerungen angeführt. Das durch klimatische, terrestrische und Nahrungsverhältnisse veranlasste Erscheinen, ebenso wie das in Folge terrestrischer, sowie klimatischer Einwirkungen und des vom Menschen geübten Einflusses bewirkte Verschwinden der grossen Säugethiere im westlichen Europa war ein allmähliges, also kein periodisches oder plötzliches. Das Aussterben der Mamonte und büschelhaarigen Nashörner erfolgte in einer sehr frühen Zeit, während das Renthier dieselben lange überlebte, seinerseits aber vom Auerochsen überlebt wurde.

Die erstgenannte Ansicht stützt sich auf die oben S. 39 zusammengestellten Funde von mehr oder weniger häufig ohne Mamont- und Nashornknochen, besonders in den Höhlen Frankreichs und Belgiens vorgekommenen Renthierresten, die nach Garrigou (*Etud. comp. p. 30*) stets in der, über der, Knochen von Mamonten und Nashörnern enthaltenden, mittlern gelagerten, Schicht der quaternären Absätze des südlichen und westlichen Frankreichs sehr reichlich vorkommen, in der obern Schicht der genannten Formation aber vermisst werden.

Die letztgenannte Erscheinung suchte man dadurch zu beweisen, dass man einerseits darauf aufmerksam machte: bei manchen Knochenfunden seien zwar Reste des Auerochsen, jedoch keine vom Renthier vorgekommen (s. oben), andererseits aber darauf hinwies: man habe auf den gallischen Münzen keine Darstellungen, in den celtischen Dolmen und Begräbnissplätzen aber zwar Knochen von Hausthieren, nebst denen mancher wilden Thiere, so selbst vom Biber*), jedoch keine Reste vom Renthier wahrgenommen. Lartet und Christy (*Ann. d. sc. nat. 1864. p. 240*) waren übrigens sogar (wie erwähnt) zur Annahme der Thatsache geneigt: die Renthiere wären noch vor Einführung der Metalle in vorhistorischer Zeit, theils durch den Ein-

---

*) Die Celten verbrannten nämlich, wie bekannt, mit ihren Todten alle Gegenstände, die denselben lieb waren, darunter auch Thiere (Caes. *d. b. gall. VI. 19*). Man hat daher auch in den celtischen Gräbern Frankreichs nebst Kunsterzeugnissen und Knochen von Hausthieren, häufig auch Knochen vom *Hirsch*, *Wildschwein* u. s. w. gefunden, jedoch keine Knochen von Elephanten, Rhinoceros, Renthieren, Hyänen und Tigern. (Desnoyers).

fluss des Menschen und seiner Kultur, theils in Folge klimatischer Veränderungen, untergegangen. Sie stützten namentlich (Lyell, *L'Ancienneté de l'homme*, App. p. *133*) ihre Annahme darauf, dass sie an 17 Stationen Reste von Renthieren nur mit rohen Steingeräthen gefunden hätten, während in gewissen Höhlen des Ariégedepartements von Garrigou und Fihol polirte Steingeräthe ohne Renthierreste entdeckt worden seien.

Bereits Lubbock (a. a. O. p. *412*) bemerkte, die Renthierperiode sei durch keine durchgreifenden Eigenthümlichkeiten, wie z. B. das Vorkommen von Resten von Metallen oder Töpferarbeiten charakterisirt. Es lassen sich jedoch, abgesehen vom eben angeführten, vielleicht weniger durchgreifenden, Einwande Lubbock's, noch andere, wie mir scheint, erheblichere Ausstellungen gegen die Annahme eines von der Auerochsenperiode streng geschiedenen, in allen Ländern des westlichen und mittlern Europas gleichzeitigen, Renthieralters machen.

Wenn nämlich in Folge von nach und nach aufgetretenen klimatischen und terrestrischen Veränderungen und dadurch herbeigeführten Modifikationen der Vegetationsverhältnisse, die Einwanderung der grossen Säugethiere der quaternären Epoche aus Nordasien in Europa allmählig in längern Zeiträumen erfolgte, so giebt diese Erscheinung noch keinen Anhaltspunkt für das Auftreten einer Thierart in einer bestimmten Periode, wenn wir diese Periode nicht näher begrenzen können. So ist z. B., wie wir oben sahen, nicht sicher nachgewiesen, ob die Renthiere nach oder vor den Mammuthen oder gleichzeitig mit ihnen in West- und Mitteleuropa erschienen, wiewohl man das erstere für sehr wahrscheinlich halten möchte. Dass das Renthier in Deutschland sehr lange mit dem Menschen lebte, zeigt unter anderen der Fund von Resten desselben, der kürzlich im Würtembergschen zu Folge eines Berichtes der Augsburger Allg. Zeitung (*1866, n. 275 (2. Oct.) S. 4507*) gemacht wurde, wovon ich leider selbst beim Drucke meines Artikels über die Lebensepoche der Renthiere noch keine Kenntniss besass. Man hat nämlich unweit der Nähe der Mitte der Südbahn zwischen Ulm und Friedrichshafen, eine halbe Stunde hinter der ehemaligen Prämonstratenser-Abtei,

20 Fuss unter dem Boden des dort am Schussenursprung trocken gelegten Weihers, unter einer 4 Fuss mächtigen Torflage und Tuffschicht im Letten, der zu unterst mit Humus vermischt, hier noch mit Renthiermoos überzogen ist, Renthierreste mit denen vom Vielfrass, Bär, Wolf, Pferd, Ochs, manchen andern Vierfüssern, Fischen und Vögeln nebst roh bearbeiteten Steinwerkzeugen (Keulen, Hackemessern) gefunden. Die Renthierreste sind meist bearbeitet, theilweis durchbohrt.

Was das Ende der Renthierepoche im mittlern und südlichen Theil West- und Mitteleuropas anlangt, so wissen wir nach Maassgabe zahlreicher, paläontologischer Funde und des oben erörterten Verhältnisses der Mammuthe und Nashörner zur Geschichte der Menschheit, dass die genannten Pachydermen, über deren Existenz als lebende Wesen kein alter abendländischer Schriftsteller berichtet, wohl überall weit früher als die von Cäsar noch als Bewohner Deutschlands erwähnten Renthiere ausstarben, diese dagegen in vielen Ländergebieten früher als der Auerochse verschwunden zu sein scheinen, weil die Reste des Letztern dort ohne Knochen von Renthieren gefunden wurden. Indessen geben uns selbst diese Thatsachen noch kein Recht den zwischen dem Aussterben der Mamonte und Nashörner und dem des Renthiers verflossenen, bis jetzt wenigstens nicht sicher begrenzbaren, Zeitraum ganz im Allgemeinen als den der Renthierperiode zu bezeichnen. Es dürfte sogar dieselbe als eine allgemeine Erscheinung um so weniger zulässig sein, da einerseits Auerochsen noch jetzt in Lithauen und im Kaukasus leben, andererseits aber, fast unter denselben Breiten mit den lithauischen Auerochsen, Renthiere im Nowogorodschen, Twerschen und Orenburgschen Gouvernement vorkommen, so dass Letztere noch jetzt dort unter geographischen Breiten leben, welche denen des mittlern Britaniens entsprechen. Die Renthiere würden wohl sicher im nördlichen, gemässigten Russland, die in Lithauen noch vorhandenen Auerochsen längst überlebt haben, wenn diese nicht sorgfältig gehegt und durch strenge Jagdgesetze geschützt würden. Die Auerochsenperiode hätte also dann in Russland, früher als die Renthierperiode geendet. Es fragt sich aber sogar noch, ob dies nicht wenigstens in manchen Provinzen Frankreichs der Fall war.

Wie bereits oben bemerkt wurde, darf man zwar auf die dunkle Angabe von Gaston Phoebus, dass es zu seiner Zeit (vor 500 Jahren) noch Renthiere in Frankreich gab, keineswegs bauen. Indessen möchte es doch wenigstens bemerkenswerth sein, dass in der *Venerie* von *Fovilloux* das Renthier, freilich auf Grundlage des *Miroir* des genannten Grafen, unter den Jagdgegenständen aufgeführt wird, während das *Elen*, der *Riesenhirsch* und die *wilden Ochsen* (wie beim Grafen Gaston) fehlen. Genau genommen bietet freilich auch Fovilloux keinen Haltpunkt zur Bejahung der Frage. Ueberhaupt möchten weder jene oben angedeuteten, verhältnissmässig nicht eben zahlreichen, Knochenfunde, die zwar Reste des Auerochsen aber keine vom Renthier enthielten, noch auch der Mangel der Letztern an den Begräbnissplätzen der Celten, als negative Erscheinungen, positive Beweise dafür liefern, dass die Vernichtung des Renthiers, selbst in Westeuropa, überall der des Auerochsen vorherging. Ebenso wenig kann aber auch zugegeben werden, die Renthiere seien in West- und Mitteleuropa noch vor Einführung der Metalle, in vorhistorischer Zeit durch die Kultur, oder durch klimatische Einflüsse, oder die Nachstellungen des Menschen zu Grunde gegangen, da sie zur Zeit des Aristoteles und Theophrast im Lande der Budinen und Skythen, während der Feldzüge Cäsar's aber noch in Germanien lebten und 1159 noch im Norden Schottlands gejagt wurden. — Mr. de Vibraye entdeckte übrigens in der untersten Schicht der Grotte von Arcy, welche Knochen vom *Ursus spelaeus, Elephas primigenius, Cervus tarandus* etc. enthielt, Nieren von Eisenoxyd-Hydrat, dann auf einem Heerde der Grotten von Laugerie, die Renthierreste lieferten, eine kleine Masse von Kupfer mit Kupfergrün bedeckt, welche an die bronzenen, römisch-gallischen Schnallen erinnerte. Was den Umstand betrifft, dass die gallischen Münzen keine Darstellungen des Renthiers bieten, so gehört er einerseits zur Kategorie der negativen Gründe; andererseits begreift man nicht wohl warum gerade auch Renthiere darauf dargestellt sein mussten, da auf denselben auch manche andere Jagdthiere fehlen. Lartet und Christy wollen aber auch die Annahme des vorhistorischen Unterganges der Renthiere einerseits darauf stützen, dass Renthierreste in Frankreich noch nicht in Torfmooren vorgekommen seien, andererseits aber darauf begründen, dass die mit zahlreichen Knochen und Geweihtheilen des Renthiers von ihnen in den Grotten von Périgord, ohne Hausthierreste, entdeckten, unpolirten, steinernen Waffen und Geräthe einem in der Geschichte der Menschheit nicht aufgeführten, rohem Urvolk angehörten. Dass man in Frankreich in Torfmooren noch keine Renthierreste fand, sondern dieselben bis jetzt nur im Diluvium wahrnahm, so dass es also demnach scheint, die Renthiere seien dort vor der Torfbildung untergegangen, ist allerdings ein für die Annahme einer Renthierperiode günstiger Umstand. Er wird indessen dadurch abgeschwächt, dass man in Deutschland, Belgien (?) und Britannien, auch Renthierreste in Torfmooren, also aus einer jüngern Periode, fand und dass es eben nicht wahrscheinlich ist, wenn zu Cäsar's Zeit in den hercynischen Wäldern noch die ein Wanderleben führenden Renthiere lebten, dieselben, selbst als Gäste in den benachbarten, damals ungeheuren Wäldern des Jura, der Sevennen und der Pyrenäen bereits gänzlich gefehlt haben sollten. Selbst jener rohe Menschenstamm, dem die unpolirten, in Frankreich entdeckten, Steingeräthe angehörten, von dem wir nicht wissen, ob er autochthon oder sehr früh eingewandert war, oder einem auf einer niederen Stufe stehenden Zweige der Iberer oder Liguren angehörte, konnte möglicherweise, obgleich vielleicht von den letztgenannten Völkern oder den Celten in undurchdringliche Wälder oder Gebirge zurückgedrängt, noch zur Zeit Cäsar's existiren. Finden wir doch noch jetzt wilde Völker in andern Welttheilen mit Europäern. Es ist dies eine Ansicht, die auch bereits theilweis in einer andern Fassung von Spring (*Bull. d. l'Acad. roy. Belgique. 1864. T. XVIII. p. 509*) ausgesprochen wurde. Bei Cäsar und Strabo sind ja eine Menge Völker Galliens aufgeführt, die wir nur den Namen nach kennen, ohne irgend etwas über ihren Kulturzustand, ihre Sprache und ihre Geschichte zu wissen. Auffallend könnte es allerdings erscheinen, dass Cäsar die rohen Völker, wenn sie als solche noch existirten, ganz mit Stillschweigen überging. Indessen machte er sich zu seiner Hauptaufgabe meist über diejenigen Völker zu schreiben, mit denen er während seiner selbstsüchtigen, kriegerischen Unternehmungen in direkte oder indirekte Beziehung trat, oder die ihm als kriegerische und namhafte geschildert wurden. Uebrigens ist es mir bis jetzt nicht gelungen, bei einem andern der römischen oder griechischen Schriftsteller selbst nur Andeutungen über jene troglodytischen Völker zu finden, welche in Gallien nur roh behauene, steinerne Utensilien besassen, Renthiere verspeisten und ihre Knochen, namentlich aber ihre Geweihe, zu Geräthen verschiedener Art verarbeiteten.

In Bezug auf Belgien hat Schmerling (*Rech. s. l. oss. foss. I. p. 43*) und noch ausführlicher Spring (*a. a. O.*) von einer Sage gesprochen, der zu Folge einige dortige Höhlen von kleinen, verkommenen, zwerghaften, scheuen als *Sottais* oder *Nutons* bezeichneten Menschen bewohnt gewesen seien, die sich mit der Ausbesserung zerbrochener Gegenstände beschäftigten und ein trauriges, gefahrvolles Leben führten. Spring erinnert dann schliesslich an die Elfen, Zwerge und Kobolde der deutschen Dichter und den damit stimmenden Volksglauben der alten Deutschen.

Was Britannien anlangt, so deuten mehrere Stellen der alten Klassiker darauf hin, dass dort vor den Celten und Belgen, als *Britanni* eine wilde Urbevölkerung existirte, der wohl die dort gefundenen rohen Steinwerkzeuge gehörten (Diefenbach, *Orig. p. 145—147*), ein Umstand, der die Existenz einer solchen auch in Gallien wahrscheinlich macht. Es möge erlaubt sein bei dieser Gelegenheit auch an das bei Spaccaformo, in der Provinz Noto, auf der Insel Sicilien gelegene Troglodytenthal mit seinen zahlreichen, oft drei Stock übereinander in den Fels gehauenen, Höhlen zu erinnern, die vermuthlich vor Alters von wenig cultivirten Menschen bewohnt waren, dann dass auch Homer den Cyclopen, zu dem er Odysseus kommen lässt, als Höhlenbewohner schildert. Die Griechen besassen vermuthlich eine entstellte Sage von den sicilischen Höhlenbewohnern, die zu einem einäugigen Volke gestempelt wurden.

Der auf dem Stücke eines Renthiergeweihes nach de Vibray dargestellte, im Perigord, wo häufig Renthierreste vorkamen, gefundene Mamontkopf möchte übrigens darauf hinweisen, dass die Renthierepoche nicht streng abgegrenzt werden könne; auch lässt sich nicht sagen, wenn man die in meinem Aufsatze über die Verbreitung des Renthiers zusammengestellten, in Frankreich, Belgien und England theils mit, theils ohne Mammuthreste gemachten Funde von Renthierknochen vergleicht, dass dort die Letzteren nur selten mit den Erstern vorgekommen seien. In Deutschland, wo die Renthierreste meist, und in Schweden, wo sie stets in Mooren vorkamen, ist es allerdings der Fall. Da übrigens, wie besonders Garrigou zeigte, die Renthierreste ohne Mammuth- und Nashornresten in jüngern Schichten sich finden; da ferner Renthiere zu Cäsar's Zeit, wie oben gezeigt wurde, noch in Deutschland waren und um diese Zeit wohl auch noch nach Gallien als periodische Gäste hinüberwandern mochten, so lässt sich nicht mit Gervais und Brinkmann (Giebel, *Zeitschr. 1865. S. 429*) behaupten, dass sie dort nur vor den Zeiten der Römer und Phönizier, also keineswegs noch zur geschichtlichen Zeit, gelebt hätten. Bei der Beurtheilung des fraglichen Renthieralters ist auch zu erwägen, was schon oben in Bezug auf das Einwandern der Renthiere von Osten nach Westen und über ihr vermuthlich durch verschiedene Umstände bedingtes Verschwinden in Westen Europas, mitgetheilt wurde.

Die gänzliche Vertilgung der Renthiere in der gemässigten Zone Europas, ist übrigens noch nicht erfolgt, wie ihr Vorkommen im Nowgorod'schen und Twer'schen Gouvernement beweist. Die Lebensepoche der Renthiere im gemässigten Europa lässt sich also, besonders wenn man sich daran erinnert, dass dieselben den Westen später als den Osten bevölkerten, so dass in diesem ihre Lebensepoche eine längere war, die sich theilweis noch fortsetzt, weder als eine gleichzeitige, noch als eine bereits abgeschlossene und wohlbegrenzbare ansehen. Es kann daher auch nach Maassgabe unserer jetzigen Kenntnisse von keinem allgemeinen, vorhistorischen, selbst nur auf das ganze westliche Europa auszudehnenden, Renthieralter oder einer Renthierperiode die Rede sein. Mehrere in Frankreich gemachte lokale Funde, welche keine Renthierreste bieten', und deshalb auf den bereits vor ihrer Ablagerung erfolgten Untergang der Renthiere hinweisen, gestatten indessen allerdings die Annahme einer Renthierperiode für gewisse Oertlichkeiten, namentlich in Bezug auf Frankreich und vielleicht auch Belgien. Man dürfte daher die Renthierperiode Lartet's als eine lokale, jedoch als eine solche zu betrachten haben, die im Allgemeinen von seiner Auerochsenperiode nicht zu trennen ist, genau genommen aber auch in die Mammuthperiode hinüberreicht.

Was die vom Marquis de Vibraye (*L'Institut 1864. Scienc. math. p. 78*) aufgeworfene Frage: «Doit on séparer l'époque du Renne, que je prends ici comme type de la migration des espèces de la faune des races éteintes à laquelle d'autre part le Renne se trouve associé?» anlangt, so dürfte sich aus den vorstehenden Mittheilungen die Antwort von selbst ergeben.

Uebrigens fühlte auch Garrigou (*Étud.*), dass eine Renthierepoche in der Auffassung Lartet's nicht beibehalten werden könne, sondern dass dieselbe zu modifiziren sei. Er stellte daher die Thiere, deren Reste mit sehr zahlreichen Ueberbleibseln des Renthiers in den mittlern quaternären, alluvialen Schichten des südlichen und westlichen Frankreichs vorkommen, mit den Renthieren zu einer Fauna zusammen, die er in paläontologischer Beziehung nur durch das Vorwalten desselben charakterisirt (s. unt.). Auch diese Fauna kann indessen auf keine strenge Begrenzung Anspruch machen, selbst wenn auch die mit den Renthierresten, oder wenigstens in denselben Schichten vorgekommenen, oder aus ihnen verfertigten, Erzeugnisse des menschlichen Kunstfleisses, als Zeugnisse von Kulturzuständen, zur Charakteristik seiner Fauna herangezogen werden, da auch sie schwer auf scharf begrenzte Zeiträume sich vertheilen lassen. Die Entwickelung der Thierwelt, wie die des Menschengeschlechts, in geistiger und körperlicher Beziehung, ist eine continuirliche, nach und nach entstandene, in fortwährender Veränderung begriffene. Sie lässt sich daher nur mehr willkürlich und künstlich in gewisse Zeiträume theilen. Eine solche Theilung wird allerdings zur Nothwendigkeit um Haltpunkte für bestimmte Haupterscheinungen und Ereignisse zu gewinnen.

Ich kann die Erörterungen über die Renthierperiode nicht schliessen ohne die Ansichten zu besprechen, welche zwei französische Naturforscher in den Memoiren der Akademie zu Montpellier mittheilten, obgleich dieselben (da die Schriften der genannten Akademie sehr spät nach St. Petersburg gelangen) leider mir bis jetzt nur aus einem in der *Zeitschrift für d. gesammten Naturwissensch.* von Giebel, *Jahrg. 1865, Nov. S. 426 ff.* enthaltenen Auszuge bekannt sind und sich weder auf die Billigung, noch auf die Missbilligung einer Renthierperiode beziehen, sondern lediglich die zahlreichen Renthierreste der Höhle von Bize zum Gegenstande haben. Gervais und Brinkmann (a. a. O. S. *429 ff.*) meinten nämlich: «es sei möglich, dass nordische Völkerschaften, Lappen oder Finnen, Renthierheerden in unsere Gegenden führten, deren in der Erde conservirte Knochen gegenwärtig ein hohes, historisches Interesse haben. Die Finnen seien Abkömmlinge der Skythen, älter als die Lappen und bewohnten gegenwärtig die Gegenden dies- und jenseits des Urals, vom Baltischen Meere bis zum Ob. Man betrachte sie allgemein als Nachkommen grosser und mächtiger Horden, welche von den Mongolen, Türken und Slaven zurückgedrängt wurden. Im 5ten Jahrhundert n. Chr. waren sie noch unabhängig und man behauptet sogar, dass Attila ihrem Stamme angehörte. Nach Dieterich's Forschungen sollen die Finnen vor Ankunft der germanischen Völker in Europa nur Pferde und Renthiere besessen haben. Die Ziege, das Schaf und den Stier bekamen sie erst von den Skandinaviern.» «Auf S. 432 a. a. O. steht Folgendes: Die zahlreichsten Knochenstücke in der Höhle von Bize rührten von Nutz- und Hausthieren her und das Fleisch des Renthiers scheint von den damaligen Menschen fast täglich gegessen worden zu sein, während dessen Haut, Knochen und Geweihe zu Kleidungsstücken und verschiedenen Geräthschaften verwendet wurden, wie noch heut zu Tage bei den Völkern des hohen Nordens. «Auf S. 434 a. a. O. heisst es: Das Vorkommen des Renthiers spricht für kein hohes geologisches Alter der Ablagerungen. Man dürfte nur zulassen, dass die Knochenlager von Bize vor der allgemeinen Eisperiode fallen. Das Beisammenliegen der Menschenreste mit bearbeiteten Renthierknochen an mehreren Orten Mittel- und Südeuropas beweise nur, dass zu einer gewissen, allerdings sehr frühen Zeit, über welche die Geschichte keine Nachrichten besitzt, die Bewohner bis zum Mittelmeer hinab das Renthier ebenso als Hausthier benutzten, wie die hochnordischen Völkerschaften. Vielleicht haben sich jene uralten Stämme vor neuen Eindringlingen nach Norden zurückgezogen und das geschah wahrscheinlich als Europa sich mit einer Eisdecke überzog.»

- Die vorstehenden Mittheilungen der beiden französischen Naturforscher, wovon der erste mit vollem Rechte seit langer Zeit einen namhaften Ruf besitzt, veranlassen mich nachstehende Bemerkungen zu machen. Die Lappen und Finnen sind allerdings Glieder desselben grossen, alten Volksstammes (des Finnischen), wie ihre Sprache und Gewohnheiten zeigen. Die Sprache der Lappen bietet indessen nach Diefenbach (*Origines europcae, p. 196*) viel Nordisches (Germanisches) und mitunter antikeres, als die uns erhaltenen altnordischen Schriften. Es deutet dies auf einen sehr alten Verkehr mit den Germanen (ob erst in Skandinavien?). Dass die Lappen in Skandinavien früher mehr nach Süden verbreitet waren als jetzt, mag richtig sein. Diefenbach (*a. a. O. S. 208*) zweifelt indessen, dass sie jemals viel mehr südwärts in Europa wohnten als die Geschichte nachweist. Hinsichtlich der Renthiere Skandinaviens meint Nilsson (*Skand. Faun.*) sie seien aus Asien eingewandert, da man im mittlern Schweden keine Renthierreste antreffen soll, die auf eine über das südliche Skandinavien aus Germanien erfolgte Einwanderung nach Norden schliessen liessen. Die Beziehungen in welchen die Lappen, so lange man sie kennt, stets zu den Renthieren standen, gestattet die Vermuthung, dass sie den wilden Renthieren nach Europa folgten, oder vielleicht mit gezähmten aus Asien vom Norden aus einwanderten, wo ihnen stammverwandte (finnische) Stämme, wie die Samojedischen u. s. w. noch jetzt als Renthiernomaden im untern Obgebiet leben und sich westlich bis ins Archangelsche Gouvernement verbreiten. Dass Renthiernomaden finnischen Stammes aus Asien mit Renthierheerden bis ins südliche Frankreich wanderten, scheint mindestens sehr zweifelhaft. Auch gestattet das dort häufige Vorkommen von Resten der Renthiere und die ähnliche, sehr häufige, Benutzung derselben keineswegs den Schluss, dass dieselben von einem Finnenstamme herrührten, der bereits gezähmte Renthiere besass, da rohe Völker verschiedener Erdgegenden unter ähnlichen äusseren Bedingungen, auch ähnliche, einfache Gewohnheiten annehmen und aus ähnlichem Material auch ähnliche Gegenstände verfertigen können. Dagegen liesse sich als möglich, ja fast wahrscheinlich, denken, dass asiatische Volksstämme als Jäger ihren Jagdthieren aus Asien folgten, als diese sich von dort über Mittel- und Südeuropa verbreiteten. Es brauchten dies aber nicht gerade Finnen zu sein. Sie konnten auch andern, unbekannten, Volksstämmen angehören. — Dass der Volksstamm oder die Volksstämme, welche in Frankreich Renthiere verzehrten und sonst noch benutzten, welche Letztere sich keineswegs als gezähmte nachweisen lassen, vor der Eisperiode lebten, muss ich bezweifeln; ebenso, dass sie sich als der Norden Europas vereiste, dahin zurückzogen. Es scheint mir viel natürlicher, dass mit dem Eintritt der allmähligen Erkältung Asiens, womit die von Europa zusammenfällt, die Renthiere aus Asien nach Europa kamen. Gegen die Ansicht, dass die Finnen skythischer Abkunft seien, streiten die neuesten, exacten Untersuchungen, denen zu Folge die Skythen und Sarmaten wohl iranischen (nicht finnischen) Stammes waren (s. Diefenbach, *Origines europeae. Francof. 1861. 8. S. 82 ff.*)[*]) Die von Gervais und Brinkmann (*a. a. S. 429*) aufgestellte Frage, ob die von Menschen bearbeiteten Renthierknochen ebenso alt wie die des *Rhinoceros tichorhinus* und *Cervus megaceros* seien, wird wohl dahin zu bejahen sein, dass sie nach Maassgabe ihres geologischen Vorkommens ebenso alt, aber auch jünger sein können.

---

[*]) Eben so wenig wie die Finnen skythischen Ursprungs sind, kann man aber auch mit Eichwald (*Bull. d. nat. d. Moscou. 1860, p. 413*) die Celten für Finnen (Tschuden) erklären.

4. Einige Worte über Lartet's Auerochsenperiode und Auerochsenalter.

Bei Lartet (*Ann. des scienc. natur. Zool. T. XV. 1861. p. 229*) findet man zur Begründung dieses von ihm vorgeschlagenen paläontologisch-chronologischen Zeitabschnittes, nachstehende Angaben.

Der in Mitteleuropa, selbst bis Italien, sehr verbreitete *Bison* des Plinius, der Auerochs.[*] der Neuern, war, wie es scheint, früher als *Elephas primigenius* und *Rhinoceros tichorhinus* in Europa vorhanden, denn seine Reste kamen nach Owen (*Hist. of brit. foss. mamm. p. 494*) in Schichten vor, die man zum Norwich-Crag rechnet[**]), während sie Pomel denjenigen in der

---

[*] Der Name *Auerochs*, der ursprünglich *Urochs* oder *Ur* lautete, stammt, wie ich in meinem Aufsatze über die Verbreitung des *Bos primigenius* umständlich zeigte, vom Worte *Ur* ab, welches Macrobius für ein gallisches erklärte, und wurde, so von Plinius, früher auf die letztgenannte Art als dieselbe noch im wildem Zustande existirte, angewendet. Nach ihrem Aussterben ging er auf die überlebende Art (den *Bison* des Plinius, den *Bonasus* des Aristoteles) über, welche Art Linné (*Syst. nat. ed. 12. I. p. 99*) in *Bonasus* und *Bison* zerfällte, während er den *Urus* des Cäsar, der nur zum Theil ein *Urus* ist, wie ich nachwies, mit seinem *Bos taurus* als *B. Urus* Caes. verband. — Gmelin (Linn. syst. nat. ed. 13. T. I. P. 1. p. 202) führt den *Urus* des Cäsar und Plinius; ebenso wie den *Bonasus* des Aristoteles nebst dem *Bison* des Plinius als wilde Varietäten seines *Bos taurus* auf. Mit Unrecht nennt daher Cuvier (*Regn. anim. ed. 2. I. p. 279*) den *Bison* der Alten *Bos urus* Gmel. und lässt ihn den fälschlich beigelegten Namen Auerochs, wodurch die Fortpflanzung des Irrthums gleichsam autorisirt wurde. — Andr. Wagner war es, der bereits (Schreb. *Säugeth. V. 2. p. 1481*) 1837 eine geläuterte, Cuvier berichtigende, Synonymie gab, und den Namen *Bos bison* für den *Bison* des Plinius wieder hervorsuchte. Neuerdings folgte ihm auch Blasius. (*Fauna d. Wirbelth. Deutschl. S. 492*). Der spezifische Name *Bison* verdient um so mehr restaurirt zu werden, da er auch den davon nicht verschiedenen *Bos americanus* = *Bos Bison* Linn. Syst. nat. ed. 12, umfasst. Rütimeyer der (*Beitr. z. paläont. Gesch. d. Wiederk. Gen. Bos, p. 41*) den amerikanischen und europäischen Bison auf eine Stammform reduzirt, wählt freilich für dieselbe den Namen *Bison priscus*.

[**] Owen a. a. O. p. 494 sagt, man habe in England einen Schädel und Hornzapfen des *Bison* in jüngeren tertiären Süsswasserdepots gefunden, die er für *new pliocene deposits* erklärt, was er auch (*Paläontol. p. 370*) wiederholt. — Sein in den *Brit. foss. mamm.* zu p. XLVI mitgetheilter *Conspectus* bezeichnet indessen *Elephas primigenius* und *Rhinoceros tichorhinus* als solche Thiere, deren Reste man in den älteren pliocänen Formation entdeckte, während die Namen von *Bos priscus* und *primigenius* sich im genannten *Conspectus* (nebst denen der genannten Pachydermen) erst unter denen der Thiere der jüngern Pliocänformation finden. Die Annahme, dass *B. priscus* (Lartet's und Cuvier's Auerochs) früher

Auvergne und dem Becken der Loire vorkommenden Thierresten zuzählt, welche einer Fauna angehören, die der diluvialen vorherging. Reste von Auerochsen, fährt Lartet fort: trifft man in allen diluvialen Schichten, ebenso in Höhlen, jedoch seltener in den französischen Torfmooren. Der Auerochs ist die einzige der verschwundenen Thierarten, deren Reste in der untern Grotte von Massat gefunden wurden. Unter den dänischen Kjoekkenmoeddings, so wie in den zum Steinalter gehörigen Pfahlbauten der Schweiz, wurden sie gleichfalls entdeckt. Eine Darstellung des Auerochsen glaube er auf je einer Münze der Santoner und Bellovaquer gefunden zu haben. Der Auerochs werde von Cäsar nicht als Bewohner Galliens*) oder des hercynischen Waldes erwähnt, wohl aber bezeichneten ihn Plinius und Seneca im Verein mit dem *Ur* als Bewohner Germaniens. Beide Racen (races!?) kämen auch in dem aus dem 13. Jahrhundert stammenden Niebelungenliede vor, während der in der aus dem 10. Jahrhundert datirenden St.-Galler Chronik erwähnte *Veson cornipotens* und *urus*, wie Steenstrup meinte, vielleicht Synonyme einer Art seien**). Uebrigens lebe der Auerochse noch in Lithauen.

Den vorstehenden Bemerkungen über *Bos bison* reiht Lartet noch folgende Mittheilungen über den *Ur* oder *Bos primigenius* (den *Urus* des Plinius und Cäsar's e. p.) an.

Seiner Ansicht zu Folge schiene der *Ur* weiter als der Bison verbreitet gewesen zu sein. Man habe ihn in ganz Mitteleuropa,

---

als *Eleph. primigenius* und *Rhinoceros tichorhinus* eingewandert sei wird dadurch sehr in Frage gestellt, obgleich sich annehmen liesse, dass der von weichern Pflanzen sich nährende *Bos priscus* früher seine asiatische (erkältete) Heimath hätte verlassen müssen als die genannten *Pachydermen*, die auch mit Zapfenbäumen vorlieb nahmen.

*) Cäsar's Schweigen über das Vorkommen des *Bison* in Gallien, darf um so mehr als negativer Einwand betrachtet werden, als zur Zeit König Guntram's (im sechsten Jahrhundert) ganz entschieden wilde, von den Berichterstattern nicht näher bezeichnete Ochsen in den Vogesen lebten, wovon einer von seinen, deshalb mit dem Tode bestraften Hofleuten 590 erlegt wurde (s. *Gregor. Turonensis*) und auch dort, in den Alluvionen, Reste des Bison vorkamen.

**) Die Stelle aus der genannten Chronik hat Morllot (*Bull. d. l. Soc. Vaudoise d. sc. nat. T. VI. p. 279*) mitgetheilt. Ich finde indessen darin für die fragliche Synonymik keinen genügenden Beweis.

Schweden, Dänemark, England *), jenseits der Alpen, ja nach Gervais sogar in Nordafrika gefunden **). Sein Erscheinen falle jedoch vielleicht nicht vor der Ablagerung der untern diluvialen Schichten ***). Knochenreste desselben seien in den Torfmooren des Sommethales sehr häufig wahrgenommen worden. Nilsson erwähne eines in Schweden mit Spuren einer durch einen steinernen Pfeil verursachten Wunde gefundenen Skelets. Die Urbewohner Dänemarks, ferner die Bewohner der Pfahlbauten und die im 10. Jahrhundert lebenden Mönche der Schweiz hätten sein Fleisch genossen. — Woods spreche von einem in einem Tumulus zu Wiltshire Downs gefundenen Schädel. Cäsar beschriebe ihn genau als Bewohner des hercynischen Waldes und der im 13ten Jahrhundert lebende Verfasser des Niebelungenliedes gedenke seiner bei Gelegenheit der Wormser Jagd.

Werfen wir einen kritischen Blick auf die eben mitgetheilten Daten, welche Lartet gewissermaassen zur Begründung seines Auerochsenalters anführt, so fällt zuerst in die Augen, dass er nicht eine, sondern zwei verschiedene Arten von Rindern aufführt, so dass man anzunehmen hat, beide Arten seien für seinen Zweck herangezogen worden. Nicht passend dürfte es ferner erscheinen, wenn die Periode nach der Art, dem fälschlichen Auerochsen (dem *Bison* des Plinius, den *Bonasus* des Aristoteles oder *Wisent*) benannt wird, die nicht blos in Lithauen, sondern auch im Kaukasus zu den lebenden zählt, von deren völligem Verschwinden also noch nicht gesprochen werden kann; einer

---

*) Nach einer Hindeutung Owen's (*Ann. Mag. n. h. 1856, p. 65*) hätte es übrigens vielleicht zur Zeit der Mammuthe in Britannien sogar schon gezähmte, von *Bos longifrons* abstammende, kurzhörnige Rinder als Wälische und Kyloe-Race gegeben. Wäre nun, wie H. v. Meyer will, *B. longifrons* nur ein Jugendzustand, oder wie Rütimeyer (*Beitr. z. paläont. Gesch. d. Wiederkäuer, S. 54 ff.*) meint, nur eine Race des *Bos primigenius*, seine *Brachyceros*-Race, so würde schon zur letzten Lebensepoche der Mammuthe eine Race gezähmter Rinder in Britannien gelebt haben.

**) Die Annahme der weiteren Verbreitung des *Ur* wird dadurch erschüttert, dass der *Bison* in Sibirien weiter nach Norden und Osten bis zum Anadyr nachgewiesen ist und sich, wie oben bemerkt, auch in Amerika findet.

***) Dass er erst vor der Ablagerung der unteren diluvialen Schichten erschienen sei, stimmt nicht mit den Angaben Owen's a. a. O., denen zu Folge er gleichzeitig mit dem *Bison* in denselben geologischen Schichten Englands, den Neupliocänen, auftritt.

Art, deren frühere Verbreitung, ebenso wie auch ihr lokales Verschwinden, von Aristoteles an bis in die neueste Zeit historisch sich verfolgen lässt, wie ich dies, in meinem besondern Aufsatze über die Verbreitung desselben, umständlich nachgewiesen habe. Eine nach dem Wisent, dem sogenannten *Auerochs*, benannte Periode, als allgemeines paläontologisches Phänomen, ist auch deshalb nicht zulässig, weil sie von der Renthierperiode Lartet's in grossen Ländergebieten sich nicht abgrenzen lässt. Der *Wisent* kommt nämlich im Nordosten Europas noch jetzt mit dem im Nowgorodschen und Twerschen Gouvernement des Russischen Reiches auftretenden Renthier unter einer wenig abweichenden geographischen Breite vor und ging früher entschieden weiter nach Norden als in's Wilnaer Gouvernement (vergl. meine *Untersuchungen üb. d. Verbreit. d. Renthiers und des Bison*). Aehnliches dürfte, nur in einem noch auffallenderen Grade, für Nordamerika gelten, da nach dem Zeugnisse zweier gewichtiger Auctoritäten, Blasius's (*Fauna der Wirbelthiere Deutschlands. Braunschweig 1857. 8. S. 493*) und Rütimeyer's (*Beiträge zu einer paläontologischen Geschichte der Wiederkauer Gen. Bos. Basel 1865. S. 41*), denen ich beistimmen möchte, *Bos bison* und *americanus* sich durch constante Charaktere nicht unterscheiden, daher nach Rütimeyer nur als zwei Formen einer Urart (*Bison priscus*) aufzufassen wären. In Sibirien, wo die wilden Renthiere noch in zahlreichen Heerden auftreten, während dort schon die *Wisente* seit nicht nachweisbaren Zeiten ausgestorben oder vertilgt sind und in sehr frühen Zeiten (wohl als Asien mit Amerika zusammenhing) im äussersten Osten mit den amerikanischen Bisonten zusammenhingen, ginge überdies, ganz gegen die Annahme Lartet's, die *Auerochsen- (Wisent-) periode* der *Renthierperiode* voran. Es würde also für Osteuropa, Nordasien und Nordamerika gerade das umgekehrte Verhältniss als in Westeuropa stattfinden; ein Umstand, welcher der Annahme einer allgemeinen Wisentperiode, hinsichtlich der Zeitfolge, nicht günstig ist. Mit der Annahme einer continuirlichen, nach der *Mamont-* und *Renthierperiode* zu versetzenden, allgemeinen *Auerochsenperiode*, möchte auch die vermuthliche Annahme nicht zu vereinen sein, dass die wilden Ochsen früher als die *Mamonte* und *Renthiere* nach Europa gewandert sein möchten. Da sich die *wilden Ochsen* (*Ure* wie *Bisonten*) mehr nur von weicheren Pflanzen, höchstens noch von Laub und jungen Zweigen nährten, während die Mamonte und Nashörner auch Coniferen verzehrten, so dürfte man nämlich möglicherweise annehmen können, die Rinder seien noch etwas früher als die *Mamonte* nach und nach in den wärmeren Westen gezogen, während die mit Moos und Flechten und niedrigen Pflanzen vorliebnehmenden *Renthiere* noch später erst zur Auswanderung gezwungen wurden. Da indessen wohl nicht gerade geläugnet werden kann, dass es im westlichen Europa, namentlich in Frankreich, wenigstens manche Distrikte gegeben haben mag, worin die *Wisente* später als die *Renthiere* ausstarben, so könnte der Zeitraum, während dessen die Ersteren die Letzteren überlebten, besonders wenn es ein längerer war, als lokale *Wisentperiode* angesehen werden. Zu Gunsten dieser Annahme spricht, dass man in den französischen Torfmooren wohl Reste von *Bisonten**), aber noch keine Renthierreste gefunden hat. Gäbe es ferner, wie Lartet meint, in Frankreich Höhlen, wie namentlich die von Massat, (der man vielleicht noch andere von Garrigou und Fihol untersuchte, in den Pyrenäen befindliche, anreihen könnte)**), worin zwar keine Knochen vom *Mamont*, *Nashorn* und *Renthier*, wohl aber vom *Wisent* angetroffen wurden, so würde wenigstens die Annahme lokaler *Wisentperioden* Aussicht auf Geltung gewinnen. Garrigou (*Etude p. 40*) berichtet indessen, dass die Reste des *Bison* die des *Renthiers* in allen Höhlen begleiten,

---

*) Ueber die Verbreitung des *Bison*, so wie des *Ur* vergleiche meine besondere Abhandlung.

**) Garrigou und Fihol fanden nämlich in mehreren Höhlen der Pyrenäen, namentlich denen von Bedeilhac, Sabart, Niaux grande, Niaux petite, d'Ussat u. s. w., nach Rütimeyer's Bestimmung nur die Reste folgender Thiere: *Bos primigenius, Bos brachyceros, Ovis, Capra, Cervus elaphus, Capreolus, Canis, Sus palustris domesticus* und *Sus scrofa ferus* nebst Produkten menschlichen Kunstfleisses, namentlich geschnitzten und polirten Knochen, polirten Serpentinbeilen und Pfeilspitzen von Quarz. Die Reste sollen deshalb denen des vorhistorischen schweizer Steinalters entsprechen. (*L'Institut. sc. math.* 1864, p. 350, *Séance de l'Acad. Nov. 2. 1864*).

welche als charakteristisch für das Letztere gelten, und glaubt deshalb, dass der *Bison* sich nicht zur Charakteristik einer besonderen paläontologischen Epoche eigene.

Noch eher als der Bison (der vermeintliche Aurochs) könnte der *Ur* Anhaltungspunkte für gewisse paläontologische und antiquarische Vorkommnisse bieten. Man kann wenigstens von ihm sagen, dass er nicht nur in Nordasien (wo er, wie auch später noch in Europa, mit dem Mammuth und büschelhaarigen Nashorn zusammenlebte), bereits seit nicht nachweisbaren Zeiten unterging, sondern seit etwa dreihundert Jahren auch aus Polen, wo Herberstain so viel wir wissen, seine letzten, im östlichen und mittleren Europa vorhandenen, aber nur in einem Parke gehegten, Reste sah, gänzlich verschwunden ist. In Grossbritannien wird allerdings noch seit mehreren Jahrhunderten eine Rinderform in einem Parke (zu Chillingham) gehalten, die direkt vom Urochsen abstammen soll, nach Owen (*Ann. Mag. N. H. 1856. XVIII. p.* 65) freilich auch eine verwilderte Race der von den Römern in die britischen Kolonien eingeführten indischen sein könnte. Als gehegte, auf einen kleinen Raum beschränkte, Race, könnte man ihr aber eine geringere Bedeutung beilegen, wenn nicht auch auf sie das von Garrigou über die Auerochsenperiode gefällte, oben mitgetheilte, Urtheil anzuwenden wäre.

5. Ueber Garrigou's Faunen der quaternären Periode.

In den vorstehenden Erörterungen wurden zwar an Lartet's Thieraltern manche Ausstellungen gemacht. Namentlich suchte ich darzuthun, dass sie in ihrer gegenwärtigen Fassung keine allgemeine Anwendung finden könnten, ja theilweis unhaltbar seien. Es ist indessen nicht zu läugnen, dass sie wesentlich dazu beitrugen mehr Klarheit in die auf die sogenannte quaternäre Epoche bezüglichen, paläontologisch-archäologischen Forschungen zu bringen und zu weiteren Untersuchungen anzuregen. Lartet giebt übrigens selbst zu, dass seine Vorschläge einen mehr lokalen Werth hätten. Er war also wohl auf Modification derselben gefasst. Bei dem regen Interesse, welches seine im innigsten Zusammenhange mit der Frage über das Alter und die frühsten Kulturzustände des Menschengeschlechts stehenden Aufstellungen erwecken mussten, blieben in der That die Modificationen seiner Thierepochen nicht lange aus. Namentlich wurden von Garrigou Lartet's Thieralter nicht blos modifizirt, sondern auch reduzirt, die Beibehaltenen aber als Grundlagen zur Begrenzung vorweltlicher Faunen, oder wohl richtiger Faunen-Epochen gewählt, nicht mehr als eigentliche Zeitalter bezeichnet. Die vom Erstern gemachten Veränderungen bestehen im Allgemeinen darin, dass er Lartet's Bären- und Mamontalter als Fauna der ältesten, unteren, quaternären Alluvialschichten der Grotten und Thäler des südlichen, mittleren und westlichen Frankreichs vereint, die Reste des Renthiers als wesentliche Eigenthümlichkeit der mittleren, an den genannten Orten vorkommenden Schichten der alluvialen Formation ansieht, im Wesentlichen also Lartet's *Renthieralter* beibehält, die Auerochsenperiode Lartet's dagegen aufhebt, indem er seine dritte, in der obersten alluvialen Schicht der genannten Localitäten enthaltene Fauna, in paläontologischer Beziehung durch das Vorkommen von Hausthierresten kennzeichnet. Zur Charakteristik seiner Faunen wählte er indessen nicht blos das Vorkommen gewisser Thierreste, sondern auch die auf einer niederen, mittleren oder höheren Stufe der Vervollkommnung stehenden Ueberbleibsel der menschlichen Industrie. Die spezielleren Mittheilungen über die drei von ihm aufgestellten quaternären Faunen, lassen sich in folgender Weise zusammenfassen:

1) Seine älteste Fauna, als deren hervorragendes Merkmal er die Gegenwart des Höhlenbären, *Ursus spelaeus*, ansieht (vergl. *Étude p. 12*), charakterisirt sich nach ihm durch das gleichzeitige Vorkommen der genannten Thierart mit *Ursus priscus, Felis spelaea, Felis spec. minor, Hyaena spelaea, Hyaena spec., Rhinoceros tichorhinus, Elephas primigenius, Megaceros hibernicus, Cervus elaphus, Bos primigenius, Bison europaeus* (*l'aurochs*) und einigen Resten des Renthiers. Die Ueberbleibsel

der menschlichen Industrie, aus steinernen Geräthen bestehend, zeigen nur die Anfänge der Kunst.

2) Als Hauptmerkmal seiner zweiten, in den mittleren alluvialen Schichten der genannten Lokalitäten Frankreichs begrabenen Fauna, erscheinen die reichlicher als in der älteren Fauna vorhandenen Reste des *Renthiers*, die mit denen von *Equus*, *Megaceros hibernicus*, *Cervus elaphus*, *Bos primigenius*, *Bos urus* (*l'aurochs*) *Ovis*, *Rupicapra*, *Ibex*, *Lupus*, *Lynx* u. s. w. vorkommen, jedoch weder mehr von denen der oben genannten Raubthiere und Pachydermen, noch denen von Hausthieren begleitet erscheinen. Die Ueberreste der menschlichen Industrie, welche aus Stein oder Knochen angefertigt wurden, verrathen sehr merkliche Fortschritte, indem nicht nur mannigfache Zierrathen, sondern auch Skulpturen oder gravirte Darstellungen von Gegenständen entdeckt wurden*).

3) Eine dritte in den oberen Schichten der Alluvionen der genannten Gegenden Frankreichs enthaltene Fauna, kennzeichnet er (*ib. p. 13*) durch die Gegenwart der Reste von Hausthieren (*Capra*, *Ovis*, *Sus scrofa palustris*, *Sus scrofa ferus*, *Canis domesticus*), im Verein mit den Racen von *Bos primigenius*, (*frontosus*, *brachyceros*) *Cervus elaphus*, *C. capreolus*, *Ibex*, *Rupicapra*, *Lupus*, *Vulpes*, *Lepus*, *Tetrao urogallus*, *Corvus pica*, *C. glandarius* u. s. w. Die Menschen, welche während des Bestehens dieser Fauna lebten, besassen bereits sauber polirte, aber ebenfalls noch aus Stein, nicht aus Metallen, angefertigte Geräthe und trieben Ackerbau.

Die Aufstellungen Garrigou's müssen ohne Frage als ein Fortschritt bezeichnet werden. Indessen dürfte es gerathener sein die von ihm aufgestellten Faunen als Perioden zu bezeichnen, da sie genau genommen nur durch Verschwinden gewisser Thiere herbeigeführte Phasen oder Entwickelungszustände der

---

*) Der Umstand, dass manche dieser Gegenstände, namentlich die bereits oben bei Gelegenheit der Mamontepoche von Lartet erwähnten, und de Vibraye im Périgord acquirirten, Darstellungen vom Mamont auf Elfenbein oder Renthiergeweih bieten, lässt daran denken, dass sie bereits aus einer Zeit stammen, wo dieser Dickhäuter noch mit dem Renthier lebte. Ein solcher Umstand macht die Begrenzung der Renthierfauna im Sinne Garrigou's etwas unsicher.

primitiven Fauna der Gegenwart sind, mit denen gewisse Entwickelungsstadien der menschlichen Industrie und Kultur auftreten, die um so grössere Fortschritte bieten, je mehr Thierarten verschwinden. Zur Bezeichnung der ältesten dieser Entwickelungs-Perioden (der Faunen Garrigou's) möchte ich aber, wie schon oben bei Gelegenheit der Erörterung des Lartet'schen Bärenalters bemerkt wurde, nicht den *Höhlenbären*, sondern das *Mamont* wählen. Als gänzlich verschwundene Form bietet dasselbe nicht nur eine mit Sicherheit auf ganz Europa und Nordasien ausdehnbare, abgeschlossene Entwickelungs-Periode der nordasiatisch-europäischen Fauna, sondern kennzeichnet gleichzeitig die Epoche der noch unverkümmerten Existenz derselben. Die Renthierfauna Garrigou's (Lartet's Renthieralter) kann dagegen, für jetzt wenigstens, nur in Bezug auf manche Lokalitäten Frankreichs Werth haben, wie ich in meinen Erörterungen über die Renthierperiode umständlicher nachzuweisen bemüht war. Sie lässt sich auf keinen Fall so scharf wie die Mamontepoche sondern und wie diese verallgemeinern. Es gilt dies sowohl hinsichtlich ihrer Abgrenzung von der ältesten als auch neuen Epoche der Quaternär-Zeit. Für die in die mittlere Epoche derselben fallende Entwickelungsphase der asiatisch-europäischen Säugethierfauna, kann sie allerdings, wenigstens für manche Ländergebiete (namentlich Frankreichs), ein beachtungswerthes Moment abgeben. Auf den ältern Zusammenhang der Renthierperiode und Mamontperiode, deutete neuerdings der treffliche O. Heer (*Die Urwelt der Schweiz. S. 547*) durch sein schönes Bild «*Zürch zur Gletscherzeit*» hin, worauf Mamonte mit Renthieren in der Nähe eines Gletschers erscheinen. — Den Zusammenhang der Renthierperiode mit den neueren Entwickelungsphasen der asiatisch-europäischen Fauna habe ich oben und im Aufsatze über die Verbreitung des Renthiers, namentlich in dem ihm angehängten Abschnitten über seine paläontologische Würdigung und die Lebensdauer der Renthier-Species, ausführlicher besprochen.

Garrigou's dritte (jüngere) alluviale Fauna, die er durch das Auftreten von Hausthierresten (worunter auch Racen von

Bos primigenius, brachyceros und *frontosus*, Rütimeyer's *Brachyceros* und *Frontosus-Race* genannt werden), im Verein von zwar steinernen, aber sehr vervollkommneten, nicht metallischen Geräthen menschlichen Kunstfleisses, so wie den Beginn der Viehzucht und des Ackerbaues charakterisirt, erscheint beim ersten Blick als eine wohl begründete. Es möchten jedoch, da die oben, im Betreff des Vorkommens wilder Rinder in Europa während der historischen Zeit, angeführten Daten, so wie die Mittheilungen über das Vorhandensein ihrer Reste in Torfmooren, unverkennbar dafür sprechen, dass wilde Ochsen in Frankreich mindestens noch im ersten Jahrtausend nach Chr. vorkamen, zu welcher Zeit man bereits metallene Geräthe und Waffen besass, sich gegen Garrigou's Charakteristik und Begrenzung seiner dritten Fauna, gegründete Bedenken erheben lassen; Bedenken, die um so erheblicher sein dürften, da der Nachweis, dass die gefundenen Reste von *Bos primigenius*, ohne Ausnahme nur gezähmten Thieren angehörten, nicht leicht zu führen sein möchte. Man darf sich daher die Frage erlauben, ob es nicht besser wäre, Lartet's Ochsenperiode in so ferne bestehen zu lassen, dass man anstatt des *Bos bison* (*Bos priscus*) den *Bos primigenius* zu ihrem Charakter wählte und die fragliche Fauna durch das Vorkommen desselben, theils im wilden, theils im gezähmten Zustande, im Verein mit anderen Hausthieren und noch steinernen Geräthen, so wie durch den beginnenden Ackerbau kennzeichnete.

5. Eigene Ansichten über die Entwickelungs-Stadien der früheren nordasiatischen, jetzt nordasiatisch-europäischen Säugethier-Fauna.

In den vorstehenden Mittheilungen äusserte ich nur beiläufig meine Ansichten über die Entwickelungsphasen der früheren nordasiatischen, jetzt nordasiatisch-europäischen Fauna, insofern dieselben auf gewisse paläontologische, oder menschliche, kulturhistorische Momente sich beziehen. Es scheint mir indessen nicht überflüssig schliesslich meine Ansichten darüber in gedrängter Kürze übersichtlich zusammenzufassen.

Wie bekannt enthalten die älteren und mittleren, grösstentheils auch noch die jüngeren, tertiären Schichten des Westens
und Südens von Europa, theilweis auch Mitteleuropas die Reste
von Thieren, deren nächste Verwandte jetzt nur noch in wärmeren Ländern leben, worunter namentlich solche (so die von
Affen) sich finden, welche vermöge ihrer Lebensweise nur in
Gegenden angetroffen werden, die zu allen Jahreszeiten ihnen
Früchte zur Nahrung bieten. Es fehlen indessen in den erwähnten Schichten der genannten Ländergebiete die Reste solcher
Thiere, welche gegenwärtig von ihnen bewohnt werden. Die später abgesetzten jüngeren, meist, oder wenigstens gewöhnlich, über
den tertiären gelagerten Schichten jener Ländergebiete, bergen
dagegen keine Ueberbleibsel der erwähnten tertiären, muthmaasslich einem warmen oder heissen Klima angehörigen Thiere,
sondern enthalten noch jetzt in den genannten Ländern, ebenso
wie in Osteuropa und der Nordhälfte Asiens vorkommende, oder
wenigstens früher nachweislich vorgekommene Thierarten. Die
Reste der letztgenannten Thiere sind es (nicht gleichzeitig auch
die der süd- und westeuropäischen Tertiärperiode), die man bisher im Nordosten Europas und der Nordhälfte Asiens beobachtete. Sollte nun auch in Zukunft ein solches Verhalten sich herausstellen, so würde man als sicher annehmen können, was jetzt
nur als noch nicht hinreichend begründete, jedoch ziemlich plau-
sibele Hypothese gelten kann, dass die Nordhälfte Asiens (vielleicht auch zum Theil Osteuropa) bereits zur Tertiärzeit ihre
gegenwärtige, jedoch um mehrere untergegangene Glieder rei-
chere Fauna besassen, und wenn sich die aufrecht gefundenen,
durch mehrere Zeugnisse und einen Bericht der sibirischen Abtheilung der Kaiserlichen Geographischen Gesellschaft beglau-
bigten Mammuthleichen, trotz der Zweifel zweier ausgezeichneten Naturforscher, bewahrheiten, früher im höheren Norden
wärmer waren als jetzt. Ziehen wir nun in Betracht, dass die gegenwärtigen europäischen Landthiere in gemässigten und borealen
Landstrichen zu Hause sind, in West- und Südeuropa aber erst,
wie ihre dort nur in jüngeren, quaternären, oder als Seltenheit
in den allerjüngsten tertiären Schichten, gefundenen Reste an-

deuten, nach der oben erwähnten, einer wärmeren Erdperiode
angehörigen, tertiären Fauna auftraten, so dürften sie wohl von
Osten gekommen sein, eine Annahme, die um so plausibeler erscheint, da nachweislich, selbst in neueren Zeiten, Thierarten
von Osten her nach Westen einwanderten, wie z. B. die Ratten,
Syrrhaptes u. s. w. Auch nahmen ja selbst die Wanderzüge vieler
Völker dieselbe Richtung. Die eben angedeutete Annahme erscheint noch ansprechender, wenn wir erwägen, dass nach der älteren und mittleren Tertiärzeit, eine Periode (die Eiszeit) im Norden Europas und Asiens eintrat, während der diese Ländergebiete
nach und nach dermaassen erkalteten, dass diese Temperaturveränderung auch auf Süd- und West-, so wie auf Mitteleuropa
einen überaus bedeutenden Einfluss ausübten; in Folge dessen,
gleichzeitig mit der Vegetation auch die Thiere der Tertiärzeit
nach und nach zu Grunde gingen. Es konnte indessen eine solche
Temperaturveränderung auf die Nordhälfte Asiens und Osteuropas gleichfalls nicht ohne Einfluss bleiben. Die Vegetation des
Nordens erfuhr Veränderungen, während die Thiere und Pflanzen, wenigstens grösstentheils, nach und nach sich dem Süden und
Westen zuwandten, wo sie die ihnen angemessene Temperatur
und die sonstigen erforderlichen Existenzbedingungen vorfanden,
und als Ersatz der dort untergegangenen, oder noch im Untergange begriffenen, Organismen der Tertiärzeit nach und nach
auftraten*).

In welchem Verhältnisse der Mensch zu den ältesten Landfaunen stand ist ungewiss. Der Mangel seiner Reste oder seiner
Kunstprodukte, unter den Faunenresten der mittleren und älteren Tertiärzeit in Europa und dem noch wenig untersuchten
Asien, hat die Geognosten und Paläontologen zur Ansicht bestimmt: es habe während der Tertiärzeit (wenigstens der älteren) noch keine Menschen gegeben. Eine Ansicht die, bis wir

---

*) Mit der Annahme, dass die ursprüngliche *Fauna* der Nordhälfte Asiens,
nach dem wärmeren Westen Europas allmählig gewandert sei, stimmt sehr gut
was Gaudry über die Miocän-Fauna Griechenlands, nach Maassgabe der bei Pikermi entdeckten Reste derselben bemerkt. Er sagt nämlich: die Miocän-Fauna
Griechenlands habe sich nach dem Süden (Afrika) zurückgezogen; sie könne aber
auch mit der Fauna Indiens Beziehungen gehabt haben.

durch Funde von Ueberresten oder durch andere Gründe eines
Besseren belehrt werden, wenigstens vorläufig auf Geltung Anspruch macht. Die Annahme, dass der Mensch erst lange nach
der Constituirung der noch gegenwärtigen, sogenannten quaternären Säugethierfauna aufgetreten sei, dürfte indessen, wie mir
scheint, immerhin etwas Erzwungenes haben, da ihm bereits zur
Tertiärzeit günstige Bedingungen für seine Existenz zu Gebote
standen, ja wohl sogar in klimatischer Beziehung günstigere, als
sie es später in der Nordhälfte unseres Planeten, zu einer Zeit
waren, die, nach Maassgabe der Ueberreste, wirklich Menschen
aufzuweisen hatte. Es erfuhren indessen nicht blos die Faunen
und Floren einzelner Länder während der früheren Erdperioden
nach und nach eine gänzliche Umgestaltung, sondern es erstreckte
sich dieselbe auch auf die Faunen an sich, namentlich nachweislich auch auf die nordasiatisch-europäische Fauna der sogenannten quaternären Periode. Es bekundete sich die fragliche Umgestaltung ins Besondere, durch die Verarmung der eben genannten primitiven Fauna, indem im Laufe der Zeit einzelne oder
mehrere Arten derselben verschwanden; ein Ereigniss, das nicht
bloss durch terrestrische und klimatische Verhältnisse herbeigeführt wurde, sondern worauf auch der Mensch entschieden nicht
ohne bedeutenden Einfluss war, da er nach Maassgabe entdeckter
Reste, mit solchen Thierarten bereits zusammen lebte, mit denen,
so viel wir bis jetzt wissen, die Verarmung der genannten Fauna
ihren Anfang nahm, ich meine die *Mammuthe* und *büschelhaarigen Nashörner*.

Der veränderte Zustand, in welchen eine Fauna durch das
Verschwinden von Arten versetzt wurde, kann als eine neu eingetretene Phase oder Periode derselben bezeichnet werden. Für
die europäisch-asiatische Säugethierfauna dürften, meiner individuellen Ansicht zu Folge, nachstehende Phasen oder Faunenzustände, nach Maassgabe des Standpunktes unserer Kenntnisse,
angenommen werden können, ohne dass sich jedoch eine strengere Begrenzung der einzelnen derselben nachweisen liesse, weil
die Veränderungen anfangs allmählig als lokale (insularische)
Erscheinungen nur ebenso beginnen konnten, wie noch heut zu

Tage die Veränderung der Floren und Faunen durch Vertilgung, oder das Verschwinden von Arten erfolgt. Da übrigens die geognostischen Entdeckungen von ihrem Abschlusse noch weit entfernt sind, so dürfen die hier in gedrängter Kürze mitgetheilten Bemerkungen über die Phasen der asiatisch-europäischen Säugethierfauna nur als eine, aus dem gegenwärtigen Standpunkte unseres Wissens hervorgegangene, individuelle Ansicht angesehen werden, die selbst, wenn sie auch im Allgemeinen sich bestätigt, in Bezug auf viele Details die mannigfachsten Modifikationen, Verbesserungen und Ergänzungen beanspruchen wird.

Als erste Phase der nordasiatisch-europäischen, oder wohl richtiger vielleicht nordasiatischen Säugethierfauna, darf wohl ein intacter Zustand derselben in der Nordhälfte Asiens von unbestimmter, sehr langer Dauer, angenommen werden. Damals lebten *Mammuthe, büschelhaarige Nashörner, Urochsen, Bisonten, Moschusochsen, Gazellen, wilde Schaafe, Moschusthiere, Steinböcke, Renthiere, Edelhirsche, Rehe, Wildschweine, Bären*, wohl auch schon, wie noch jetzt, *Tiger, Hyänen* u. s. w., mit zahlreichen, eigenthümlichen Nagern in der Nordhälfte Asiens, wohl unter klimatischen Verhältnissen zusammen, dass sie vermuthlich weiter nach Norden mit der Baumvegetation sich verbreiten konnten. Es scheint dies namentlich mit manchen Formen, den *Renthieren, Mammuthen, Nashörnern* und *Moschusochsen* der Fall gewesen zu sein. Ob der Mensch in Nordasien mit dieser noch vollständigen Säugthierfauna zusammenlebte, ist noch nicht nachgewiesen, möchte aber, nach Maassgabe der oben, bei Gelegenheit der Mammuthperiode mitgetheilten, Bemerkungen vermuthet werden können. Darf man nämlich auf die oben erwähnte sibirische, auf die Kämpfe der alten Bewohner Sibiriens mit grossen Thieren hindeutende, Sage etwas geben und zieht man dabei noch den Umstand in Erwägung, dass in Frankreich Menschen mit den Mammuthen nachweislich lebten, ja sie sogar bildlich darstellten, so erscheint es nicht unwahrscheinlich, dass auch in Nordasien, in einer noch weit früheren Zeit, Menschen mit Mammuthen gleichzeitig zusammen existirten, wenn wir auch von dorther noch keine solche Nachweise, wie aus Frankreich, besitzen. Die fragliche Ansicht erscheint um so plausibeler, wenn wir bedenken, dass Asien als die Wiege so vieler nach Westen gezogener, zum Theil uralter, vielleicht von Andern verdrängter, Völker zu betrachten ist, ja dass selbst die Annahme nicht unwahrscheinlich sein dürfte: ein Theil der Völker Asiens sei ihren allmählig nach Westen ziehenden Jagdthieren (Mammuthen, Rindern, Renthieren u. s. w.) gefolgt, also mit ihnen nach Europa eingewandert.

Die zweite Phase der nordasiatischen Säugethierfauna, kann von ihrer Verbreitung nach Mittel-, Süd- und Westeuropa bis zur Vertilgung der Mammuthe gerechnet werden. Der Complex der fraglichen Fauna dürfte, wie es scheint, nach ihrer Verbreitung über Europa dort kein so vollständiger, wie in Asien, gewesen sein. Die Reste so mancher Nordasien noch jetzt bewohnender Nager (z. B. der Springhasen), die freilich an eigene Verhältnisse (z. B. Steppen und die Vegetation derselben) gebunden sind, hat man z. B. in Westeuropa meines Wissens noch nicht gefunden. Auch möchten so manche Arten dieser Ordnung, eben so wie manche kleinere Fleischfresser (*Sorex pygmaeus*, *Mustela sibirica* u. s. w.) dann die Gebirgsthiere, so z. B. die Nordasien eigenen Steinböcke und wilden Schaafe, einen geringeren oder keinen Drang zur Auswanderung besessen haben, vielleicht weil es ihnen theils nicht so an Nahrung fehlte, als den grossen Landsäugethieren, theils weil sie keine zusammenhängenden Gebirgsketten fanden, die ihre Verbreitung zu vermitteln vermochten. Selbst einzelne Säugethierarten der Ebenen scheinen, wie die Saiga-Gazelle, ihre Züge weniger nach Westen (so nur bis Polen) ausgedehnt zu haben.

Während dieser zweiten Phase tritt uns in Westeuropa das menschliche Treiben ganz entschieden entgegen. Wir ersehen nämlich aus den namentlich in Frankreich mit Mammuthknochen gefundenen Resten des menschlichen Skeletes, so wie der menschlichen Industrie, dass dort noch Mammuthe mit Menschen lebten, deren Kultur bereits so weit vorgeschritten war, dass sie mehr oder weniger kenntliche Darstellungen von Jagdthieren, darunter die des Mammuth, zu produciren vermochten, obgleich ihre Geräthe noch steinerne waren. Der Kulturzustand der allermeisten Völker dieser Phase, war überhaupt wohl noch für sie ein vorhistorischer. Selbst unter den Resten, welche den Darstellern der Jagdthiere angehörten, sind noch keine gefunden worden, die auf ein geordnetes Staatsleben, so wie auf bildliche oder gar schriftliche Andeutungen geschichtlicher Ereignisse hindeuteten. Indessen lässt sich doch die Möglichkeit denken, dass es in anderen Erdgegenden während dieser Phase der quaternären Säugethierfauna nicht gänzlich an Völkern fehlte, welche (ohne gerade mit den Mammuthen und büschelhaarigen Nashörnern in Beziehung zu stehen) nicht bloss Viehzucht, sondern auch Ackerbau trieben, die Metalle nicht nur zu Waffen und Geräthen, sondern auch zu Kunstsachen verarbeiteten und mit andern Gliedern der noch vollständigen, oder nahe zu vollständigen, nordasiatischen Fauna, z. B. Bisonten in Berührung standen; Völker die in geordneten Staaten lebten, gewaltige Bauten und Denkmäler ausführten, ferner einen entwickelten religiösen Kultus, ja selbst die Anfänge einzelner Wissenschaften nebst zahlreichen technischen und ökonomischen Kenntnissen besassen und die Begebenheiten durch Bild oder Schrift fixirten, um sie selbst den kommenden Geschlechtern zu überliefern. Die allerältesten Perioden der Kultur der Egypter, eben so wie auch möglicherweise der Assyrer, könnten wenigstens möglicherweise eine gleichzeitige Existenz mit der letzten Lebensepoche der Mammuthe und büschelhaarigen Nashörner in Westeuropa gehabt haben. Die Vermuthung erhält einen um so grössern Schein von Wahrscheinlichkeit, wenn wir bedenken, dass wohl weder den an das Mammuth und das büschelhaarige Nashorn erinnernden nordasiatischen Sagen, noch den so gut conservirten Perigord'schen Darstellungen des Mammuth ein allzuhohes (wenn auch vielleicht voreeltisches) Alter zugeschrieben werden könne.

Eine dritte Phase lässt sich von der Zeit her datiren, wo die Mammuthe und büschelhaarigen Nashörner bereits untergegangen, namentlich grösstentheils schliesslich wohl vom Menschen vertilgt worden waren. Die Vertilgung scheint indessen nicht blos in Westeuropa, wo sie zur Zeit der ersten Anfänge der dortigen Literatur sicher nicht mehr existirten, weil alle Griechen und Römer darüber schweigen, sondern bereits auch in Asien, vor den Anfängen der griechischen Literatur, stattgefunden zu haben. Für die letzterwähnte Ansicht spricht wenigstens das hohe Alter der oben angeführten, auch nach Griechenland gedrungenen Sage von den das Gold am Ural bewachenden Greifen, worauf die von den Bewohnern Sibiriens als Schnäbel jenes fabelhaften Riesenvogels erklärten Schädel und die für Krallen desselben genommenen Hörner des büschelhaarigen Nashorns, so wie die von ihnen erwähnten Kämpfe, welche ihre Vorfahren bei der Besitznahme des Landes mit grossen Thieren zu bestehen hatten, möglicherweise hindeuten könnten. Es fanden sich während dieser Periode im Westen Europas, wie im mittlern und östlichen Theile desselben, noch Renthiere, deren es im 12. Jahrhundert, selbst noch in Schottland gab. Cäsar führt sie unter den Thieren des Hercyner Waldes, Theophrast aber als Bewohner des Landes der Budinen (der Pripetgegenden) auf. Das Verschwinden des ehedem in Frankreich, selbst bis zu den Pyrenäen und in die Schweiz verbreiteten Renthiers in der Südhälfte und dem Centrum Europas*), liefert den Hauptcharakter dieser Phase, dem sich als Nebencharakter auch die namhafte Verminderung der beiden grossen, für die nordasiatisch-europäische Fauna charakteristischen, früher sehr häufigen, Rinderarten des Ur (*Bos primigenius seu Urus* Plin.) und des Wisent (*Bos bison, seu Bison* Plin. Βόνασος Arist.) so wie des

---

*) Mit dem *Renthier* verschwand vielleicht gleichzeitig, wenn nicht noch früher, der von keinem alten, europäischen Schriftsteller erwähnte, im höhern Norden Nordamerikas noch jetzt dasselbe begleitende und, wie dieses, mehr niedere Temperaturverhältnisse liebende, *Moschusochse (Ovibos moschatus)*, von dessen Resten wir aus Europa verhältnissmässig nur erst wenige Funde kennen, die meines Wissens bei Moskau, in England, Frankreich (Périgord, Oise-Thal) und in Deutschland (bei Merseburg und Wien) meist vereinzelt gemacht wurden, so dass seine Reste in Europa bis jetzt als grosse Seltenheiten anzusehen sind, die bis jetzt nur im Verein mit den aus Sibirien gesandten, im Museum der St. Petersburger Akademie und zu Moskau aufbewahrten Schädelresten und die von Middendorff im Taymyr-Lande geschenen, leider nicht mitgebrachten, Schädel (*Reise I. S. 208*) die Folgerung gestatten, dass auch er der grossen asiatisch-europäischen Fauna angehörte und, wie der Bison, einen Anknüpfungspunkt mit der Nordamerikanischen bildete, über Europa jedoch, wie es bis jetzt scheint, sich nicht sehr häufig verbreitete.

Riesenhirsches anschliessen dürfte. Wie die oben citirten, alten, klassischen Schriftsteller andeuten fällt diese Phase bereits ohne Frage in die historische, ja theilweis, wie man vermuthen darf, nachchristliche Zeitrechnung. Für die letztere Annahme spricht wenigstens der bereits oben erwähnte Umstand, dass sogar noch im 12. Jahrhundert n. Chr. Renthiere in Schottland gejagt wurden.

Eine vierte Phase der fraglichen Fauna dürfte vielleicht mit dem Verschwinden des Renthieres in Westeuropa begonnen und bis zur Vertilgung des Ur im wilden Zustande auf dem Festlande Europas fortgeführt werden können. In diese Phase würde dann gleichzeitig das Verschwinden des Riesenhirsches, die beträchtliche Verminderung, ja grösstentheilige Ausrottung, des Bison, des Elen, des Bibers, des Bären, Luchses, Wolfes u. s. w. zusammenfallen.

Die fragliche Phase würde, wenn wir auf das Aussterben des Ur ein besonderes Gewicht legen, sich etwa bis in das 16te Jahrhundert unserer Zeitrechnung ausdehnen lassen.

Die fünfte Phase bildet die nordasiatisch-europäische Fauna der Gegenwart, die mit dem gänzlichen Verschwinden des Ur auf dem Festlande Europas ihren Anfang nehmen kann. Sie dürfte sich durch die besonders nach Einführung der Schiesswaffen gesteigerte Vertilgung oder die bis zur Vertilgung fortgesetzte Verminderung mehrerer Faunenglieder bekunden.

Ergänzungen zur Verbreitung des Renthiers, die dem Verfasser nach dem Abdrucke der darauf bezüglichen Abhandlung bekannt wurden.

Zu Kapitel 1. (S. 38 ff.). Lartet, in seinem Memoire über die spanischen Höhlen, bemerkt: dass das Renthier nebst dem Höhlenbär die Pyrenäen nicht überschritten hätten. (*L'Institut Sc. math. phys. 1866 Août. p. 26.*)

Zu Seite 105. Im Sommer 1861 sollen Norweger auf Spitzbergen, an einem einzigen Fjord, dem Eisfjord, unter 78° n. Br.

nicht weniger als 4—600 Renthiere erlegt haben. (*Die Natur
v. Ule und Müller 1866. n. 29. S. 228.*) Ebendaselbst n. 30
steht: Das Renthier findet sich gelegentlich in allen Theilen des
Landes, von den Sieben Inseln bis zum Südkap; nur in den nord-
westlichen Gegenden, von der Red-Bai bis zur St. John Bai, erscheint es sehr selten. Am häufigsten und in zahlreichen Rudeln
und Heerden kommt es im Innern der Wijde-Bai, an der Südküste und den innern Buchten des Eisfjordes auf den Ebenen
am Ende der Van Mijen-Bai, im Bel-Sund und an der Ostseite
des Wijde-Jans-Water vor. — A. Newton (*On the Zoology of
Spitzbergen. Ann. and Magaz. nat. hist. 3 ser. Vol. XV. (1865)
p. 425*) berichtet, dass die in ziemlicher Menge auf Spitzbergen
vorhandenen Renthiere kleiner als die Lappländischen sind. Der
durchschnittliche Typus des Kopfes der Renthiere Spitzbergens
wäre übrigens in der ersten Figur der Fauna *Boreali-Americana*
(*Vol. I. p. 240*) durch den sogenannten *Barren-ground Caribou*
(*Cervus tarandus var. α arctica* Richardson) sehr gut dargestellt und es sei wahrscheinlich, dass dieselben Einflüsse, welche
auf die Geweihbildung des Renthiers in den ungünstigen Distrikten Nordamerikas einwirken, auch auf die seiner spitzbergischen
Brüder influiren.

Als meine Abhandlung über die Verbreitung des Renthiers
bereits gedruckt war, fand ich ferner in Zarncke's *Literarischem
Centralblatt, n. 41, vom 6. Oct. 1866*, die Anzeige, dass K. Vogt
in dem mir noch nicht zur Ansicht gekommenen Monatsheften
Westermann's, October 1866, einen Aufsatz über die *Renthier-
zeit Mitteleuropas* veröffentlicht habe, den ich mir leider nicht
verschaffen konnte.

Zusätze zum *Ur* (*Bos primigenius* Bojan.).

Zu S. 162. Die in Flandern gefundenen Reste des Ur hat
Spring (*L'Institut 1866. Sc. math. p. 176*) besprochen.

W. Boyd Dawkins hat (*Proceed. Geol. Soc. March 21, 1866*;
vergleiche auch *Ann. a. Mag. of. nat. hist. 3 ser. Vol. XVII.
1866. p. 399*) Mittheilungen über die fossilen, britischen Ochsen,

namentlich im Part I. derselben über *Bos urus* Cäsar, sollte richtiger heissen *B. urus* Plinius, gemacht. Er sagt, dass *Bos primigenius* von *Bos taurus* sich nicht spezifisch unterscheiden lasse und in Britannien mit *Rhinoceros tichorhinus, leptorhinus* und *megarhinus*, so wie mit *Elephas mamonteus* und *antiquus*, ebenso wie mit *Felis spelaea, Ursus spelaeus, Ursus arctos, Bos priscus, Megaceros hibernicus, Cervus tarandus, C. elephas, Equus fossilis* etc. in vorhistorischen Zeiten vorgekommen, später aber vertilgt worden sei oder sich aus Britannien zurückgezogen habe. Wann er in Britannien vertilgt wurde sei ungewiss. Wild existirte er spätestens im 12. Jahrhundert. Der Verfasser bemüht sich die allmählige Grössenabnahme desselben an seinen Wohnorten, in Folge der Kultur, nachzuweisen und schliesst damit, dass die grösste Race der Hausochsen Westeuropas vom Ur abstamme und eine besondere durch den Menschen veränderte sei. Im Wesentlichen stimmen also seine Angaben mit den mir vorgetragenen, die bereits gedruckt waren, als ich von den Dawkins'schen Kenntniss erhielt.

Zusatz zu Seite 225.

Faudel (*Compt. rend. de l'Acad. de Paris 1866, T. LXIII v. 17. Oct. p. 689*) bespricht die Entdeckung von Resten des Menschen, welche mit Knochen von *Hirschen*, *Bos* und *Mammuth* im alpinen Lehm eines Hügels zu Bühl bei Eguisheim gefunden wurden. Sie deuten darauf hin, dass dort zur Zeit des Absatzes der genannten Knochen die Menschen mit *Mammuthen* lebten.

www.ingramcontent.com/pod-product-compliance
Lightning Source LLC
Chambersburg PA
CBHW021346230426

43666CB00006B/431